环保公益性行业科研专项经费项目系列丛书

2008 年度环保公益性行业科研专项
项目成果汇编

环境保护部科技标准司 主编

中国环境出版社·北京

图书在版编目（CIP）数据

2008 年度环保公益性行业科研专项项目成果汇编 / 环境保护部科技标准司主编 . -- 北京 ：中国环境出版社，2014.2

ISBN 978-7-5111-1674-1

Ⅰ．① 2⋯ Ⅱ．①环⋯ Ⅲ．①环境保护－公用事业－科技成果－汇编－中国－ 2008 Ⅳ．① X-12

中国版本图书馆 CIP 数据核字 (2013) 第 292085 号

出 版 人	王新程
策划编辑	丁莞歆
责任编辑	黄　颖
责任校对	尹　芳
装帧设计	金　喆

出版发行 中国环境出版社

（100062　北京市东城区广渠门内大街16号）

网　　　址：http://www.cesp.com.cn

电子邮箱：bjgl@cesp.com.cn

联系电话：010-67112765（编辑管理部）
　　　　　　010-67175507（科技图书出版中心）

发行热线：010-67125803，010-67113405（传真）

印装质量热线：010-67113404

印　　刷	北京中科印刷有限公司
经　　销	各地新华书店
版　　次	2014年2月第1版
印　　次	2014年2月第1次印刷
开　　本	787×1092　1 / 16
印　　张	19
字　　数	400千字
定　　价	72.00元

编委会

BIANWEIHUI

主　任　吴晓青

主　编　熊跃辉

副主编　刘志全

编　委　（按拼音顺序排列）

序言

我国作为一个发展中的人口大国，资源环境问题是长期制约经济社会可持续发展的重大问题。党中央、国务院高度重视环境保护工作，提出了建设生态文明、建设资源节约型与环境友好型社会、推进环境保护历史性转变、让江河湖泊休养生息、节能减排是转方式调结构的重要抓手、环境保护是重大民生问题、探索中国环保新道路等一系列新理念新举措。在科学发展观的指导下，"十一五"环境保护工作成效显著，在经济增长超过预期的情况下，主要污染物减排任务超额完成，环境质量持续改善。

随着当前经济的高速增长，资源环境约束进一步强化，环境保护正处于负重爬坡的艰难阶段。治污减排的压力有增无减，环境质量改善的压力不断加大，防范环境风险的压力持续增加，确保核与辐射安全的压力继续加大，应对全球环境问题的压力急剧加大。要破解发展经济与保护环境的难点，解决影响可持续发展和群众健康的突出环境问题，确保环保工作不断上台阶出亮点，必须充分依靠科技创新和科技进步，构建强大坚实的科技支撑体系。

2006 年，我国发布了《国家中长期科学和技术发展规划纲要（2006—2020 年）》（以下简称《规划纲要》），提出了建设创新型国家战略，科技事业进入了发展的快车道，环保科技也迎来了蓬勃发展的春天。为适应环境保护历史性转变和创新型国家建设的要求，原国家环境保护总局于 2006 年召开了第一次全国环保科技大会，出台了《关于增强环境科技创新能力的若干意见》，确立了科技兴环保战略，建设了环境科技创新体系、环境标准体系、环境技术管理体系三大工程。五年来，在广大环境科技工作者的努力下，水体污染控制与治理科技重大专项启动实施，科技投入持续增加，科技创新能力显著增强；发布了 502 项新标准，现行国家标准达 1 263 项，环境标准体系建设实现了跨越式发展；完成了100余项环保技术文件的制修订工作，初步建成以重点行业污染防治技术政策、技术指南和工程技术规范为主要内容的国家环境技术管理体系。环境科技为全面完成"十一五"环保规划的各项任务起到了重要的引领和支撑作用。

为优化中央财政科技投入结构，支持市场机制不能有效配置资源的社会公益研究活动，"十一五"期间国家设立了公益性行业科研专项经费。根据财政部、科技部的总体部署，环保公益性行业科研专项紧密围绕《规划纲要》和《国家环境保护"十一五"科技发展规划》确定的重点领域和优先主题，立足环境管理中的科技需求，积极开展应急性、培育性、基础性科学研究。"十一五"期间，环境保护部组织实施了公益性行业科研专项项目234项，涉及大气、水、生态、土壤、固废、核与辐射等领域，共有包括中央级科研院所、高等院校、地方环保科研单位和企业等几百家单位参与，逐步形成了优势互补、团结协作、良性竞争、共同发展的环保科技"统一战线"。目前，专项取得了重要研究成果，提出了一系列控制污染和改善环境质量技术方案，形成一批环境监测预警和监督管理技术体系，研发出一批与生态环境保护、国际履约、核与辐射安全相关的关键技术，提出了一系列环境标准、指南和技术规范建议，为解决我国环境保护和环境管理中急需的成套技术和政策制定提供了重要的科技支撑。

为广泛共享"十一五"期间环保公益性行业科研专项项目研究成果，及时总结项目组织管理经验，环境保护部科技标准司组织出版"十一五"环保公益性行业科研专项经费系列丛书。该丛书汇集了一批专项研究的代表性成果，具有较强的学术性和实用性，可以说是环境领域不可多得的资料文献。丛书的组织出版，在科技管理上也是一次很好的尝试，我们希望通过这一尝试，能够进一步活跃环保科技的学术氛围，促进科技成果的转化与应用，为探索中国环保新道路提供有力的科技支撑。

中华人民共和国环境保护部副部长

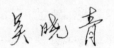

2011 年 10 月

前言

环保是公益性行业科研专项经费首批试点的 11 个行业部门之一。环保公益性行业科研专项紧密围绕《国家环境保护科技发展规划》的重点领域和优先主题，按照既与国家各类科技计划和科技重大专项有效衔接，又合理区分避免重复的原则，以提高环境监管水平和提供环境管理决策依据为目标导向，重点围绕支撑环境管理的重要政策、标准和实用技术开展应急性、培育性、基础性科学研究。主要包括：环保行业应用基础研究；重大环境技术前期预研；环境管理和环境治理实用技术及应急处理技术开发；国家标准和国家环境保护行业标准研究；环境监测监理技术研究。

依照"问题导向、系统设计、创新机制、分期实施、提高绩效"的工作思路，本着服务环境管理的宗旨，环境保护部结合当前中心工作和重点任务进行公益专项项目顶层设计，2008 年共安排 53 个项目开展研究。经过几年的协作攻关，2008 年度的项目均通过结题验收，获得了丰硕的研究成果。经统计，53 个项目共提交标准、技术规范建议稿 79 项，其中 14 项已实施或即将实施，23 项已列入我部标准、技术规范制修订计划；提交政策建议与咨询报告 78 篇，其中 4 篇报送中央办公厅和国务院办公厅，1 篇获得国务院领导批示；获得专利授权 62 项；发表论文 863 篇；出版专著 57 部。

为集中宣传展示和推广环保公益项目的创新成果，促进成果的交流与转化，进一步发挥科技成果在环境管理中的支撑作用，环境保护部科技标准司组织编制了《2008 年度环保公益性行业科研专项项目成果汇编》（以下简称《汇编》），汇集了 2008 年度 53 个环保公益项目的研究成果，涵盖大气环境与气候变化、土壤与生态环境、环境与健康、环境监测与监控、重点行业污染减排、环境综合管理等 6 个领域。

本《汇编》由环境保护部科技标准司策划并组织实施，由 2008 年度 53 个公益项目研究组以及相关领域的同行专家共同编制完成。《汇编》对每个项目的研究背景和研究内容进行了总体介绍，对项目研究成果和成果应用情况进行了较为详细的阐述，在此基础上提出了环境管理建议，希望能够为广大环境科技工作者和管理者提供参考和借鉴。

由于时间有限，疏漏与不妥之处在所难免，恳请广大读者批评指正。在《汇编》编撰过程中，得到了财政部、科学技术部和环境保护部相关领导的悉心指导，以及项目承担单位、项目负责人和相关专家的大力支持，在此一并表示衷心感谢！

编　者

2013 年 10 月

目录

116 第三篇　环境与健康领域

154 第四篇　环境监测与监控领域

第一篇
大气环境与气候变化领域

2008 NIANDU HUANBAO GONGYIXING
HANGYE KEYAN ZHUANXIANG XIANGMU
CHENGGUO HUIBIAN

重点城市光化学烟雾污染与公众警示级别研究

1 研究背景

随着经济的快速增长和城市化进程的不断加速，我国大气环境呈现复合型污染的态势。尤其是在大型城市，以燃煤为主的能源结构造成的煤烟型污染和由机动车尾气排放引起的光化学污染共存和相互耦合，表现出在城市和区域大气环境中细粒子和臭氧（O_3）浓度升高的趋势。早在 20 世纪 70 年代末就在兰州西固石油化工区首先发现了光化学烟雾并开展了大规模综合研究，1986 年夏季在北京也发现了光化学烟雾的迹象，随后在上海、广州、深圳等城市也频繁观测到光化学烟雾污染的现象。

2012 年开始，北京、广州、上海等重点城市开始陆续公开 O_3 浓度的实时监测，以利于公众更全面了解光化学污染状况，并积极参与空气质量改善行动。2012 年 2 月 29 日，环境保护部新发布《环境空气质量标准》（GB 3095—2012）中也加入了对 O_3 日最大 8h 平均浓度的限值规定（一级浓度限值 $100\mu g/m^3$，二级浓度限值 $160\mu g/m^3$），并同时发布《环境空气质量指数（AQI）技术规定》，对 O_3 等污染物的环境空气质量日报和实时报工作做出规范性的标准规定。目前，我国政府和科研机构对城市光化学污染及其危害具有一定的认识，然而由于光化学污染过程本身的复杂性，其准确预测及预报具有很大的难度和不确定性，公众对其危害性也往往缺乏认识。

本项目旨在以我国大城市复合污染的背景下，选取北京市为示范城市，建立起一套光化学烟雾污染预警预报系统，对光化学烟雾污染进行较为准确的模拟与预测，最终以公众健康为着眼点，定量化评价光化学烟雾污染对公众健康的影响，并据此向公众发布光化学烟雾污染预警预报。该项目的另一个重要目标是开发一套控制光化学污染的决策支持子系统，为政府提供决策支持。

2 研究内容

1）在重点城市北京、广州、上海和天津开展光化学烟雾污染现状调查和强化观测，研究 O_3 污染的特征和变化规律；

2）选取北京为示范城市，在北京市建立一套光化学烟雾警报预测系统，实现对 O_3

浓度的实时预测；

3）对示范城市的臭氧前体物排放清单进行修正；

4）基于流行病学原理，定量化评估光化学烟雾污染对公众健康的影响，建立起预报光化学烟雾污染对公众健康效应影响的子系统和重点城市光化学烟雾警报级别；

5）开发一套控制光化学污染的决策支持子系统，利用 CAMx 的臭氧来源识别技术（Ozone Source Apportionment Technology, OSAT），该系统可以给出不同地区、不同种类的污染源对公众健康效应的贡献，为减缓光化学烟雾污染提供对策建议。

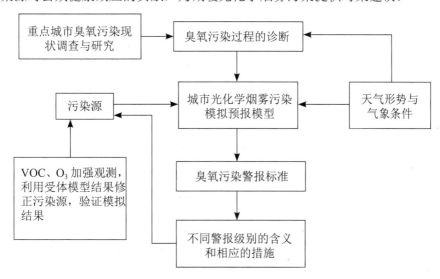

图1　重点城市光化学烟雾污染模拟预警系统研究的基本流程图

3　研究成果

（1）建立一套光化学烟雾污染预报系统，实现光化学烟雾污染的实时预测，并成功应用于京津地区的模拟预测

O_3 是夏季光化学烟雾污染的代表性污染物。由于它是局地性、急剧性、健康危害较大而又难以控制的污染物，因此世界许多大城市、地区都设有 O_3 的警报。本研究开发的 MM5-SMOKE-CAMx O_3 模拟预报系统的水平分辨率为 4km，可以输出小时 O_3 浓度，已经比较成功地模拟了 2006 年、2008 年、2010 年京津地区夏季 O_3 的时空分布。因此，该光化学烟雾污染模拟系统是值得在我国其他城市的光化学污染的预警中推广的。此外，该模拟系统也可以为城市制订控制光化学污染相关的法规政策提供依据。

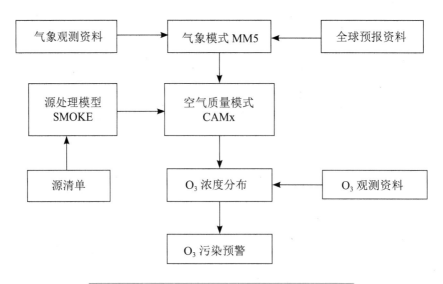

（2）建立我国光化学烟雾污染警报等级，为环境决策提供依据

基于流行病学的研究建立一套光化学烟雾污染警报等级。本项目中基于 MM5-SMOKE-CAMx 建立光化学烟雾污染预测系统，能对 O_3 浓度进行实时有效的模拟预测。当 O_3 浓度模拟后，即可通过健康效应模块计算出光化学烟雾污染的急性健康效应。结合已划分出的我国光化学烟雾污染警报等级，即可发布不同等级的预警预报及预防措施，为环境决策提供有力的科学依据。

表 1　光化学烟雾污染警报等级划分

预警等级	指标	应急控制措施
蓝色	7 人≤死亡＜ 14 人或 6 人≤呼吸系统住院＜ 12 人或 13 人≤心血管住院＜ 25 人或 114 人≤哮喘＜ 228 人	1. 重点人群（老人、幼儿、医病患者等）需做好防护工作； 2. 加强对各病例监测、报告，做好光化学污染病人的收治工作； 3. 密切关注污染发展，应对可能积累加剧的污染
橙色	14 人≤死亡＜ 27 人或 12 人≤呼吸系统住院＜ 25 人或 25 人≤心血管住院＜ 51 人或 228 人≤哮喘＜ 456 人	1. 公众尽量减少室外活动； 2. 加强对各病例的监测、报告，做好病人的收治； 3. 采取措施限制城区机动车流量；控制城区相关工业源排放
红色	死亡＞ 27 人或呼吸系统住院＞ 25 人或心血管住院＞ 51 人或哮喘＞ 456 人	1. 公众尽量避免室外活动； 2. 严格控制市区机动车流量；关停对光化学污染贡献较大的工业源

（3）建立光化学烟雾污染源解析技术，为污染的治理提供技术支撑

当极端污染事件出现时，决策者更关心的是如何制定有效的措施来减轻极端污染事件所带来的影响。为此，我们开发了一套应对极端光化学污染事件的决策支持系统，该

系统以臭氧来源识别技术（OSAT）为核心，可以给出不同地区、不同种类的污染源对公众健康效应的贡献。当极端污染事件被预报将会出现时，决策者可以以该系统为依据，制定对策来控制那些对公众健康效应的影响较大的地区和污染源，从而减轻甚至避免极端污染事件所带来的危害。

（4）完成的报告和著作等

1）发表在国际上对本领域有重大影响的学术论文9篇；

2）出版专著《重点城市光化学烟雾污染与公众警示级别研究》1部；

3）向环境保护部提交《重点城市光化学烟雾污染与公众警示级别研究》报告1部、《光化学烟雾污染警报等级划分标准（建议稿）》1部、《光化学烟雾污染模拟预测模型评估报告》1部、《光化学烟雾污染模拟预测模型应用指南（建议稿）》1部、《我国重点城市光化学烟雾污染控制工作对策建议》1部。

4　成果应用

1）本项目中开发研制的光化学烟雾污染模拟预警系统已成功应用于北京市环境保护监测中心夏季臭氧业务预报中，该系统运行稳定，预测效果良好，预报结果有利于北京市的臭氧污染分析工作，为北京市光化学烟雾污染的控制管理提供了有效的技术支撑；

2）本项目编制了《重点城市光化学烟雾污染与公众警示级别研究》报告1部、《光化学烟雾污染警报等级划分标准（建议稿）》1部、《光化学烟雾污染模拟预测模型评估报告》1部、《光化学烟雾污染模拟预测模型应用指南（建议稿）》1部、《我国重点城市光化学烟雾污染控制工作对策建议》1部，为政府部门开展有效的环境管理、编制我国现阶段大中小城市光化学烟雾污染标准以及制订城市光化学污染控制相关的法规政策提供科学的依据；

3）本项目的成果将为光化学烟雾污染的实时预测和管理、预防措施的制定提供技术上的支持，对人体健康暴露水平的评估及保护提供准确地预测支撑，其受益范围包括全国各环境保护单位和相关研究单位。

5　管理建议

（1）逐步实现对光化学烟雾污染的实时模拟业务性预报

建议以北京为试点城市，开展对光化学烟雾污染的实时模拟预报工作，并及时向公众发布小时O_3预报浓度及预警等级，以便公众及时了解大气O_3污染变化趋势并采取相应的防护措施。该系统建立后应逐步向上海、广州等重点城市进行推广。

（2）将臭氧源解析技术纳入到光化学烟雾污染控制管理系统中

利用臭氧源解析技术可以定量化地识别不同地区、不同行业污染源对光化学烟雾污染的贡献，实现对 O_3 污染源贡献的实时追踪，并可基于估算结果估算获得不同地区、不同污染源对公众健康的相对影响，将臭氧源解析技术纳入到光化学烟雾污染控制管理系统中，依据解析结果针对性地开展源控制，更高效地实现对光化学烟雾污染的控制。

项目研究个例的结果表明，北京市城八区、城南边区县（大兴、通州、房山、门头沟等区县）、城北边区县排放的污染物主要对当地的 O_3 生成有贡献，而天津地区排放的污染物会影响到北京城区及其南部地区、河北南部地区 O_3 的形成，河北南部的廊坊、保定和石家庄等工业城市的高氮氧化物（NO_x）和挥发性有机物（VOC）排放量也会明显影响到北京市全境、天津西部地区、山西东部地区、河北北部地区及内蒙古部分地区。按不同类源来计算，流动源、无组织挥发源和电厂电源三类源造成的健康效应最显著。

因此，在北京市 O_3 污染控制的过程中，应注意划分和识别不同区域的相对贡献大小，开展区域联合防治。

（3）加强对专门人才队伍的培养和建设

在将光化学烟雾污染模拟预报纳入国家大气环境保护业务性工作后，应及时加强机构建设和人才培养，通过开展培训工作提高人员的业务素质。另一方面也要通过广播、电视、网络等媒体加强宣传教育，充分营造社会氛围，使公众意识到光化学烟雾污染的危害性。积极加强成果的宣传力度，使广大公众认识到光化学烟雾污染的危害性并采取积极的自我防护措施。

6 专家点评

该项目系统地总结了北京、上海等重点城市光化学烟雾污染现状及特征，并通过加强观测对大气污染物的排放清单进行校正和更新，进而建立起一套实时的光化学烟雾污染模拟预报系统，该系统的空间分辨率为 4km，时间分辨率为 1h，能科学有效地预报北京地区 O_3 污染分布并可推广应用于其他重点城市。该项目还基于臭氧急性健康效应提出一套光化学烟雾污染预警等级以及对不同污染等级下的污染预防措施。基于臭氧源解析技术实现对不同地区、不同行业排放的污染物对光化学烟雾污染的贡献进行定量评估，为环境管理部门科学地制定污染源控制措施，指导环保执法部门科学合理地控制源减排提供技术支撑。

项目承担单位：北京大学
项目负责人：宋宇

典型灰霾区域
环境空气质量指标体系研究

1 研究背景

近年来，我国大部分地区 $PM_{2.5}$ 浓度普遍较高，且有进一步加重的趋势，而且在区域特定的天气过程影响下，能形成区域性大范围的细粒子污染现象。当大气细颗粒物污染水平较高时，能见度明显下降，对人体健康带来很大威胁，轻者心情压抑郁闷或引起哮喘、上呼吸道感染等，重者还会导致死亡。而我国现行的空气环境质量等级是按照空气污染指数（Air Pollution Index，API）来划分，三项监测内容为 NO_2、SO_2、可吸入颗粒物（PM_{10}），没有包括直接导致灰霾天气的细粒子（例如黑碳、有机碳、硫酸盐和硝酸盐等气溶胶细粒子），对于灰霾天气条件下环境空气质量的评价存在明显的不足，导致环境保护部门评价结论与事实存在较大差异，因此加强灰霾频发地区的环境空气质量评价指标体系的研究显得尤为重要和迫切。

本项目对于系统认识大气污染物对大气能见度的影响机制和客观评价灰霾天气下环境空气质量具有十分重要的意义，同时也可为进一步完善我国环境空气质量评价体系和制定相关的空气污染物（如 PM_{10} 和 $PM_{2.5}$）环境质量标准提供参考依据，并为进一步开展灰霾典型地区大气污染机制、完善区域空气质量的预报、实施区域污染调控与防治等方面的研究提供基础数据。

2 研究内容

1）研究典型地区灰霾天气的演变规律及其气象要素特征与环境空气质量的关系，弄清灰霾天气下气象要素与主要大气污染物之间的相互关系，从环境角度定义灰霾天气并进行等级划分。

2）研究典型地区灰霾天气下气溶胶 $PM_{2.5}$ 的主要理化特征（质量浓度、元素分析、水溶性离子分析、碳分析等），建立能见度与 $PM_{2.5}$ 化学组成的多元回归模型。

3）研究建立常规大气污染物与大气能见度之间的关系，建立灰霾天气下环境空气质量评价指标体系。

4）研究各种污染物对大气能见度影响权重，提出减缓灰霾天气和改善环境空气质量的对策建议。

3 研究成果

（1）通过分析典型地区大气环境和能见度现状，掌握了典型地区灰霾天气的成因及其影响因素

通过对北京、上海、广州和成都大气环境资料和气象资料分析，总结出我国霾天气问题本质，即高浓度的细粒子的消光作用。通过主成分分析研究发现影响灰霾天气最为主要的因子是大气污染物，尤其是细颗粒物，其次是相对湿度。

（2）基于典型地区 $PM_{2.5}$ 化学成分观测和现有大气环境和气象资料，建立灰霾指数的计算方法，证明了现有 AQI 指数存在的缺陷

基于典型地区 $PM_{2.5}$ 化学成分观测，建立了 $PM_{2.5}$ 及其化学组分与能见度之间的关系，发现能见度与 $PM_{2.5}$ 呈现极好的线性关系。基于现有大气环境 PM_{10} 与 $PM_{2.5}$ 之间的关系，建立了基于 PM_{10} 和相对湿度计算大气消光系数的经验公式，并系统估算了典型地区过去五年的大气消光系数的变化特征及其主要贡献因子，并基于计算获取的大气消光系数的分布情况以及人类感官，建立灰霾指数 dv 等级。灰霾指数等级示意见图 1 和表 1。

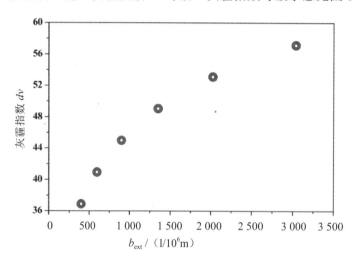

图 1 霾等级划分示意图

表 1 典型地区霾等级划分

霾等级	b_{ext}	dv
轻微霾	400 ～ 600	37 ～ 41
微霾	600 ～ 900	41 ～ 45
轻度霾	900 ～ 1 350	45 ～ 49
中度霾	1 350 ～ 2 025	49 ～ 53
中重度霾	2 025 ～ 3 038	53 ～ 57
重度霾	＞ 3 038	＞ 57

灰霾指数 dv 与 AQI 指数比较而言，AQI 指数仅考虑的干气溶胶浓度，而没有考虑实际湿气溶胶质量，因此在湿度较大的地区，即使 AQI 指数为良好天气，仍会出现灰霾天气。dv 指数更能结合体现霾天气污染情况和公众感受，但是操作烦琐，相关参数还需定期更新，AQI 指数简单方便，如能进一步降低 $PM_{2.5}$ 浓度限值，也可较好地体现霾天气。因此 dv 指数和 AQI 指数各有优缺点，但目前 $PM_{2.5}$ 日均值标准限值比较高的情况下，dv 指数可以弥补这一不足。

（3）针对各个典型地区霾天气特征的差异分别提出霾天气控制对策

通过能见度与常规污染物和细粒子化学成分回归分析和因子分析法等手段，以及借助美国 IMPROVE 消光系数方程的解析，针对各个典型地区霾天气特征给出如下建议：加强对北京周边河北等地区燃煤源的控制，并对本地燃煤和机动车加强控制。上海地区需要增强长三角城市群的区域联防联控机制，同时加强农村区域生物质燃烧控制。广州地区需要加强珠三角城市群的区域联防联控机制，尤其对珠三角火电厂的控制。成都由于地处盆地，则需要加强本地燃煤源的控制，同时需要进一步加强城区工地和餐饮排放源的控制，对郊区生物质燃烧尤其需要加强控制。

4　成果应用

1）编制《关于 2009—2010 年度成都城区霾天气形成机制初步研究结果的报告》报给成都市大气和水环境综合整治领导小组办公室；

2）项目成果在成都市环保局应用；

3）向环境报部科技标准司报送了《典型灰霾区域污染特征及控制措施建议》的政策建议。

5　管理建议

1）建议从国家层面要求各个地方环境保护部门建立不利气象条件下环境预警应急机制，并实施排放量最小化经济最优化的联防联控机制。

2）现有实施的 AQI 指数基本能体现环境空气质量和公众感受相一致，但是在某些湿度较高，且燃煤排放强度较大的地区（如成都和重庆），还是有可能出现 AQI 指数良好而出现霾天气的现象，因此建议这些地方环境监测部门不仅要在线观测 $PM_{2.5}$ 浓度，而且要定期观测 $PM_{2.5}$ 中的常规化学组分尤其是水溶性离子和碳组分，并采用 dv 指数对环境空气质量进行预报。

6　专家点评

该项目完成了典型灰霾区域的综合观测和资料收集，对灰霾天气进行了等级划分，研究建立了灰霾指数计算体系，并提出了不同区域减缓灰霾天气及改善环境空气质量的对策建议。该项目观测研究了典型灰霾区域的污染现状和特征，从环境保护角度分析了灰霾天气的本质，初步阐明了其主要成因，研究建立的灰霾指数计算体系综合考虑污染情况和公众视觉感受，可为区域性大气污染控制提供科技支撑。

项目承担单位：环境保护部华南环境科学研究所、北京大学、
　　　　　　　中国气象科学研究院
项目负责人：钟昌琴

SO₂削减对酸雨重点地区环境空气质量的影响评价途径研究

1 研究背景

SO$_2$是"十一五"节能减排国家战略的两大目标污染物之一，是我国酸雨和大气污染中影响最广泛、问题最突出、压力最显著、削减最紧迫的污染物。

"'十一五'规划纲要"将主要污染物排放总量减少10%，确定为"十一五"经济社会发展的约束性指标。由于影响环境质量的因素很多，环境保护部选择SO$_2$作为减排的重点指标之一，这项指标的变化对环境质量具有多大的影响作用尚无更多的研究结果。因为SO$_2$排放削减不仅影响环境空气中SO$_2$的浓度和分布，而且对颗粒物、NO$_x$等的污染状况和特征以及酸沉降的频率和酸化程度甚至光化学烟雾的发生等都有很大影响。另外，环境空气质量（各种污染物浓度）是否随SO$_2$减排量同比例改善，或者说改善程度如何目前均不得而知，与此相关的研究还尚未开展。也就是说目前尚无一套完整地用于反映SO$_2$排放削减对环境质量影响的评价体系。我国南方大部分地区SO$_2$和酸雨污染较为严重，为客观真实地反映SO$_2$排放削减对酸雨重点地区环境空气质量的影响，急需探索相应的评价指标和评价体系。该评价体系将反映重点行业或重点企业SO$_2$排放削减对酸雨重点地区环境质量的影响程度和影响范围，为政府部门将来制定污染物排放标准和减排政策提供科学依据。该项目将全面落实科学发展观，建立和完善科学、完整、统一的评价指标体系，全面掌握污染物排放情况及其对环境质量的影响，为提高环境监测监管能力、加快建设资源节约型与促进环境友好型社会建设和经济社会又好又快发展作出贡献。

2 研究内容

1）调研酸雨重点地区各地级城市历年来环境质量监测数据；酸雨重点地区工业污染源及污染物排放情况；现有环境质量评价体系等。

2）长期监测并重点加强观测环境空气中SO$_2$、NO$_x$、PM$_{10}$、PM$_{2.5}$等污染物以及颗粒物中化学成分的浓度和分布规律的变化情况，并分析酸性降雨的时空变化规律；模拟计算环境空气质量变化规律,并与环境空气质量实测结果相互验证,建立适用的评价模型。

3)研究 SO_2 减排与环境空气质量变化之间的对应关系,重点分析与 SO_2 排放有较大关系的污染行业,筛选出与 SO_2 减排有关的环境质量因素,最终确定 SO_2 削减对酸雨重点地区环境空气质量的影响因子和评价指标。

4)建立 SO_2 减排效果评价体系,提出 SO_2 削减对酸雨重点地区环境空气质量影响的评价途径。

3 研究成果

1)项目从数据统计和模式计算两个角度详尽地分析了 2005—2010 年全国各地区(包括两控区)、四个重点区域(重庆、广东、辽宁和浙江)、四个环境背景点、四个城市监测点 SO_2 排放和空气质量及酸沉降的变化特征及影响因素,论述了不同空间尺度 SO_2 排放与空气质量及酸沉降变化之间的关系,客观真实地反映了"十一五" SO_2 减排的环境效应,为国家或地方环境保护部门评估"十一五"减排效果提供了科学支撑和理论依据。

2)项目利用 SCIAMACHY 卫星仪器观测的 SO_2 和 NO_2 垂直柱浓度和 Aqua MODIS 观测的 AOD 反演结果,分析了 2005—2009 年全国及四个重点区域 SO_2、NO_2 和 AOD 的变化趋势,从立体观测结果和遥感信息反演的角度反映了"十一五" SO_2 减排的环境效应,该研究结果已编写了相关的专报材料,并向环境保护部进行了汇报。

3)项目对重点行业(火电厂)的 SO_2 减排状况进行了全面调研,应用自主开发的数值模型进行了火电厂减排对空气质量影响的模拟计算,研究了重点行业 SO_2 排放削减对酸雨重点地区环境质量的影响程度,为政府部门将来制定污染物排放标准和减排政策提供了科学依据。

4)项目建立了 SO_2 排放削减对酸雨重点地区环境空气质量影响的评价体系,建立和完善了科学、完整、统一的评价指标体系、评价方法和评价等级,全面掌握了污染物排放情况及其对环境质量的影响,提供了翔实、全面的环境信息,并自主开发了实用型 SO_2 减排效应评价模型软件,取得了软件著作权,该模型软件可为政府部门科学评估减排效应和进一步污染控制决策提供支持。

5)项目开发的"实用型 SO_2 减排效应评价模型软件"已在济南市和上海市得到实际应用,计算了济南市和上海市"十一五"期间 SO_2 减排的环境效应,应用效果良好。项目成果还为上海 2010 年世博会空气质量保障措施效果预测分析提供了理论依据,也将为我国未来污染控制决策提供支持。

6)项目建立的 SO_2 排放削减对酸雨重点地区环境空气质量影响的评价体系将为各级政府部门进一步制定污染物排放标准和减排政策提供科学依据,该评价体系全面体现了科学发展观，为提高环境监测监管能力，更好地制定未来的节能减排和总量控制任务，加快建设资源节约型与促进环境友好型社会建设和经济社会又好又快发展作出了贡献，具有显著的社会效益和环境效益。

7）项目编写信息专报 1 篇；发表论文 13 篇，其中 SCI 3 篇、核心期刊 3 篇；取得软件著作权 1 部；培养硕士、博士研究生各 3 名。

软件初始化界面　　　　　　　　　　　　　修改更新排放源

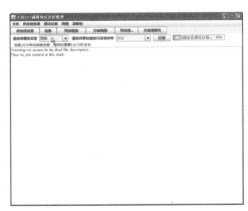

调用模式进行计算　　　　　　　　　　　　平面图结果

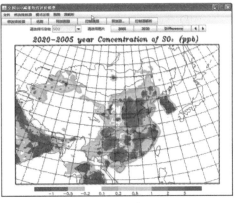

源解析百分比　　　　　　　　　　　　　　源解析贡献浓度

图 1　全国 SO_2 减排效应评价模型展示图

4 成果应用

1）项目形成 "环境监测显示我国 SO_2 减排取得明显成效" 信息专报。

2）项目开发的 "实用型 SO_2 减排效应评价模型软件" 已在济南市和上海市得到实际应用，计算了济南市和上海市 "十一五" 期间 SO_2 减排的环境效应，应用效果良好。项目成果还为上海 2010 年世博会空气质量保障措施效果预测分析提供了理论依据，也将为我国未来污染控制决策提供支持。

5 管理建议

（1）加强氮氧化物排放控制是我国目前急需解决的重大环境问题

我国应制定国家氮氧化物控制中长期规划，以及可能实现的减排目标。当前我国应建立健全的氮氧化物控制法规和标准体系，对电力、水泥、钢铁等重点行业推进总量控制；控制火电厂和机动车的氮氧化物排放；对典型燃烧设备及小型燃烧器具制定氮氧化物排放控制产品标准；扶持自主知识产权的氮氧化物控制技术，推动氮氧化物控制行业发展。

（2）进行臭氧、细颗粒物等多种污染物协同控制

近年来，随着我国氮氧化物和挥发性有机物排放量的持续增加，一些区域大气氧化性不断增强，致使大气污染特征已逐渐由传统的局地煤烟型污染向区域复合型污染转变，区域复合型污染格局已经形成。以长三角、珠三角、京津冀等城市群区域为典型代表的中东部地区已呈现明显的局地污染和区域污染相叠加、多种污染物相耦合的污染特征。因此由大气氧化性增强引起的细粒子污染和灰霾现象，应引起足够重视，我国在进行大气污染控制政策制定中，应综合考虑大气污染的复合效应，进行多种污染物协同控制。

同时，在碱性颗粒物地区进行酸雨污染和颗粒物排放控制时，应考虑颗粒物对降水酸化的缓冲、中和作用，应该执行更加严格的酸雨及其前体物控制政策。

（3）加强大气背景点和经济快速发展的西部地区的环境保护工作

大气背景值监测点和远郊区监测点空气质量趋于恶化，酸雨状况也有所加重，其原因可能与我国大气污染由局地和重点城市向区域化发展有关，说明我国目前大气污染的区域化形势对大气背景点也有所影响，区域化大气污染的形势应该引起更多关注，大气背景点的环境保护工作应该引起重视。

"十一五" 期间，我国西部地区如甘肃和新疆部分地区空气 SO_2 浓度以增加为主，平均每年增加 $1 \times 10^{-9} g/L$ 以上。因此，在近年来快速发展的西部地区（尤其以陕西、甘肃和新疆地区为主），在重视经济发展的同时需要对环境污染问题极度关注。

（4）加强对低矮面源的监管和污染控制工作

2005 年以来，电力、热力生产供应业 SO_2 排放总量明显下降，到 2010 年降低

14.5%。电力行业减排工作对空气质量的改善作出巨大贡献，但电力行业基本为高架点源，要彻底改善近地面环境空气质量，建议在控制大型工业点源的基础上加强对低矮面源燃煤锅炉的监管和污染控制工作。

（5）加强大气污染联防联控工作

在重点区域，特别是京津冀、长三角和珠三角地区加强大气污染联防联控工作，编制重点区域大气污染联防联控规划，建立统一规划、统一监测、统一监管、统一评估、统一协调的区域大气污染联防联控工作机制，对 SO_2、氮氧化物、颗粒物、挥发性有机物等重点污染物采取区域联防联控措施，解决区域大气污染问题。

6 专家点评

项目从数据统计、加强观测、遥感信息反演和模式计算等角度详尽地分析了"十一五"期间我国不同空间尺度 SO_2 排放和空气质量及酸沉降的变化特征及影响因素，反映了"十一五" SO_2 减排的环境效应。研究了重点行业 SO_2 排放削减对酸雨重点地区环境质量的影响程度。首次建立了 SO_2 排放削减对酸雨重点地区环境空气质量影响的评价指标和评价体系。项目研究结果已编写了相关的信息专报。自主开发了实用型 SO_2 减排效应评价模型软件，取得了软件著作权，并在一些地方环境保护部门得到应用。研究成果具有创新性和实用性，对政府部门科学评估减排效应和进一步污染控制决策具有重要的参考价值。

项目承担单位：中国环境科学研究院、中国环境监测总站、
　　　　　　　中国科学院大气物理研究所
项目负责人：陈建华

产业积聚地区域大气污染综合预报及评估技术研究

1 研究背景

随着全国性的城市化和工业化，我国的大气污染，特别是灰霾污染，呈现了区域性污染的特征，如京津冀地区、长江三角洲地区和珠江洲三角地区，就是我国灰霾污染的三大重点地区。随着灰霾污染的区域化趋势，相关的污染治理，也从局地治理走向区域性的综合治理。考虑到污染对人群的影响程度，污染物的中、长距离输送，以及污染控制的有效性和实施性，实际的污染区域性控制措施，主要在城市群开展和实施。

东北地区作为我国重工业积聚区，20世纪六七十年代，污染主要集中在以沈阳为中心的辽宁中部城市群区域。由于近年来的产业调整和集中，目前东北地区的产业分布主要集中在东西走向的齐齐哈尔—哈尔滨—牡丹江一线和南北走向的哈尔滨—长春—沈阳—大连一线，形成一个"丁"字结构。由于对污染企业的关停并转，整个东北地区的环境空气质量状况已有明显改善；但随着国务院振兴东北老工业区的战略，以及近年来东北地区的产业积聚区的建设情况，东北地区的大气污染状况出现一些新的问题和特点。

目前我国各城市普遍采用独立的统计预报模式或数值预报模式开展环境空气质量预报工作，预报影响因子考虑偏少，预报的污染物种类单一，在区域污染特征明显的城市中预报效果不理想，不适应经济集约式发展过程中出现的城市群、产业积聚地等污染整体性特征明显的地区环境空气质量预报的需要。

2 研究内容

1）建立东北地区详细的污染排放清单和大气污染浓度观测信息基础数据库，以合理反映产业积聚区大气污染状况。

2）以 NAQPMS 模式为核心，在国内外现有模式研究基础上，建立了适用于东北产业积聚区的区域环境空气质量预报模式系统。

3）重点解决集合卡尔曼滤波的滤波发散、最优样本生成、不满秩背景场误差矩阵处理等问题，形成以集合卡尔曼滤波与最优插值方法相结合的大气化学同化技术。

4）采用探空、激光雷达和地面站相结合的技术路线，开展综合观测实验，以验证模式对典型污染过程的模拟能力。

5）研究各种区域经济发展规划情景下，污染源经过适当调整后东北产业积聚地区域环境空气质量状况的变化，依据数值模拟结果，利用最优控制理论制定控制方案。

3　研究成果

（1）建立区域环境空气质量综合预报业务系统

首先，此系统作为产业积聚区可靠的区域环境空气质量综合预报系统，提供了产业积聚区常规污染物的 24h 实时、定时定量的浓度预报（包含各种等值线图、浓度曲线图、三维的效果图等）、干沉降量、湿沉降量和其他污染物的预报等，同时嵌入地理信息系统，实现了环境空气质量预报由潜势预报、统计预报向气象模式、污染模式和统计预报模式相结合的综合预报模式转变，由独立的城市预报向区域联合预报转变，实现了多尺度范围（城市尺度、天气尺度）、多种污染物（几十种物质的化学反应）、多种过程考虑（污染物输送、扩散、化学转化以及清除过程）、高时空分辨率的预报特性（数公里分辨的污染物小时浓度变化），提高了预报准确率和区域污染预报的能力。实现了区域环境空气质量的分区预报，大大提高了区域城市预报准确率和污染预报能力。其次，可以在环保局内部网络输出未来一周的天气预报和未来 72h 的环境空气质量预报，预报人员可以利用这些资料进行一周环境空气质量趋势预报，并把结果通过网络提供给环境管理部门，为环境管理部门加强大气环境管理，及时采取有效措施提供了有力的科学支持，为改善城市和区域大气环境发挥巨大的作用，创造巨大的环境效益。

（2）建立产业积聚区环境空气质量评估网络系统

产业积聚区环境空气质量评估系统的建立为污染控制实现区域联合调控打下坚实基础。系统采用最新研制开发的污染来源于过程跟踪反演技术，能够通过每日的监测数据来反演污染源的变化情况，对污染源排放清单进行修正，确定不同类型排放源对各种大气污染的贡献率，确定本地源和外来源贡献的相对比例，提出污染源宏观控制建议和方案。首先，可以通过调整污染源排放量和气象数据，运行排放模式和空气质量模式对政府采取的某种控制措施进行预测，进行多种控制措施的比较，为政府部门制定相关的措施和法规提供科学参考依据；其次，利用此系统能够评估产业积聚区经济发展格局及能源消耗结构变化对区域环境的影响，为周边地区污染源的控制方案及经济规划提供科学的指导，具有极大的社会效益。

4　成果应用

本项目首次建立了东北产业积聚地区域大气污染综合预报与评估系统，并针对东北各省单独开发了东北产业积聚地区域大气污染综合预报与评估子系统。该套子系统已经于 2011 年 8 月在东北三省环境监测站实现了业务化运行。

东北产业积聚地区域大气污染综合预报与评估子系统的投入使用，填补东北三省省级监测站空气质量数值业务预报方面的空白，实现了各省级监测站可以预报本省区域总体污染状况和各城市污染状况，提高了城市间相互影响的综合分析能力和对环境污染的评估水平，为环境管理部门加强大气环境管理，及时采取有效措施提供了有力的科学支持，为改善城市和区域大气环境发挥巨大的作用。

5 管理建议

（1）统筹区域环境容量资源，优化经济结构与布局

区域大气污染联防联控与单个城市大气污染防治的根本区别表现为，前者往往从改善区域整体大气环境质量的角度出发统筹分配区域环境容量资源。具体的思路为：根据区域内城市间污染传输关系、不同城市大气环境质量现状、环境承载力等因素，划分出对区域空气质量有重大影响的核心控制区，并以核心控制区作为关键约束，严格落实分类管理政策，促进区域产业、能源的发展与区域大气环境功能区划相协调；重点明确不同控制区的限制和禁止类产业，对不同控制区实行不同的污染物排放总量控制和环境标准，明确不同控制区煤炭最大允许消费量，引导社会经济活动空间上合理布局，从而达到改善区域整体环境空气质量的目的。

根据上述防治思路，核心控制区原则上应不再新建、扩建燃煤电厂、炼化、炼钢炼铁、水泥熟料等产能过剩、污染物排放量大的企业，对于实施上大压小的火电、钢铁、石化等建设项目，必须满足特别排放限值的要求，提高其他增加大气污染物排放量项目的环境准入门槛，按照"以新代老、增产减污、总量减少"的原则进行审批。对于一般控制区，把总量指标作为审批项目环评的前置条件，对超过主要大气污染物排放总量控制指标的地区，暂停审批新增主要大气污染物排放总量建设项目。禁止在城市城区及其近郊新、改、扩建钢铁、有色、石化、水泥、化工等重污染企业，对城区内已建重污染企业也要结合产业结构调整实施搬迁改造。

大力推行天然气、低硫柴油、液化石油气、电等优质能源替代煤，实现优质能源供应和消费多元化。严格控制区域煤炭消费增长幅度，核心控制区应全面实现煤炭消费的零增长。强化高污染燃料禁燃区划定工作，不断加大建成区中高污染燃料禁燃区所占的比重。推进城市集中供热工程建设，提高集中供热所占的比例，新建工业园区配套建设热电联产集中供热设施，现有工业园区与工业集中区实施热电联产集中供热改造，将用热、冷工业企业纳入集中供热范围，淘汰热网覆盖范围内的分散燃煤锅炉。强化城市配煤中心建设，对于区域内未进行清洁能源替代的燃煤锅炉，全部使用经过配煤的低硫分、低灰分优质煤。

（2）加大污染治理力度，实施多污染物协同控制

区域大气污染联防联控的另一项重要任务是围绕当前突出的光化学烟雾、灰霾等污染问题，根据总量减排与质量改善之间的响应关系，建立以空气质量改善为核心的总量控制方法，实施 SO_2、NO_x、颗粒物、VOCs 等多污染物协同减排，具体可从工业源、移动源与面源治理三个方面着手。

深化工业污染防治。全面推进 SO_2 减排，巩固电力行业 SO_2 治理成果，提高电厂综合脱硫效率，重点加大钢铁烧结机，建材、石化、有色行业窑炉以及燃煤锅炉烟气 SO_2 减排的力度。建立以电力、水泥为重点的工业 NO_x 防治体系，对冶金行业、燃煤锅炉积极推行低氮燃烧技术及烟气脱硝示范工程建设。深化工业烟粉尘污染防治，以电力、水泥、钢铁、燃煤锅炉为重点深化工业烟粉尘污染治理，推进除尘技术升级改造，加强工艺过程粉尘的无组织排放管理。加强典型行业 VOCs 污染防治，开展典型行业 VOCs 排放摸底调查，建立和完善 VOCs 标准体系与技术规范，通过密闭收集、回收、净化、使用水性等低挥发性溶剂等手段大力推进石化、有机化工、表面涂装及其他溶剂使用类行业 VOCs 减排。

全面加强机动车污染防治。适时实施新车排放标准，降低机动车排放强度，在机动车污染严重的城市试行机动车总量控制。继续推进汽车"以旧换新"工作，实施黄标车限行，加速黄标车淘汰进程。深化在用车管理，完成区域所有车辆环保标志核发工作，加强机动车环保定期检验，对排放不达标车辆进行专项整治。加快车用燃油清洁化进程，制定并实施国家第四、第五阶段车用燃油标准，加快车用燃油低硫化进程，增加优质车用燃油市场供应。大力发展城际快速轨道交通系统，打造方便、快捷、环保的区域交通运输体系，加快公交车、出租车的更新换代速度，推广使用混合动力车和零排放的新能源汽车。

以扬尘为重点突出面源污染防治。区域内各城市成立由市政府牵头，联合环保、建设等部门组成的扬尘控制办公室。制定扬尘污染控制区达标评比和考核办法，开展扬尘污染控制区创建活动，加大扬尘污染控制区在城市建成区所占的比重。开展绿色施工工地创建，全面加强建筑扬尘污染控制的视频监督管理，将扬尘控制与施工企业的信用档案和工程招投标相结合。实施城市道路清扫保洁责任制，推行城市道路机械化清扫，提高机械化清扫率。加强料场综合管理，建立密闭的料仓和传送装置，采用防尘网覆盖措施，加快处理处置长期堆放的废弃物，加强港口、码头、车站等地装卸作业及物料堆场扬尘防治。

（3）深化与完善区域联防联控管理机制与手段

区域大气污染联防联控的实施还需破除传统环境管理体制机制的束缚，探索有利于联防联控的新体制、新机制、新政策、新模式。建立区域大气污染联防联控协调机制。具体包括建立联席会议制度、健全会商机制和通报制度，围绕区域大气污染防治目标、

任务以及区域内重大活动空气质量保障工作等，形成具体的解决方案。严格落实各城市治污责任，强化动态评估考核，对未按时完成规划任务且空气质量状况严重恶化的城市，严格控制新增大气污染物排放的建设项目。建立区域环境信息共享平台，实现区域重点源大气污染排放、城市空气质量监测、重点建设项目等环境信息共享，开展区域环境空气质量预报预警。

完善促进区域大气污染防治一体化的政策措施。按照分区管理的要求，设立区域统一产业准入门槛和行业污染控制要求，制定统一的机动车监督管理要求，防止区域内污染转移。实施重大项目联合审批制度，将颗粒物与挥发性有机物排放总量纳入项目审批的前置条件。开展环境联合执法，统一区域环境执法尺度，建立区域性污染应急处理机制和跨界污染防治协调处理机制。完善环境经济政策，积极推进主要大气污染物排放指标有偿使用和排污权交易工作，完善扬尘收费、VOCs 排放收费等有利于区域空气质量改善的机制。

6 专家点评

项目按照项目任务书的要求，开展了区域大气污染模拟预报中的关键技术问题研究，建立了东北产业积聚区的大气污染基础数据库，开发了环境空气质量综合预报与评估系统及示范平台，分析了区域大气污染物输送与局地污染的形成机制，提出了东北产业积聚区大气污染调控建议方案。项目研究成果在东北三省成功应用，对东北产业积聚地区域环境空气质量有很好的预报预警作用，同时对区域空气污染机制、城市间污染输送、产业结构调整等方面的研究具有十分重要的意义。

项目承担单位：沈阳市环境监测中心站、中国科学院大气物理研究所、
　　　　　　　吉林省环境监测中心站、黑龙江省环境监测中心站、
　　　　　　　辽宁省环境监测中心站
项目负责人：林宏

节能减排综合性工作方案
CO₂ 减排定量效应研究

1 研究背景

由于全球变化和高强度的人类活动的影响，我国在可持续发展战略开展过程中正面临着十分严峻的挑战：消费需求不断增长，资源约束日益加剧；结构矛盾比较突出，均衡发展步伐缓慢；国际市场剧烈波动，安全隐患不断增加；温室气体减排压力巨大，减排效率亟待提高；环境问题日益突出，节能降耗任务艰巨。当前以资源供应紧张、产业结构单一、环境污染严重、温室效应加剧为特征的发展危机，已成为制约我国经济社会可持续发展的重要因素。虽然当前我国已将节能减排工作作为调整经济结构、转变经济增长方式的重要手段和宏观调控目标，但温室气体排放控制工作目前还处于初始阶段，我国目前尚没有对"节能减排"与温室气体排放控制之间的联系进行关联性、系统性、定量性研究，从而不能合理统筹近期的节能减排和中远期的温室气体减排，为我国国民经济发展节能减排工作提供科学合理的决策支撑。

因此，为突破关联定性分析与系统定量分析之间的障碍，修订行业温室气体排放参数，完善适合我国国情的温室气体核算标准体系，本研究依托国际化温室气体减排方案，结合我国《节能减排综合性工作方案》（以下简称《方案》），开展温室气体排放与国家经济结构调整之间关系的研究，建立了基于我国国情的温室气体排放与国民经济参数、行业结构、环境经济政策之间的响应模型，并对节能减排重点行业进行温室气体排放核算，为我国在该领域的政策制定、监督管理和国际履约活动提供了坚实的理论基础。

2 研究内容

1）对《方案》的具体实施效果进行跟踪评估，分析各项措施实施的节能减排效应及《方案》实施对 CO₂ 排放的宏观影响，同时研究节能及常规污染物削减同 CO₂ 排放的关系及联动性，评价分析节能减排工作与 CO₂ 排放量变化的可能交叉点，探索节能减排与二氧化碳排放变化的关联原理与机制。

2）分别选取火力发电行业、污水处理行业、城市建筑行业，建立数字化数理模型和政策响应模型，开展 CO₂ 排放效益研究。

3）对《方案》中可加以定量计算的条目进行量化核算或估算，并提出具体翔实的将 CO_2 纳入节能减排工作的政策设计思路，以及给出促进节能减排与 CO_2 排放协同控制的政策，进一步提出完善污染减排监管体系的管理思路及污染减排监管体系优化的若干建议。

3　研究成果

（1）自主开发了一套节能减排与 CO_2 排放关系的核算模型

为深入研究分析节能减排和 CO_2 排放的量化关联，课题组在修正了 IPCC 排放系数的基础上，自主开发了经济总量—能源消费总量—CO_2 排放测算模型、CO_2—能源结构修正系数模型、单位工业增加值节水与 CO_2 排放关系模型、SO_2 减排与 CO_2 排放关系模型、COD 减排与 CO_2 排放关系模型、城市固体废弃物减量化与 CO_2 排放关联模型等。不仅对模型的输入系数选取了国内研究的经验值，而且针对不同模型还进行了国内化校核，故而开发的模型更适合中国的基本现状和国情，为量化 CO_2 排放情况提供了强有力的核算工具。

（2）通过比较分析算清了 CO_2 减排纳入节能减排工作的政策量化效果

应用生命周期和全过程分析方法分析了三大重点行业和十大节能工程的 CO_2 排放效益，算清了"十一五"期间 CO_2 的理论减排量和实际减排量，其中，燃煤工业锅炉（窑炉）改造工程理论减排量将达到 8 725.5 万 t，实际减排量达 9 870 万 t；区域热电联产工程理论减排量为 26 176.5 万 t，实际减排量为 29 610 万 t；余热余压利用工程理论减排量将达到 8 737.97 万 t，实际减排量达 9 884.1 万 t；电机系统节能工程减排量将达到 199.4 亿 kg；建筑节能工程理论减排量将达到 2.493 亿 t，实际减排量为 2.82 亿 t；绿色照明工程减排量将达到 289.13 亿 kg；水污染治理工程减排量将达到 381.15 万 t；燃煤电厂二氧化硫治理工程理论减排量将达到 7 267.72 万 t，实际减排量为 8 484.16 万 t。

（3）建立了节能减排行业不同工艺装备过程 CO_2 排放参数数据库

根据已经建立的数理模型和政策关联模型，结合典型行业和工程案例分析研究，测算典型行业和工程节能降耗与 CO_2 排放量变化的定量关系，同时参考《IPCC 国家温室气体清单指南》和我国清单编制中采用的工艺装备水平排放因子和国内典型行业的实测参数，建立节能减排行业不同工艺装备过程 CO_2 排放参数数据库，数据库又分为城市污水处理排放系数子数据库、火力发电行业排放系数子数据库、城市建筑排放系数子数据库，数据库的建立对成果转化及应用具有重要的支撑作用。

（4）集成了 CO_2 排放控制要求的污染减排国家技术政策设计，利于提升我国 在 CO_2 排放控制领域的技术水平

通过借鉴国际上温室气体和常规污染物减排经验，分析了发达国家、典型发展中国

家 CO_2 和常规污染物的减排经验、监管制度、管理政策和实施效果，同时借助核算模型和 CO_2 排放参数数据库，提出了 CO_2 和常规污染物的协同减排政策建议（①通过技术进步与法规标准促进节能降耗；②通过发展可再生能源进一步优化能源结构；③重视监管能力建设；④加快引入多元化的市场机制；⑤设立专项基金加快低碳技术研究储备等），优化了 CO_2 和常规污染物的协同减排技术政策方案，为国家"十二五"节能减排工作提供了有力的技术支撑。

4　成果应用

1）向环境保护部提交《努力探索"十二五"污染物排放总量控制新模式》等多份信息参考报告，对"十一五"减排总结评估工作提供了重要支撑作用，对"十二五"减排研究起到了积极作用，特别是在设计制定"十二五"减排政策措施中起到了较好的应用作用。

2）依托于项目研究开发的 CO_2—能源结构修正系数模型， SO_2 排放和 CO_2 排放关联模型和经济总量—能源消费总量— CO_2 排放预测模型等应用到华北电力大学生物质发电成套设备国家工程实验室和区域能源系统优化教育部重点实验室，为实验室开展相关理论研究起到了重要的作用。

5　管理建议

1）完善相关法律法规是有效控制温室气体排放的重要保障，在温室气体减排这项工作的进行工程中会遇到很多之前未曾出现的分歧和争端，积极制定和完善控制温室气体排放的法律法规使得存在分歧时有章可循，保证温室气体减排工作的顺利进行。

2）温室气体减排工作的展开不能仅依靠行政手段，更需要多元化的市场手段（主要包括能源税、环境税以及碳排放贸易等调控手段）来对温室气体减排工作进行调节，建议有条件的地区开展并扩大试点工作，提高了其减排的积极性。

3）建议加大力度促进温室气体减排和控制新技术研发的投入，特别是加大能源利用效率和节能技术、 CO_2 分离捕集技术、碳封存技术等节能减排新技术的开发投入。

4）建议环保主管部门负责统一管理温室气体监测与统计以及温室气体排放清单编制、统筹制订有关应对气候变化的计划、牵头国家多个跨部门协调机构等，统筹协调、统一监管。

6　专家点评

该项目将节能减排政策实施效果和 CO_2 协同减排结合起来，通过自主开发一套定量核算的模型方法，尤其是通过对重点行业的模型核算，完成了火力发电行业、污水处理行业及城市建筑行业的案例分析及测算工作,摸清了不同行业节能减排的 CO_2 协同减排量化效果,建立了符合我国国情的基于行业间不同工艺装备过程的 CO_2 排放参数和数据库,给出了 CO_2 排放控制环境管理政策建议,为国家"十二五"节能减排工作提供了技术支撑,起到了较好的社会和环境效益。

项目承担单位:环境保护部环境规划院、中国环境科学研究院
项目负责人:徐毅

低碳经济模型开发及其在
减缓气候变化中的应用

1 研究背景

全球气候变化是当前国际社会关注的热点话题。人类必须一致行动应对气候变化带来的挑战，越早采取行动越经济可行。全球未来温室气体的排放取决于发展路径的选择。随着应对气候变化国际行动不断走向深入，低碳经济发展道路在国际上越来越受到关注。中国能源消费和温室气体排放的净增长趋势显示中国有必要减缓温室气体排放，而与此同时，能源供给和能源安全也已成为限制国内工业化进程的主要制约因素。伴随着资源的高消耗，我国经济发展还呈现出环境污染排放强度大的特征。因此，面对全球气候变化的挑战及国内社会经济发展与温室气体减排的压力，开展中国低碳经济定量评价是我国发展低碳经济和应对气候变化的一种有效技术分析手段。通过开展低碳经济定量研究，一方面，预测未来我国发展低碳经济的行业重点和区域重点，为指导社会经济发展与环境保护之间的关系提供决策参考。另一方面，通过对中国低碳经济发展潜力和时空格局规律的剖析，使我国在需要承担温室气体减排或限排义务时，能够很好地参与国际合作和开展碳排放交易，指导我国实现温室气体减排目标。

项目结合节能减排与发展低碳经济的协同关系，开展中国低碳经济的深化研究。进一步明确中国发展低碳经济的机遇和挑战，通过构建中国低碳经济评价模型，剖析中国发展低碳经济的潜力，进而提出中国发展低碳经济的路径选择和政策建议，为促进节能减排和减缓 CO_2 排放提供决策支持。

2 研究内容

1）国内外发展低碳经济的理论与实践。综合评述国外进展，剖析中国背景与现状，及中国发展低碳经济存在的问题和前景。

2）低碳经济评价模型构建。主要包括模型构建的总体思路、活动水平模块、能源需求模块、排放系数模块等。

3）低碳经济发展情景分析。情景的设计通过调整部门能源需求的驱动因素加以实现。

包括情景设定、可行性分析、情景指标及模块。

4）发展低碳经济的路径选择与保障体系。总结发展低碳经济的时空格局与演化规律，提出适合发展低碳经济的路径与模式，并提出相应的保障体系。

5）发展低碳经济的总体分析与政策建议。对低碳经济发展的重点领域和重点低碳经济发展区做出总体评价分析，提出为实现低碳经济发展之路的政策建议。

3 研究成果

（1）通过分析全球向低碳经济转型的主要驱动力，揭示了发达国家促进低碳转型的政策手段，阐明了其对中国的启示，进一步明确了低碳经济的内涵

全球向低碳经济转型的主要驱动力表现为：保障全球气候安全、避免被高碳投资锁定、确保能源安全、应对金融危机带来的机遇、抢占经济竞争制高点的需要。发达国家低碳政策手段大致分为 4 类：第一类是法律法规等命令控制手段；第二类是财税引导与激励手段；第三类是基于市场的灵活机制；第四类是信息支持及自愿性行动等鼓励公众参与的手段。对中国的启示：明确低碳发展战略和完善制度安排；健全法律法规体系；限制性与激励性经济政策并举；强制措施与市场机制相结合；加强气候变化基础能力建设，提高科学研究和技术开发能力；开展低碳经济试点；转变生产生活方式。明确指出，低碳经济是一种经济形态，而向低碳经济转型的过程就是低碳发展的过程，具有阶段性特征，目标是低碳高增长，强调的是发展模式。

（2）从碳足迹、时间、空间和行业四维度评价了中国能源碳排放特征

从碳足迹来看，碳足迹总体呈快速增长趋势；省域差异大；碳足迹强度经历快速下降阶段，进入缓慢降低阶段；碳足迹强度呈现西高东低，碳足迹密度却呈现东高西低。从时间来看，经历了低碳增长、稳定增长、缓慢下降和快速增长四个阶段（图1）。从空间来看：东部沿海地带碳排放在全国始终占据主导地位；中部地区碳排放在全国的比重保持在稳中有降的态势；西部地区碳排放在全国的比重基本保持着上升趋势。从重点行业来看：工业是主要的 CO_2 排放部门，工业中 10% 以上碳排放来自于建材行业，25% 以上的碳排放来自于黑色金属行业；交通运输业能源消费 CO_2 排放占全国总排放量的比重从 1990 年的 3.1% 增加到 2008 年 5.05%，其中消费汽油和柴油的 CO_2 排放比重高达 75.7%；农村以生物质能源利用为主，商品能源稳中有升，可再生能源比例短期内难以提升。

图 1　中国碳排放总量增长（1953—2007 年）

（3）基于目标值和综合指数的评价方法，构建了低碳经济发展水平评价指标

体系，分别对 13 个低碳试点省市和省域尺度的低碳水平进行了评价

目标值评价法包括低碳产出指标、低碳消费指标、低碳资源指标和低碳政策指标，共计 12 项指标，每项指标提出了相对评价标准和绝对评价标准；综合指数评价法包括 2 个系统层面（发展系统和低碳系统），5 个准则层，19 项指标。评价结果显示：虽然 13 个试点省市都表达了发展低碳经济、建设低碳城市的强烈政治意愿，但它们的低碳城市发展规划尚未完成，碳排放监测、统计和管理的建立尚有待时日，低碳城市建设还面临诸多困难与挑战。省域区域整体低碳水平不断增强，但区域差异显著，由东南沿海地区向西北逐渐减低。

（4）构建了低碳经济综合评价模型（LIAM），对 2050 年能源碳排放进行了

情景分析

利用一般均衡理论、投入产出理论、系统动力学理论研制中国低碳经济综合评估模型（LIAM），这是一个混合模型，由宏观经济模块、自下而上的碳排放模块、动态模块和政策分析模块组成。划分了基准情景、结构低碳情景、效率低碳情景三种情景，情景分析潜力结果表明（图 2、图 3）：经济规模与产业结构直接决定碳排放总量和走向，碳排放强度均有不同程度的下降，如果每年能源使用效率提高 3%，那么到 2020 年我国万元 GDP 的碳排放量完全可以满足减少 40% 的国际承诺。

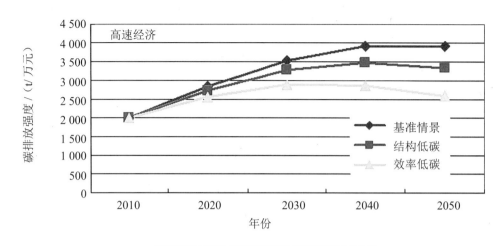

图 2　高经济增长下三种情景碳排放趋势

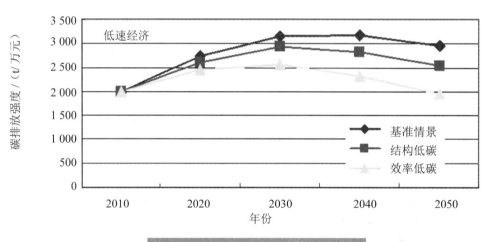

图 3　低经济增长下三种情景碳排放趋势

（5）提出了我国低碳经济发展的路径选择和措施建议

遵循"低能耗、低排放、低污染"三大原则，关注生产和消费两大领域，实施促进低碳生产、倡导低碳消费、开发低碳资源、发展低碳技术、注重协同减排和制定低碳政策六大发展路径（图 4）。并且，各路径之间还会相互促进。

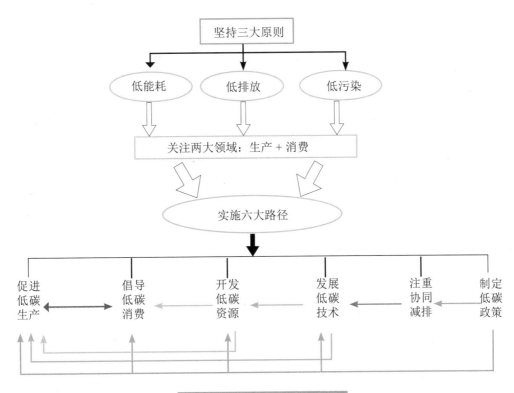

图 4　低碳经济的发展路径选择

4　成果应用

1）向环境保护部提交了《低碳经济发展水平评价技术指南（建议稿）》，为促进环保领域开展低碳经济工作提供了很好的技术支撑。

2）项目研究的技术方法成果支持了武汉区域气候中心开展高能耗行业碳排放评估项目，支持了郑州新区低碳经济发展规划的研究项目。

3）项目建立了低碳经济数据库和评价模型可视化集成系统，为低碳环保的可持续深入研究奠定了基础。

5　管理建议

1）将低碳发展模式纳入国家战略和规划体系中，尤其将综合和行业两种碳排放强度作为约束指标纳入"十二五"规划，制定低碳考核办法，不断提高生产和消费的碳生产力。

2）设立科学的碳排放上限，科学界定哪些行业、哪些领域存在减排潜力，并对企业减排进行实时监测，量化其减排程度，对其应尽的减排义务进行客观评估，促使企业寻求更好地节省能源的技术和方法。

3）在环境保护方法标准中纳入低碳环保标准，制定低碳环保评价方法体系，选择重点行业进行试点工作，推动低碳环保产业的示范工程，充分发挥两者的协同效应。

4）将温室气体监管纳入环境污染物控制的管理范围，在环保模范城市评价体系中增加碳排放强度评估指标，建立一套以温室气体监管机制和温室气体排放统计体系为基础的融入监测、统计、审核、评估的行政绩效考核体系。

5）建立以商品为基础的温室气体标识制度，对产品标识 CO_2 减排效果信息码，并建立产品碳排放编码查询系统，促进低碳产品认证体系发展。

6　专家点评

项目对国内外低碳经济发展趋势进行了全面研究，深入剖析了国内区域和行业层面的能源消费 CO_2 排放，构建了低碳经济综合评价模型，并运用 LEAP 软件对情景分析结果进行检验，应用模型对低碳试点城市进行了分析，开发了低碳经济基础数据库和模型管理系统，提出了低碳经济转型的对策建议和发展路径选择，编制了低碳经济发展水平评价技术指南。项目研究成果为郑州新区开展《郑州新区低碳经济发展规划》和武汉区域气候中心开展·《高能耗行业碳排放评估方法》提供了技术支持。研究成果具有创新性和实用性，对我国发展低碳经济和节能减排具有重要的参考价值。

项目承担单位：中国环境科学研究院、中国科学院地理科学与资源研究所、
　　　　　　　　中国社会科学院
项目负责人：付加锋

大气臭氧污染对粮食作物影响途径和效应研究

1 研究背景

随着我国经济快速发展和机动车数量的不断增加，近年来 NO_x 和 VOCs 的排放量显著增加，通过光化学反应造成的大气 O_3 污染越来越严重。大气 O_3 升高会降低农作物产量，尤其是对于部分敏感农作物影响更加显著。应对大气臭氧污染造成的粮食作物减产对保障我国粮食安全、社会稳定和社会和谐具有重要意义。

国外早在 20 世纪中叶就已经开始研究近地面 O_3 浓度升高对植物的影响，研究结果表明 O_3 污染可导致农作物叶片可见伤害、老化加速、环境胁迫敏感性增加、生长抑制和产量降低等。我国在此方面的研究相对滞后且缺乏系统性，20 世纪 80 年代开始进行了实验室级别的模拟实验，得到了一些有益的模拟结果；近年来中国科学院的研究者在长江三角洲地区进行了 O_3 对水稻影响的模拟实验，而粮食重要产区，如华南地区和北方地区则没有进行相关的工作。为了评估大气中的 O_3 浓度变化对粮食作物的影响，摸清其变化规律，大田实验研究 O_3 对粮食作物生长和产量的影响显得尤为迫切。

本项目在广泛调研和实验的基础上，建立了开顶式气室臭氧熏蒸系统以及大气臭氧吸收通量测定装置，在珠江三角洲地区和京津唐地区开展大田实验，获得大气 O_3 污染对典型粮食作物水稻和小麦生长的影响特征，率先研究了不同生长期粮食作物对 O_3 的吸收通量，利用建立的水稻和小麦产量对大气臭氧浓度的剂量响应关系，评估了我国大气 O_3 污染造成的粮食作物经济损失，提出我国未来降低大气臭氧污染造成的粮食作物损伤的对策建议。

2 研究内容

本项目通过资料和现场调研，获得珠江三角洲地区水稻以及京津唐地区小麦农田和土壤资料数据，了解和掌握上述地区 O_3 浓度分布水平及主要变化规律；在广泛调研和实验的基础上，建立了开顶式气室臭氧熏蒸系统以及大气臭氧吸收通量测定装置；在珠江三角洲地区和京津唐地区开展大田实验，获得大气 O_3 污染对典型粮食作物水稻和小麦生长指标和生理活性的影响特征，研究了不同生长期粮食作物对 O_3 的吸收通量；分别建立基于臭氧累积暴露量和臭氧交换通量的剂量响应关系模型，评估了我国大气 O_3 污染对珠三角地区的粮食作物产量和经济损失；大田实验研究臭氧防护剂对我国水稻和小麦的防护作用；提出我国未来降低大气臭氧污染造成的粮食作物损伤的对策建议。

3 研究成果

（1）在国内外研究基础之上，建立适合我国大田实验研究的大气 O_3 污染对粮食作物影响效应评估的研究方法

本项目在国内外研究基础之上，建立了开顶式臭氧熏蒸气室（OTC），对布气孔、风机供气方式进行改进，通过计算机的负反馈控制和采用引流装置提高臭氧浓度控制和测定的准确性。经大田实验检验，该套装置在实际大田实验中很好地达到了 O_3 浓度的设定值，且在气室内温升、光强衰减及相对湿度变化等方面也都达到了国内外同类装置的水平。本项目参考国外相关研究，采用动态箱法，设计 O_3 交换通量模拟装置，箱体采用铝合金框架、Teflon 薄膜包被而成，箱体中央对称安装 2 个小型风扇，以实现箱内 O_3 的快速充分混合，测定通量箱进、出气口的气体浓度，用于计算交换通量。上述研究方法可为我国开展大气污染物对粮食作物影响效应评估的研究提供技术支持。

（2）通过水稻和冬小麦大田实验研究，认识大气 O_3 浓度升高造成水稻和冬小麦减产机制

基于在珠江三角洲地区（东莞市）开展的水稻大田实验和在北京市昌平区开展的小麦大田实验，大气臭氧浓度升高主要通过以下几方面造成作物减产：① O_3 熏蒸导致作物叶片产生明显的伤害症状，降低作物叶片光合作用，进而造成水稻和冬小麦株高降低、盖度减少、叶绿素含量下降，对生长有抑制作用；② O_3 熏蒸改变抗氧化酶（SOD、CAT、POD、APX 和 GR 等）活性和非酶物质含量（丙二醛、脯氨酸、GSH、GSSG、AsA、可溶性蛋白含量等），改变了作物的代谢；③大气 O_3 对植物体的胁迫是其长期累积作用的结果，O_3 浓度越高冠层 O_3 吸收量越大；④ O_3 浓度升高可导致作物生物量明显下降，进而导致产量明显下降。

（3）基于实验结果，建立粮食产量损失与 O_3 暴露的剂量响应关系，估算大气 O_3 浓度升高对我国粮食产量造成的损失

基于实验结果，建立了水稻和冬小麦产量与 O_3 暴露的剂量响应关系，$RY = -1.01AOT40+100$（水稻），$RY = -2.05AOT40+100$（小麦）。每增加单位 AOT40 [ppm h]（O_3 浓度大于 40×10^{-9} 体积比的累积暴露量）可以造成水稻和小麦分别减产 1.01% 和 2.05%。根据大气臭氧浓度监测数据，在东莞和昌平大气臭氧浓度水平下，分别造成水稻减产 13.02% 和冬小麦减产 12.85%。

本项目通过对我国农田生态系统的 O_3 吸收通量的研究，建立了一套基于我国本土作

物的气孔导度对环境因子的响应参数，为我国作物气孔导度的模拟和气孔 O_3 通量的预测研究提供了理论参考，为建立粮食产量损失与 O_3 吸收通量间的机理关系提供了基础。

（4）认识了抗氧化剂（EDU 和亚精胺）对我国水稻及小麦的保护作用

通过大田实验研究可知，4 种浓度的 EDU 溶液对所选水稻品种没有明显的抗 O_3 作用，或者研究地区的水稻没有受到明显的 O_3 胁迫。O_3 胁迫下外源喷施 Spd 可不同程度地提高冬小麦叶片的 SOD、POD、CAT、APX 和 GR 活性，降低冬小麦叶片 MDA 和 ASA 含量，提高 GSH 和可溶性蛋白含量，但对产量没有明显影响。

4　成果应用

1）向环境保护部提交《大气 O_3 污染对我国粮食生产的影响及其应对策略》咨询报告，重点阐述基于我国大田实验研究所获得的臭氧对我国水稻和冬小麦的损伤机理、产量与臭氧暴露水平的剂量响应关系，减轻大气臭氧浓度升高造成粮食作物减产的应对策略，研究成果将为制定保障粮食安全生产政策和环境管理对策提供科学依据和技术支持。

2）利用本项目所获得大气臭氧浓度—粮食产量损失的剂量响应关系，对多个地区（北京市、广州市、东莞市、重庆市等）初步评估由于大气臭氧浓度升高所造成的粮食产量损失和经济损失，为地方政府有关部门制定保护农作物的空气质量标准、制定大气污染防治计划等提供科学支撑。

3）依托于项目大田研究所获得的水稻及冬小麦产量与臭氧暴露水平的剂量响应关系，以及不同品种作物对大气臭氧的抗性不同，为地方农业部门进行水稻及冬小麦选种和栽培、制定农业发展规划、减少空气污染及其对农作物生产的影响等提供重要依据。

5　管理建议

1）为掌握农作物的臭氧暴露水平，需加强农村地面臭氧及其前体物监测。目前，广大的农村地区缺乏臭氧监测，而臭氧形成机理复杂，前体物种类繁多，臭氧前体物排放区与臭氧污染区分离，因此在农村地区有必要开展臭氧及其前体物的常规监测，掌握农作物的 O_3 暴露水平。

2）增加科学研究，建立本地化模型，合理评估臭氧浓度升高所造成的产量和经济损失。目前，国内只在长江三角洲、珠江三角洲、京津唐对水稻和小麦进行了研究，已有研究普遍时间较短，缺乏多年的研究。因此，需要覆盖粮食主产区、主要粮食作物种类和品种，开展田间实验研究，建立本地化的产量与 O_3 暴露的剂量响应关系模型，才能科学合理地评估 O_3 污染对我国粮食造成的产量损失和经济损失。

3）选育抗污染优良品种，推广施用臭氧防护剂，减少农作物产量损失。通过分子生物学技术改变植物的基因，通过田间管理增加植物营养以增强农作物对臭氧的抗性。施用表面覆盖物隔离或减少叶片对臭氧的吸收，或者施用臭氧防护剂以减轻臭氧对农作物的危害。

6 专家点评

该项目在国内外研究基础上，改进开顶式气室臭氧熏蒸系统并建立吸收通量测定装置，在珠三角和京津唐地区开展大田实验，获得大气 O_3 污染对水稻和小麦生长的影响特征，系统获得水稻和小麦对 O_3 的吸收通量，利用建立的产量与臭氧暴露量的剂量响应关系，初步评估了我国大气 O_3 污染造成的粮食作物产量和经济损失。项目研究成果在多个地区（北京市、广州市、东莞市、重庆市等）应用，为制订大气污染防治计划和农业发展规划、减少空气污染对农作物生产影响等提供科学支撑。该项目所建立的大气臭氧污染对粮食作物影响研究方法，对加强我国由于大气污染造成的粮食损失研究具有重要参考价值和技术支撑作用。

项目承担单位：中国环境科学研究院、中国科学院生态环境研究中心
项目负责人：耿春梅

加油站排放控制及管理措施研究

1 研究背景

车用汽油在储运销过程中，其中轻质组分极易挥发至空气中形成损耗。油气挥发不仅带来石油资源浪费、油品品质降低，更重要的是造成环境污染及健康、安全等问题。随着我国经济高速发展，燃油机动车保有量和加油站数量正逐年快速增加，伴随而来的油气挥发所造成的负面影响也愈发显现，因此积极控制和回收挥发的油气对石油资源并不丰富、大气环境质量不容乐观的我国而言就显得非常紧迫。

欧美等发达国家自20世纪60年代开始，就已经陆续开展了油气排放污染控制工作，已经形成较为完善的法律法规及运行管理体系，值得我国借鉴。国家环境保护部高度重视汽油储运销过程中的油气排放污染控制，于2007年颁布了储油库、汽油运输、加油站大气污染物三项排放标准（GB 20950—2007、GB 20951—2007、GB 20952—2007），计划分三个阶段在国内实施。然而，我国油气排放污染控制工作面对基础设施差、改造任务重、短期筹措资金压力大、基础研究薄弱、技术规范欠缺等多重困难。难以简单照搬照抄国外管理经验解决贯标过程面临的各种问题。基于此背景，迫切需要开展加油站油气排放控制系列基础研究，从技术上、管理措施上针对我国油气排放污染控制问题提出防控综合对策。

本项目结合环境管理工作需求，通过文献及现场调研、现场实测、基本研究站点研究、数据综合分析、地理信息系统开发、情景分析等研究方法对加油站的主要污染物——汽油油气的排放特性、油气排放控制技术和管理措施进行研究，为国家环境保护行政主管部门的管理决策提供科学的技术支撑。

2 研究内容

1）调研欧美日发达国家及我国油气排放控制法规、技术标准；

2）对国内外主要加油站油气回收设备性能进行了对比分析；

3）对京津冀、长三角、珠三角等区域10座城市的油气排放控制管理措施开展调研，对典型城市加油站油气回收系统的运行实效开展现场实测；

4）在上海选择了典型加油站作为基本研究站，对油气回收改造前、后的加油站油气排放水平、组分特征开展测试研究；

5）对我国典型城市加油站油气挥发总量进行了初步估算，并对采用不同油气排放控制方案所产生的环境社会经济效益开展了情景分析；

6）开发我国重点研究城市加油站分布、油气损耗及排放控制地理信息系统；

7）编制我国实施加油站油气排放控制国家标准的保障性措施建议稿。

3　研究成果

（1）通过国内外汽油成品油油气排放控制法令、技术规范的比较研究，归纳了以美国和德国为代表的国家油气排放控制进程及关键技术要求，找出我国加油站油气排放控制技术规范中存在的问题

发达国家"认证、安装和运营、验收、自检、年检"的加油站油气回收管理模式可为我国加油站环保设施长效监管模式提供借鉴。我国加油站油气排放控制标准中对分散式和集中式二阶段加油油气回收系统的技术要求未进行明确规定，根据欧美国家经验，集中式须采取智能控制设备，提倡在加油站采取分散式油气回收系统。标准对于油气排放处理装置的安装尽管提出了要求，但是可实施性差，项目强调应根据二阶段油气回收系统不同气液比值大小，采取不同的安装策略。

（2）通过对国内外油气排放控制技术广泛调研，筛选出适合我国国情的油气治理环保设施类型

我国现阶段加油站油气回收优化工艺设备组合为：一阶段油气回收工艺需确保油库、油罐车、加油站同步改造、三位一体密闭循环；选择通过权威机构认证的二阶段油气回收系统，优先选择分散式真空辅助油气回收系统；在城市建成区安装末端处理装置，处理装置满足：处理效率 $\geqslant 95\%$、排放 $\leqslant 25g/m^3$，装置自身油气泄漏浓度 $\leqslant 0.05\%$（v/v），当气液比稳定为 $0.95 \sim 1.05$ 时，可以考虑不安装处理装置；试点研发满足国标要求的在线监测系统。车载油气回收系统（ORVR）是我国未来加油站油气回收的主流发展方向，建议相关行业尽早开展研发和技术储备，可先行有选择性进行试点。

（3）通过对我国典型城市油气排放控制情况调研实测，总结我国加油站油气回收系统的运行效果及主要影响因素，提出了控制措施

根据实际调研和检测情况，已经实施加油站油气回收改造的城市油气回收系统运行过程中存在诸多问题：如油气回收系统密闭性不佳、气液比不正常，加油站的末端处理装置人为停机、闲置或运行不正常等，导致油气回收系统一次检测合格率不高，不合格原因包括基础设施差、由粗放式跨越至精细化管理，认识不够贯标不彻底、人员培训不到位、员工整体素质跟不上导致管理维护不佳等，针对这些问题提出了控制对策。

（4）研发加油站一阶段、二阶段油气排放测试装置，在国内首次测定了华东区域加油站卸油、加油环节的油气排放水平；测定不同季节加油站油气组分

及浓度变化规律、对油气排放处理装置运行效果与运行规律进行探讨

开发出加油站卸油过程油气排放测定装置见图1。在卸油油罐车回气管安装测试装置，连续测定回气管中油气及地下储罐通气管中油气的温度、压力、流量和浓度参数，从而测定卸油环节油气排放量及卸油过程地罐压力变化情况，最终为地罐系统密闭性需求提供依据。

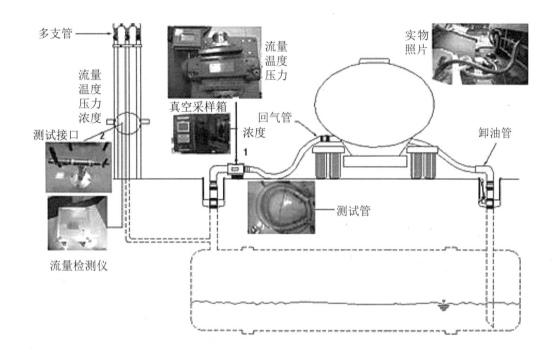

图1 一阶段卸油油气回收系统测试装置示意图

参考德国 VDI4205 Blatt4/Part4 方法，搭建二阶段油气排放测定模拟装置见图2，模拟汽车加油过程加油枪与油箱口界面缝隙排放油气的量，根据活性炭罐增重计算油气排放量。测定装置获得实用新型专利一项（专利号：ZL 2012 2 0315302.4）。

图2 二阶段加油油气排放回收系统测试装置实物图

二阶段加油油气排放回收测定结果见表 1；根据测试结果，获得加油站卸油、加油环节油气排放因子。

根据测试实验结果汽油油气挥发性组分成分复杂，种类繁多，主要由烯烃、烷烃、芳香烃以及醚类、酯类、酮类等组成，检出浓度最高、种类中最常见的是 C3 ～ C6 烯烃和直链烷烃，约占挥发油气总量的 95％以上。从有机物的分类上看，烷烃占 57% ～ 65%，烯烃占 34% ～ 40%，环烷烃（≤4%）、芳香烃（≤1%）浓度较低，及微量卤代烃、酯类、酮类和醚类增辛剂。从碳原子数看，C_3 占 32% ～ 40%，C_4 占 21% ～ 26%，C_5 占 25% ～ 30%，C_6 不到 10%，C_2 和 C_7 以上的组分均占比很小。研究结果提示，我国车用汽油极易挥发逃逸，减排油气刻不容缓。

表 1 加油站卸油、加油环节油气排放因子

过程	排放因子 /（g/t）		
卸油环节	未安装一次油气回收系统		1 780
	安装一次油气回收系统		168
加油环节	未安装二次油气回收系统		1 008
	安装二次油气回收系统	加油枪与油箱口泄漏	86
		处理装置排口排放[1]	2.1
		未安装处理装置的 P/V 阀排放[2]	28
储罐储油小呼吸	154		
汽油跑冒滴漏	103		
说明	1）未进行油气排放控制时加油站总的油气排放因子为 3 045g/t（包括四个环节：1 780 ＋ 1 008 ＋ 154 ＋ 103=3 045g/t）； 2）实现油气回收一、二、末端处理装置的加油站总的油气排放因子为 359 g/t（包括三个环节：168 ＋ 86 ＋ 2.1 ＋ 103=359 g/t）； 3）实现油气回收一、二次处理系统的加油站总的油气排放因子为 539 g/t（包括四个环节：168 ＋ 86 ＋ 28 ＋ 154 ＋ 103=539 g/t）		

（5）开发了我国重点研究城市加油站油气排放控制地理信息系统。对重点研究区域及城市加油站油气挥发量估算，开展油气减排水平情景分析

该系统依托地理信息系统（GIS）技术，以我国典型城市加油站经纬度信息为基础，配以油气排放相关数据，对研究城市的油气回收改造现状、加油站系统性能测试和油气回收的环境效益进行系统情景分析，是一套集空间、排放属性信息管理为一体的地理信息系统（软件登记号：2011SR075321）。

（6）编制了我国实施加油站油气排放控制国家标准的保障性措施建议稿

在总结现阶段京津冀、长三角、珠三角地区加油站油气回收改造主要问题的基础上，初步提出了全国加油站分区域分阶段贯标的政策和技术保障措施建议稿，为确保全国范围内加油站油气改造工程顺利开展提供了参考依据。

（7）编制出版了环保公益性行业科研专项经费项目专著《加油站油气减排技术及控制对策》

图4　《加油站油气减排技术及控制对策》专著

4　成果应用

本项目研究成果已应用于上海市加油站油气回收改造治理工作，编制的《油气回收改造工程技术指南》已经被上海市环境保护局采纳。为保障上海市世博会期间的环境空气质量发挥了重要的科技支撑作用。

项目组通过油气回收技术筛选测试及理论数据计算提出"优先选择二阶段分散式油气回收系统"的技术选项被中石油、中石化、中海油等石油企业全面采纳，在后续的油气回收改造进程中，相关企业均采用了分散式油气回收系统，此研究成果的应用从基础上为加油站、油库油气回收改造的顺利进行，确保逃逸油气得到回收、油气污染总量获得减排起到良好效果；2013 年中石化等在全国全面启动推广项目研究成果。

向环境保护部提交了《油气回收治理工程技术指南》（建议稿）、《油气排放控制设备达标运行监管条例》（建议稿）及《加油站大气污染物排放标准》修改建议文本，3个文稿的贯彻实施将为油气排放控制管理工作提供科学全面的技术支撑。

5 管理建议

1）在大气法中明确油气回收治理，法律责任章节中规定相应的罚则，罚则应与治理成本职责相匹配。

2）应结合目前国标实施过程中出现的具体问题，尽快修订现有加油站油气排放国家标准。例如对加油站二阶段油气回收系统的选型进行规定，对末端处理装置的适用条件进行具体的规定，对在线监控系统的选型进行界定、安装时限等进行合理调整等。

3）编制适合我国国情的油气回收系统认证规范，研究并建立我国的油气回收系统认证体系，建议参考欧美发达国家做法，由环境保护部门牵头吸收石油部门参加在国内设立油气回收设备认证专业机构，由该机构牵头草拟油气回收设备的行业技术标准及认证规范并负责实施，对进入我国市场和本国的油气回收设备和产品进行技术把关，确保油气回收系统达标运行。

4）尽快发布我国《加油站储油库油罐车环保监管办法》及配套实施细则，从宏观到微观层面实行全面监管，督促企业建立健全加油站、油库、油罐车的环保设施管理制度；由环境保护部编制的《加油站储油库油罐车环保监管办法》已经进入征询意见阶段，应尽快发布实施，同时应进一步完善配套的实施细则，尤其是油气排放控制设备达标运行监管条例，形成一套奖惩督导机制，保障油气回收设备的正常运行。

5）加强加油站在线监控的研发和试点研究；鼓励在线监控设备的国产化开发和相关监控核心技术系统研发工作，鼓励培育国产品牌进入市场，形成良性市场竞争氛围。

6）在我国"十二五"环境规划和汽车发展等相关规划中引入车载油气回收（ORVR）技术，在相关部门尽快进行研发和技术储备。我国每年迅速增长的机动车数量为 ORVR创造了很好的实施条件，建议尽早开展我国 ORVR 技术的研发，为最终评估 ORVR 在我国车用汽油减排战略中的作用及其推广做好技术储备。

6 专家点评

项目通过调研、实测与案例研究，对我国加油站油气回收系统性能进行了比较分析，总结了我国主要城市油气回收系统的运行效果及主要影响因素，研制了加油站油气排放测试装置，获得了加油站卸油、加油环节的油气排放系数；研发了城市加油站油气排放控制地理信息系统，提出了实施我国加油站油气排放控制国家标准的保障性措施建议，并进行了情景分析研究；编制了《油气排放控制设备达标运行监管条例》与《油气回收治理工程技术指南》建议稿，提出了《加油站大气污染物排放标准》修改建议，出版了《加油站油气减排技术及控制对策》专著。

项目研究成果在加油站油气回收改造治理工作得到应用，其中编制的《技术指南》已作为上海市环保局加油站油气回收改造治理工作的规范性技术文件。研究成果为我国环保行政主管部门开展加油站油气排放控制监督管理提供了技术支撑。

项目承担单位：上海市环境科学研究院、北京市环境保护科学研究院
项目负责人：钱华、邬坚平

石化典型行业有毒有害挥发性有机物排放特征及控制技术途径研究

1 研究背景

挥发性有机物（VOCs）作为一类大气污染物，具有很多危害。首先，许多 VOCs 物质对人体健康能够产生直接危害，引起中毒事件或职业病等，危害人体健康。其次，一些 VOCs 具有很强的臭味或很低的臭阈值，排放后会引起严重的恶臭污染。最后，VOCs 与城市灰霾和光化学烟雾的形成密切相关。VOCs 是细颗粒物（$PM_{2.5}$）的主要组分之一，并且能和氮氧化物发生光化学反应，产生臭氧等二次污染物。

自 20 世纪 90 年代以来，我国的 VOCs 污染和危害越来越严重，VOCs 污染控制的需求越来越迫切。VOCs 的人为排放源可以分为工业源、交通源、农业源、生活源等。有关研究表明，工业源 VOCs 在我国城市 VOCs 排放中占有很大比重，有必要加以重点控制。目前，关于我国工业源 VOCs 气体排放状况的研究和报道较少，在工业 VOCs 污染控制方面存在以下突出问题：工业 VOCs 的排放清单和排放特征不清，对 VOCs 控制技术的应用状况缺乏了解，技术选择和评价的标准不统一。为解决这些问题，有必要结合重点行业开展工业 VOCs 排放特征和控制技术评价方面的研究，从而提高我国工业 VOCs 污染控制和管理水平。

该项目通过三年多的调查研究，获得了大量工业 VOCs 排放源及控制工程案例，建立了工业 VOCs 污染控制工程数据库，分析了不同排放源 VOCs 废气排放特征和不同 VOCs 控制技术的应用状况。在此基础上，建立了各种不同 VOCs 控制技术的评价与筛选方法和指标体系，针对 VOCs 污染严重的合成材料行业（包括合成树脂、合成橡胶和合成纤维行业）提出了 VOCs 的减排方案与减排潜力。

2 研究内容

该项目的研究内容包括：①工业 VOCs 排放和控制工程案例调研与数据库建立；②工业 VOCs 污染源分类与排放特征分析；③工业 VOCs 控制技术应用状况与技术适用性研究；④ VOCs 控制技术评价体系与评价方法研究；⑤典型行业 VOCs 排放特征、减排方案与减排潜力研究；⑥典型 VOCs 控制工程案例；⑦工业 VOCs 控制技术途径与相关政策管理建议。

3　研究成果

（1）工业 VOCs 排放与控制工程案例数据库

在大量开展文献调研和现场调研的基础上，项目获得了国内外 433 个 VOCs 污染源案例和 771 个 VOCs 控制工程案例，涉及的行业包括化工、制药、设备制造、食品、印刷等 26 个行业大类。将 VOCs 控制工程案例的资料进行整理和梳理，建立了具备数据录入、维护、查询和分析功能的数据库（图 1），为数据库上网实现为政府部门、行业企业服务打下了基础。

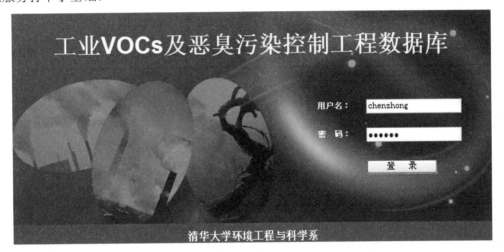

图 1　工业 VOCs 排放及控制工程数据库

（2）典型行业 VOCs 排放特征分析

利用调研获得的 VOCs 排放源数据，分析了不同行业 VOCs 气体的排放特征，包括 VOCs 气体流量、排放浓度、排放量、VOCs 组分等。研究结果表明，在调研案例所涉及的 26 个行业大类中，化学原料及化学制品制造业、医药制造业和交通运输设备制造业是 VOCs 排放源分布最多的三个行业。通过对调研结果的数据统计得到了 26 个行业 VOCs 排放源排放气体流量、浓度、排放量和组分的特征图谱（浓度分布见图 2），该研究结果对开展 VOCs 污染源控制提供了基础数据。

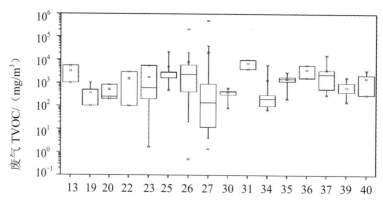

13 农副产品加工业，19 皮革、毛皮、羽绒及其制品业，20 木材加工及竹、藤、棕、草制品业，22 造纸及纸制品业，23 印刷业，记录媒介的复制，25 石油加工，炼焦及核燃料加工业，26 化学原料及化学制品制造业，27 医药制造业，30 塑料制品业，31 非金属矿物制品业，34 金属制品业，35 通用机械制造业，36 专用设备制造业，37 交通运输设备制造业，39 电气机械及器材制造业，40 通信设备、计算机及其他电子设备制造业

图 2　不同行业 VOCs 气体浓度分布范围

（3）VOCs 控制技术应用状况与评估方法

根据调研数据，分析了不同 VOCs 控制技术的应用现状，具体包括控制技术适用的废气流量、VOCs 浓度、污染物种类、适用行业和经济性等。研究结果表明，催化燃烧、吸附、生物处理、热力燃烧、等离子体处理技术是应用较为广泛的 VOCs 处理技术。冷凝、膜分离和吸附工艺多用于处理浓度大于 10 000mg/m³ 的 VOCs 气体并回收 VOCs，催化燃烧、热力燃烧工艺多用于处理浓度大于 2 000mg/m³ 且不具回收价值的气体，生物处理、等离子体多用于处理浓度低于 2 000mg/m³ 的气体。根据调研数据，提出了不同技术在处理不同 VOCs 气体时的费用曲线，建立了 VOCs 控制技术评估和筛选的方法与指标体系，为相关地区、行业或企业开展 VOC 污染评估和控制技术筛选提供了技术支持。

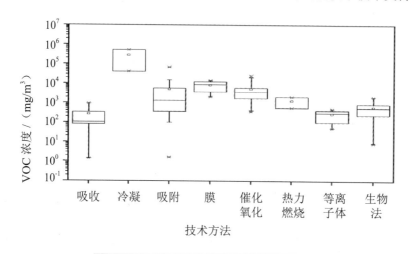

图 3　不同 VOCs 控制技术处理的气体浓度分布

（4）针对 VOCs 控制技术，系统地提出了评价的原则、步骤和方法，在考虑控制技术的技术性能、经济性能和社会影响等因素的基础上构建了技术评价的指标体系，给出了指标的赋值方法

（5）合成材料行业 VOCs 减排方案及减排潜力分析

在以上研究的基础上，针对化工典型行业——合成材料行业的 VOCs 排放特征，从技术适用性和经济性进行分析提出了 VOCs 减排的最佳技术组合方案。同时，以 2008 年行业排放状况为例分析了实施减排方案后的 VOCs 减排潜力。研究结果表明，在实施了严格的减排措施后，合成材料行业下的合成树脂、合成橡胶和合成纤维行业的 VOCs 减排比例可分别达到 60%、69% 和 75%。

4　成果应用

课题的成果为我国挥发性有机污染物的管理工作提供了支撑，在环境保护部的 VOCs 污染管理工作中得到应用，具体应用情况包括：

1）关于合成材料行业（包括合成树脂、合成橡胶和合成纤维 3 个行业）VOCs 污染物控制技术及其减排潜力的研究成果在环境保护部污防司组织的《"十二五"重点行业挥发性有机物排放清单》、《"十二五"工业挥发性有机污染物减排方案》编制工作得到应用。

2）相关成果应用于《"十二五"重点区域大气污染联防联控规划》中 VOCs 污染控制内容的编写。

3）不同行业 VOCs 控制技术应用状况、行业适用范围和经济性分析等项目成果用于环境保护部组织的"地方环境保护部人员培训教程"编写。

4）在环境保护部污防司组织召开的"工业 VOCs 污染控制技术与管理对策研讨会"（2009 年 8 月）和"全国重点区域 VOCs 污染防治试点工作会议"(2012 年 7 月) 上，介绍了项目成果。成果得到了地方环境保护部门的关注和欢迎。

5　管理建议

（1）针对重点地区和重点行业，开展 VOCs 排放和控制状况调查

为了掌握 VOCs 污染排放的真实情况，并为下一步开展 VOCs 控制提供基础数据支持。应针对 VOCs 污染严重的重点地区（如京津冀、长三角和珠三角）和重点行业（炼油、化工、制药、喷涂等溶剂使用行业），开展以重点企业和重点排放源为单位的、自下而上的 VOCs 排放和控制状况调查。调查的内容应包括企业的生产状况、VOCs 排放状况以及 VOCs 处理状况。在重点地区和重点行业进行调查试点和示范后，将有关经验和模式推广至全国和其他行业，为今后开展全国范围的 VOCs 排放源普查和制定控制标准奠

定基础。

（2）以总量控制和区域大气环境质量改善为目标，制定或完善与 VOCs 相关的各种排放标准

以控制区域灰霾和光化学污染为目标，研究制定不同地区 VOCs 排放的总量控制标准和标准的执行办法。对目前涉及 VOCs 污染排放的标准进行系统的梳理，避免新制定标准与原标准的冲突，增加 VOCs 污染控制的指标，严格 VOCs 排放的标准。加强关于 VOCs 排放影响和控制标准的相关基础研究。

除了总量控制外，在实际工作中经常存在企业排放达标而周边居民投诉的问题，因此应当进一步研究修订完善与 VOCs 相关的恶臭污染控制标准。

（3）针对重点行业研究制定 VOCs 控制技术导则，针对重点地区研究 VOCs 治理模式和机制

针对 VOCs 污染特征和问题存在共性的行业，研究制定针对不同生产工艺和 VOCs 排放源的 VOCs 污染控制技术规范和技术导则。推广行业内 VOCs 排放管理水平先进企业的经验，加强针对典型 VOCs 排放企业治理案例的分析和调研。针对 VOCs 排放相关行业和企业较为集中的地区或工业园区，开展 VOCs 污染治理模式和污染控制机制的研究。将成功经验向全国其他地区进行推广。

6 专家点评

该项目针对工业源 VOCs 气体，在大量调查 VOCs 排放和控制工程案例的基础上，分析了不同行业 VOCs 的排放特征和不同 VOCs 控制技术的应用状况和适用范围，提出了 VOCs 控制技术评价的指标体系和评价方法。在以上工作基础上，针对 VOCs 污染较为严重的合成材料行业，分析了该行业 VOCs 气体的排放特征、减排方案和减排潜力。项目研究成果为《工业挥发性有机污染物控制方案》、《"十二五"工业挥发性有机污染物减排方案》和重点行业挥发性有机物排放清单的编制提供了技术支持，对环境管理部门及相关行业、企业开展 VOCs 污染控制技术筛选提供了参考依据。

项目承担单位：清华大学
项目负责人：胡洪营

精细化工行业废气优先污染物筛选及控制途径研究

1 研究背景

精细化工是当今化工行业中最具活力的领域，精细化工率的高低已经成为衡量一个国家或地区化工发达程度和化工科技水平高低的重要标志。精细化工是与经济建设和人民生活密切相关的重要工业部门，是化学工业发展的战略重点之一。然而，精细化工行业又是有毒有害有机污染物产生的典型行业，是重要的城市大气污染来源。《国家环境保护"十一五"科技发展规划》以及《国家环境技术管理体系建设规划》等明确提出重点研究工业排放有毒有害有机污染物的控制技术，编制有机废气污染防治技术政策和最佳可行技术导则。多年来我国对精细化工行业废水污染控制工作开展得较多，但对涉及精细化工废气污染控制关注得远远不够，存在背景不清、实用技术少、缺乏相应的环境管理政策和措施等问题。因此，我国的有机废气污染防治技术无论从广度和深度都与发达国家存在较大差距。在这种情况下，迫切需要开展精细化工行业废气优先污染物筛选及控制途径研究，为精细化工有机废气的治理提供政策依据和管理支持，促进精细化工行业的可持续发展，同时也对相关行业的废气污染控制提供示范。

本项目通过调查、分析典型精细化工有机废气排放和治理状况，筛选精细化工优先控制大气污染物，研究、建立精细化工行业废气污染防治技术与评估方法体系，编制典型精细化工有机废气污染防治和优先污染物控制技术指南，技术成果紧密结合当前污染防治需求，实用性强，成果可为精细化工行业废气治理提供有效技术，同时可为废气污染防治政策制定和环境管理提供技术支持，促进精细化工行业可持续发展，改善大气环境质量和保障人体健康，具有显著的经济、社会效益。

2 研究内容

通过调查、分析精细化工行业有毒有机废气排放和治理状况，筛选优先控制污染物，形成精细化工行业污染防治技术发展与需求调研报告；综合分析典型精细化工行业污染防治技术的运行参数和经济指标，建立废气污染防治技术评估指标体系；结合示范工程，针对典型精细化工行业中废气优先控制污染物及典型复合废气，开展过程控制和末端有机废气处理技术评估，对制定的评估方法进行验证和完善，形成一套有效的精细化工行业废气污染防治技术与评估方法体系，编制典型精细化工有机废气污染防治和优先污染物控制技术指南，为环境管理提供技术支撑。

3 研究成果

（1）形成精细化工行业废气污染防治技术及需求调研报告

调查我国精细化工行业典型有机废气产排特征、污染防治技术现状以及存在问题，同时调研国内外新兴技术发展趋势，形成精细化工行业废气污染防治技术发展与需求调研报告。

（2）筛选出精细化工行业优先控制污染物

基于多介质环境目标值（MEG）形成的危害指数指标，综合考虑化学品产量或消费量，筛选了优先控制大气污染物名单，编制了精细化工大气污染物信息系统软件。

表 1 优先控制大气污染物名单

化学名称	CAS	指数	总产量 /（t/a）
对苯二甲酸	100-21-0	12	7 400 000
氯乙烯	1975-1-4	15.5	4 900 000
环氧乙烷	75-21-8	15.5	4 348 000
苯	71-43-2	15.5	3 911 000
亚磷酸三乙酯	122-52-1	12	2 205 000
丙烯腈	107-13-1	15.5	2 110 000
1，3-丁二烯	106-99-0	15.5	1 883 000
草酸	144-62-7	12	1 570 000
环氧氯丙烷	106-89-8	15.5	1 258 000
苯胺	62-53-3	15.5	1 235 000
邻苯二甲酸酐	85-44-9	12	893 000
硝基苯	98-95-3	15.5	778 000
甲醛	50-00-0	15.5	697 000
2，4-甲苯二异氰酸酯	584-84-9	26	410 000
对硝基氯苯	100-00-5	22	450 000

图1　精细化工行业大气污染物信息系统软件

（3）制定了精细化工有机废气处理技术筛选与评估方法

综合考虑废气去除率、潜在危害指数、排放特征、单位气量投资额、运行费用、占地面积、操控难度等环境和经济指标，采用属性层次（AHM）模型制定了典型废气处理技术筛选与评估方法。

（4）构建了废气控制与减排技术数据库

采用专家座谈、现场勘察以及文献调研等摸清现有企业废气污染防治技术水平，分析废气处理工艺与设备状况（处理效率、运行成本、稳定性等），构建了有毒有机废气控制与减排技术数据库。

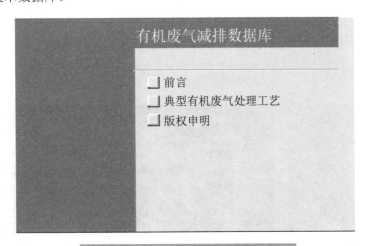

图2　精细化工行业有机废气减排数据库

（5）开发了精细化工行业废气污染控制技术

1）开发了膜吸收法处理高浓度甲醛废气资源化技术

选用聚丙烯纤维为膜材料，亚硫酸氢钠和正戊醇为吸收液，重点考察了吸收液流量、吸收液温度和浓度、气体流量、气体浓度等的影响，确定了最佳工艺参数，建立了膜吸收法处理高浓度甲醛废气的资源化技术。

2）开发了工业有毒有机废气净化的树脂吸附技术

开发了新型疏水性超高交联吸附树脂，完成了吸附树脂对苯、氯苯、三氯乙烯、二氯甲烷等典型挥发性有机物的吸附特性研究。

开发了树脂吸附法净化副产氯化氢气体中苯类有机物污染物的工艺技术，建立以吸附分离技术为核心的中试装置 1 套，并应用于江苏扬农化工集团有限公司。在中试平台上，开展以吸附分离技术为核心的处理工艺优化集成研究，实现有机污染物的资源回收和治理，形成示范性处理技术路线。

图 3　树脂吸附法净化副产氯化氢气体中有机物污染物的工业中试实验研究

3）开发了气象物证自动采样器及废气快速测试技术

研制出事故现场自动气体采集装置以及一套可快速检测氯气、氨气、硫化氢气体泄漏的气体检测管。

图 4　事故现场气体采集装置外形

图 5　氨气、硫化氢、氯气气体检测

（6）建立了精细化工行业废气污染控制技术示范工程

基于精细化工行业有机废气污染防治和优先污染物控制技术指南，开展了典型精细化工企业有机废气治理示范，并结合企业依托工程建立了综合示范区。

1）农药废气处理示范工程

以江苏腾龙集团农药生产废气为对象，建立了以蓄热式氧化炉工艺为主要工艺的示范工程。该工程设计总风量 10 000m³/h；废气中有机物浓度 520mg/m³、恶臭浓度 12 800，经过处理后出口有机物浓度约 7mg/m³、恶臭浓度 235。有机物去除效率达到 ≥ 98.5%。

图 6　腾龙集团农药废气治理工程图

2）化工装车台废气处理示范工程

以南京龙翔液体化工码头装车台废气为处理对象，建立了以活性炭纤维吸附＋热空气脱附＋催化氧化为主要工艺的示范工程。该示范工程中活性炭纤维吸附效率可达 96.5% 以上，催化氧化装置净化效率达 98.2%，大大减少了有机废气的直接排放。

图 7 化工装车台废气治理工程图

（7）建立了精细化工行业废气污染控制技术方案示范

针对江苏辉丰农化股份有限公司综合废气、苏州敬业医药化工有限公司制药生产废气、苏州国巨电子恶臭废气，编制了企业废气治理整改方案并进行示范，切实推进企业废气收集和处理效果，改善周边环境空气质量。

（8）建立了精细化工园区废气整治综合示范区

以大丰港经济区华丰工业园为综合示范区，建立了精细化工园区废气综合整治示范园区。经过一年多的废气专项整治后，削减各类废气污染物排放近 8 800t，有效改善园区大气环境质量。

（9）完善了精细化工废气污染防治技术评估方法体系

针对精细化工有机废气处理技术及示范工程进行绩效评估，改进、完善精细化工有机废气污染防治技术路线筛选和评估方法，形成精细化工行业废气污染防治技术评估方法体系；运用精细化工有机废气污染防治技术路线筛选方法和评估体系，针对不同精细化工有机废气，评估废气污染防治组合工艺与集成技术，结合我国精细化工发展趋势，建立了典型精细化工有机废气污染防治和优先污染物控制技术指南。

4 成果应用

课题制定的精细化工行业有机废气污染防治和优先污染物控制技术指南，推行节约并合理使用能源、清洁生产以及末端治理相结合的综合防治措施，根据技术的经济可行性，制定精细化工有机废气减排技术评估体系，引导企业自觉采用经济、先进的污染治理技术，减少有机废气排放。

1）江苏省全省化工园区整治技术规范和绩效评估办法（江苏省大气污染防治联席会议办公室证明文件）

2）华丰工业园废气整治（大丰环保局证明文件）

3）滨海县沿海化工园区废气整治方案（滨海县环保局头罾分局证明文件）

4）安徽省东至县香隅化工园区废气整治方案（东至县环保局证明文件）

5　管理建议

精细化工行业废气污染控制对策研究应涉及源头控制、过程管理以及末端治理三个层面，如图8所示。

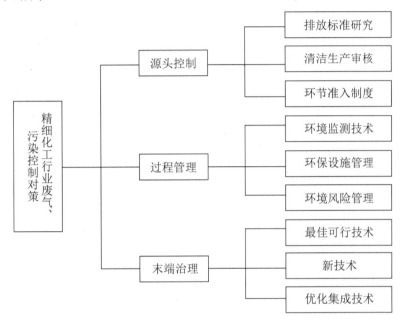

图8　精细化工行业废气污染控制对策框架图

（1）源头控制

排放标准研究：针对精细化工行业废气排放环节特点，按照相关的排放标准法规，建议通过以下两方面削减废气排放量来控制区域污染：①控制生产过程工艺废气的排放量，严格执行相关排放标准削减有机废气有组织排放量；②依据相关产品质量标准，推动企业采用清洁生产工艺，减少产品本身和储运过程中有机废气的无组织排放量。目前，我国关于有机废气排放控制的标准仅有大气综合排放标准和恶臭污染物排放标准和少数行业标准（含地方标准）的相关规定，而化工行业有机废气排放环节复杂，受影响因素多，具有特殊性，为促进化工行业的环境综合治理，建议尽快制定基于优控物种名录的化工行业大气污染排放标准，开展生产企业有机废气的年排放量申报制度，实施区域性固定源有机废气排放总量控制。

清洁生产审核：建议全面总结"十一五"清洁生产工作，抓紧研究"十二五"清洁生产目标、长效机制、保障措施等重要问题，加快清洁生产先进技术推广应用，加快实施清洁生产示范工程，加快培育清洁生产示范企业，进一步建立完善清洁生产激励、约束和倒逼机制重点加强清洁生产服务体系建设，制定清洁生产审核评估验收、服务机构管理办法，强化管理，提高清洁生产服务水平和质量。

环境准入制度：基于优先控制物种名录以及环境容量，依法大力推进规划环评，积极推进环境准入制度体系建设，构建了"三位一体"环境准入制度（以生态环境功能区规划为依据、以规划环评为载体、以项目环评为重点，全面强化空间、总量和项目的环境准入）和"两评结合"（专家评估和公众全程监督）的环境决策咨询制度体系。

（2）过程管理

环境监测技术：针对重点企业，建议定期（一年两次）开展包括优控物种和恶臭污染物在内的有组织排放和无组织排放监测；针对区域性有机废气污染控制，建议构建区域在线监测系统，形成区域环境空气质量的在线监控网络；针对化工区域突发性污染事故，建议加强应急监测体系建设，做好突发应急事故监测建档和信息化。

环保设施管理：督促企业建立健全环保设施管理制度和各项岗位规程，明确环保设施的管理职责，做到设备管理有章可循，制定一系列环保设施安全生产管理工作制度，如环保设备维护保养制度、设备定期检修制度、设备巡回检查制度、岗位责任制度、岗位交接班制度、考核评比制度等，并对制定的制度进行检查落实、考核，保证环保设施管理按制度进行。

环境风险管理：对于存在污染风险的重点企业，应加大对各重点企业厂界附近环境的巡查力度，同时要加强园区企业环保设备和处理设施的定期检查和抽查，及时发现问题，责成纠正整顿，防患于未然；此外，对企业生产事故造成的污染事件形成通报制度，督促各企业做好环境应急预案，落实应急装备和处理设施建设。

（3）末端治理

最佳可行技术：加快对现有治理技术开展研究，从技术本身、经济成本、环境影响等方面考虑，结合费效分析，建立有机废气污染控制技术评价指标体系，评估不同控制措施的有机废气减排效果，提出化工行业有机废气污染控制的最佳可行技术。

新技术和优化集成技术：积极鼓励企业对具有疏水功能的分子筛吸附剂、广谱性氧化催化剂、高效生物净化菌种等新材料的研究和开发；在新技术的开发方面，如沸石转轮吸附浓缩技术、生物净化技术、等离子体净化技术、光催化技术、离子液吸收技术等需要加大开发力度，在过程优化和集成技术的研究开发方面，需要改进产品性能，提高工艺集成水平，并大力推广应用。

6　专家点评

该项目系统开展了精细化工行业废气污染调查与优先控制污染物筛选、精细化工有机废气处理技术筛选与评估方法建立、精细化工有机废气污染控制技术及工程示范以及精细化工废气污染防治技术评估方法体系完善等方面的研究，形成了我国精细化工行业废气污染防治技术的发展及需求，建立了精细化工行业废气污染防治技术评估方法体系，并通过示范工程进行了验证，完善了精细化工废气污染防治技术评估方法体系，编制了典型精细化工有机废气污染防治和优先污染物控制技术指南。研究成果为江苏省制定"江苏省化工园（集中）区废气治理技术规范"和"江苏省化工园（集中）区废气治理绩效评估办法"提供技术支撑，同时也为化工园区废气综合整治提供借鉴。

项目承担单位：江苏省环境科学研究院、北京化工大学
项目负责人：王志良、夏明芳

室内装修用人造板挥发性有机污染物释放特性与控制技术研究

1 研究背景

我国是世界人造板生产和消费的第一大国。人造板性能稳定，价格低廉，在家具和室内装饰行业应用普遍。但人造板制造中使用胶黏剂及其他化学添加剂，其生产和使用过程中会缓慢释放出大量的除甲醛以外的有毒性挥发气体，包括乙醛、萜烯、苯系物在内约有 500 多种。这些挥发性有毒气体常会导致人们头晕、烦躁、恶心，并可能引发病态建筑综合征（SBS）、与建筑有关的疾病（BRI）及其他多种化学污染物过敏症（MCS）。近年来，由于新建筑越来越多且装修量大，特别是我国北方地区，冬季室内环境封闭，空气污染更加严重。

据资料统计，目前我国 36% 的呼吸道疾病、22% 的慢性肺病、15% 的气管和支气管炎均是由人造板挥发出的室内空气污染引起的，每年由人造板产生的室内空气污染导致死亡人数达 11.1 万人，正常门诊人数达 22 万人次，急诊人数达 430 万人次。

目前人们对人造板生产和使用中释放出的挥发性有机污染物造成室内空气严重污染状况不了解，对其产生危害了解不多，人造板挥发性有机污染物释放限量标准没有制定，因而没有采取相应的预防和控制措施，使人民群众的身心健康遭受了很大损害，人造板挥发性有机污染物污染问题已成为社会关注的焦点。本项目研究可帮助人们全面了解和掌握人造板挥发性有机污染物释放种类、释放特性、释放规律和控制技术，为选择绿色装修用人造板提供科学合理的建议和清洁使用指南，为政府规范管理室内装修用人造板生产和进一步完善《室内空气质量》标准提供理论参考。

2 研究内容

1）研究建立实验室规模人造板挥发性有机污染物（VOCs）检测系统。

2）收集国内外参考文献，结合国内代表性室内装修用人造板 VOCs 测试结果，确定我国室内装修用人造板 VOCs 排放与优控清单。

3）针对人造板生产工艺过程，系统研究影响人造板 VOCs 释放的各种因素，通过调整生产工艺，降低人造板 VOCs 释放。

4）考察不同温、湿度环境条件下，人造板总挥发性有机污染物（TVOCs）释放特性。

5）研究不同饰面方法、处理工艺对减少人造板 VOCs 释放的影响，优化生产工艺。

6）起草《人造板及其制品中挥发性有机化合物释放限量》标准。

7）总结降低人造板 VOCs 释放的产品清洁生产、管理与使用指南。

3　研究成果

（1）建立了一套完整的人造板 VOCs 检测系统

该系统由试样平衡预处理、试样 VOCs 采集、VOCs 解脱附、VOCs 分析及吸附管老化处理装置组成，可专供人造板 VOCs 检测分析使用，系统精度达到国际同类设备的先进水平。

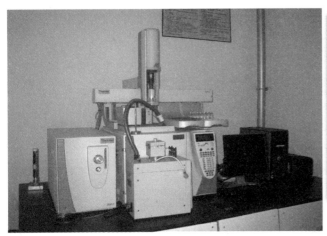

图1　人造板 VOCs 检测系统

（2）开展了人造板生产工艺技术研究

针对人造板生产工艺过程，系统分析研究了影响人造板 VOCs 释放的各种因素，通过调整生产工艺，胶黏剂种类、配方、施加方法，优化人造板生产，降低了人造板 VOCs 的释放。

（3）开展了不同饰面方法及不同饰面处理工艺对减少和减缓人造板 VOCs 释放影响的研究

利用同一种基材，研究不同饰面方法、不同饰面处理工艺（不同涂料表面涂刷、静电粉末喷涂、薄木贴面、三聚氰胺装饰板贴面、预油漆装饰贴面纸贴面、PVC 贴面纸贴面）对减少和减缓 VOCs 释放的影响，优选了饰面处理工艺。

（4）完成了不同源头控制技术对室内装修用人造板 VOCs 防治效率的评价

在工艺实验基础上，综合污染物减排、污染物释放速率、生产成本、潜在危害指数、经济效益等指标，研究了不同源头控制技术对室内装修用人造板 VOCs 防治效率的影响，确定了最佳工艺方案。

（5）建立了人造板总挥发性有机污染物（TVOC）释放特性模型

选择市场上销售的具有代表性的人造板产品，开展了挥发性有机污染物检测分析，考察了不同温度、湿度环境条件下，人造板 TVOC 释放特性，建立了释放动力学模型，为产品长期有机污染物释放水平预测与材料合理选用奠定了基础。

（6）确定与筛选出了室内装修用人造板 VOCs 排放优先控制清单

通过分析与讨论，明确了人造板常见 VOCs 的种类和对人体的健康危害，综合考虑不同类型人造板主要 VOCs 的释放浓度、释放量、释放速率等因素，在认真了解对比世界绿色人造板认证体系基础上，确定与筛选出了我国室内装修用人造板挥发性有机污染物排放优先控制清单，为环保人造板产品及我国室内空气质量标准的制修订提供了技术支持。

表 1　室内装饰装修用人造板及其制品中挥发性有机化合物释放的限量值

挥发性有机化合物 VOCs		第 28 天结束时稳定状态下释放的限量值 /（μg/m³）	限量标识①
甲苯 toluene		260	
二甲苯 xylene	邻 - 二甲苯 o-xylene	400	EL2.5② EL1.0③
	间 - 二甲苯 m-xylene		
	对 - 二甲苯 p-xylene		
乙苯 ethylbenzene		400	
苯乙烯 styrene		220	
乙醛 acetaldehyde		48	
总挥发性有机化合物 TVOC		400	

①本标准按照产品负载率大小将限量标识分为 EL2.5 和 EL1.0。
②EL2.5 的产品负载率是 2.5 m²/m³。
③EL1.0 的产品负载率是 1.0 m²/m³。

（7）编写了室内装修用人造板挥发性有机污染物检测与限量标准材料

在上述工作基础上编写、审定、报批了《人造板及其制品中挥发性有机化合物释放量试验方法——小型释放舱法》国家标准（报批稿）和《人造板及其制品中挥发性有机化合物释放限量》行业标准（报批稿），为人造板 VOCs 的检测和监测建立了标准方法，可用于环境监测；提出了降低人造板 VOCs 释放的生产管理技术规范与使用指南，为老百姓清洁使用人造板提供了科学指导。

4　成果应用

1）将建立完整的人造板 VOCs 检测系统，所开展的人造板生产工艺技术研究，开展的不同饰面方法、不同饰面处理工艺对减少和减缓人造板 VOCs 释放影响的研究成果在 3 家生产企业推广应用，用于指导环保人造板产品生产，取得了良好效果。

2）项目直接完成国家标准制定 1 项，行业标准制定 1 项，参与讨论制修订国家标准 2 项，行业标准 4 项。撰写"降低人造板 VOCs 释放的产品清洁生产、管理与清洁使用指南"（政策建议）1 项；出版专著 3 部；发表论文 38 篇；获得发明专利 1 项；完成研究报告 4 部。

3）项目为人造板痕量 VOCs 的检测和监测建立了标准方法，用于环境监测；为室内空气质量标准、环境标志产品标准的制修订提供了技术支持；为公众清洁使用人造板提供了科学指导；也为管理部门在环境治理和应急处理提供了有效技术支撑。

5　管理建议

1）尽快发布制定后的人造板 VOCs 相关标准。审议通过的《人造板及其制品中挥发性有机化合物释放量试验方法——小型释放舱法》国家标准，尽可能与国际先进国家标准一致，统一了人造板 VOCs 的检测条件和方法；《人造板及其制品中挥发性有机化合物释放限量》行业标准，首次明确提出了人造板挥发性有机污染物总释放限量和主要控制物释放限量，提出了产品负载率这一要求，为人造板 VOCs 环保质量监管提供了法律依据，建议尽快发布实施。

2）尽快研究人造板 VOCs 快速检测方法。由于传统人造板 VOCs 检测时间长、成本高，需要相关机构研究人造板 VOCs 快速检测方法，可通过减少投资、降低检测成本，减少对专业技术人员的依赖，探索传统检验方法与快速检验方法之间的关系，提供可靠的科学依据，保证检测结果的可靠性，为环保、工商、质监部门开展人造板 VOCs 和环保性能监督执法提供依据，也方便生产企业及时准确掌握生产情况，提高产品的环保质量，同时，也可为广大消费者提供帮助，指导消费。

3）加强建筑材料及制品环保监管体系的建设。室内装修用人造板及其他建筑材料和制品的环保品质是公益属性，离不开政府监管。随着我国建筑业的持续发展，未来一段时期，室内装修环保监管的需求将更加紧迫，任务日趋艰巨。目前，从中央到地方相关监管机构、人员、技术条件均比较薄弱，建议从中央到地方重视和加强建筑材料及其制品环保监管和技术支持机构的建设，环境保护部相关检测部门在开展室内空气质量检测的同时，可深入开展对相关建筑材料及制品 VOCs 的检测，逐步完善监管能力、体系，加强队伍和机构建设。

4）重点场所室内装修要率先使用环保材料，保证室内空气质量达标。根据目前室内装修空气污染严重的实际情况，建议在中小学、幼儿园、托儿所、养老院、医院及其他人口密集封闭场所，要率先使用环保建材，保证室内装修后房屋空气质量达标，确保老人和儿童的身心健康。同时，建议每年定期对各地市场上主要销售的人造板产品开展VOCs 抽样调查，公布结果，指导消费者合理地选择使用环保指标达标的产品，保证广大人民群众的健康，同时，不断推动我国人造板工业健康地向前发展。

6 专家点评

本项目研究确定了挥发性有机污染物释放测定方法，筛选出优先控制清单，构建了未来人造板挥发性有机污染物释放控制限量，优化了基于源头控制的人造板及饰面人造板生产工艺，分析了各种控制措施的防治效率，结合我国人造板工业发展和环境健康影响，提出了我国未来人造板挥发性有机污染物释放控制的对策建议和技术选择方法，对于强化政府规范管理室内装修用人造板生产和进一步改善室内空气质量可起到有力的支撑作用。

项目承担单位：东北林业大学、北京林业大学
项目负责人：沈隽

第二篇
土壤与生态环境领域

2008 NIANDU HUANBAO GONGYIXING
HANGYE KEYAN ZHUANXIANG XIANGMU
CHENGGUO HUIBIAN

有机化学品泄漏场地土壤污染物扩散预测与防治研究

1 研究背景

近年来，我国由于化学品泄漏、爆炸或交通事故等引发的土壤污染事件在发生频率和危害程度上均有增加趋势，污染事故不仅对生态环境造成严重危害或隐患，甚至导致人员伤亡和财产损失。据统计，2001—2007 年仅危险化学品引起的重大事故就有 100 多起，如图 1 所示。其中由于化学品泄漏造成的环境突发事故占 40.4%，污染物是芳香族化合物和石油及其产品的事故占 20.2%，挥发性有机污染物（VOCs）的污染事故在其中也占了较大比重。土壤污染的应急监测、污染物扩散预测和应急处理处置是控制化学品泄漏事故造成土壤污染的重要手段。应急监测和污染物扩散预测能够为事故处理决策部门快速、准确地提供污染物质类别、浓度分布、影响范围及发展趋势等现场动态资料信息，为事故处置快速、正确决策赢得宝贵的时间，为有效控制污染范围、缩短事故持续时间、将事故的损失减小到最小提供有力的技术支持。

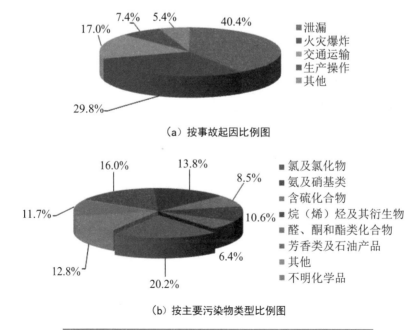

（a）按事故起因比例图

（b）按主要污染物类型比例图

图1　2001—2007 年危险化学品引发的重大环境事故统计图

2 研究内容

该项目以甲苯和氯苯作为苯系物及其卤代烃的代表物质，选择我国分布广泛，具有代表性的典型类型土壤（北京潮土、湖南红壤和黑龙江黑土）作为研究对象，比选现有机污染物便携式快速检测仪器，建立有机化学品泄漏场地污染物应急监测方法；考察污染物发生泄漏后，其在不饱和土壤中的运移规律、残留分布，并对污染物的迁移进行预测和可视化表征，编制化学品泄漏场地土壤污染处理处置指南，为应急条件下的土壤污染监测与处理处置提供技术支持。

3 研究成果

（1）土壤中有机污染物现场应急监测方法建立研究

调研了目前已商业化的有机化学品污染物监测的仪器和设备。通过对监测仪器操作和测试技术参数（快捷方便、光源选择配备、检测下限、响应时间和检测范围等关键性参数）的比较分析，筛选出便携式光离子化气相色谱应急设备作为本项目的依托技术。在此基础上，通过研究该技术应用于土壤污染物监测的预处理手段、回收率、线性范围、检出限等，建立了土壤污染物顶空 - 便携式光离子化气相色谱法快速测定技术方法（HS-GC-PID），并与传统的室内气相 - 质谱联用仪（GC-MS）监测技术进行了比较（表1），编制了《土壤污染物便携式光离子化气相色谱法快速检测规程》，从而填补了我国对土壤污染物现场快速检测缺乏统一的规范方法的缺失。

表 1　HS-GC-PID 和 GC-MS 的检测时间和成本对比

参数		HS-GC-PID	GC-MS
检测时间	预处理	60 s	20 min
	测试时间	16min	27min
检测成本	仪器	12 万元	100 万元
	载气	100 元	2 000 元
	试剂	10 元	100 元

（2）土壤中污染物迁移扩散的预测模型与 3D 可视化研究

以甲苯和氯苯作为苯系物及其卤代烃的代表物质，选择我国分布广泛，具有代表性的典型类型土壤（北京潮土、湖南红壤和黑龙江黑土）作为研究对象，考察污染物发生泄漏后，其在土壤中的运移和残留分布规律，并对土壤渗透性能、粒径、孔隙分布和含水率等主要影响因素进行深入剖析，为估测与确定污染物迁移模型参数提供科学依据。

引入美国太平洋西北国家实验室研发的大型多相流数值模拟集成模型——STOMP

（Subsurface Transport Over Multiple Phases）模型对土壤中污染物运移进行数值模拟，及时获取污染物在土壤中运移及残留分布规律。确定 STOMP 模型的参数及边界条件，并根据实验室实测数据结果对 STOMP 模型进行验证，同时确定了影响 STOMP 模型的主要参数敏感性排序。在此基础上，通过 Fortran 程序将 STOMP 模型的模拟结果编译转化为 Tecplot 软件的可读格式，并结合 Golden Software Voxler 软件实现了模型结果的三维可视化（图 2），从而建立了土壤中化学品泄漏扩散预测的三维可视化方法。基于我国目前在土壤污染物运移模拟研究方面尚处于起步阶段的事实，该研究成果可为今后系统的从模拟试验到定量模拟的系统研究提供技术支持。

（3）污染土壤应急处理处置及预案研究

调研与收集国内外多种可能的土壤污染应急处置方法，针对有机化学品泄漏场地中的土壤污染问题，就泄漏源控制技术，泄漏物质处置技术和污染土壤修复技术等方面进行了研究和总结。同时依据污染土壤中化学物质的类型，进行了不同类型污染物及其对应修复技术的筛选工作。通过研究与大量资料的查阅，编写了《有机化学品泄漏污染防治技术指南》，其中包括各种不同类型化学品污染物的理化性质、稳定性、危险性、应急措施、土壤污染控制指导值以及化学品泄漏造成土壤污染事故时防护隔离距离和工作人员防护措施等信息，为有机化学品土壤污染事故的应急处置提供一定的技术支持，有助于提高有机化学品土壤污染事故的处理处置效果与效率。

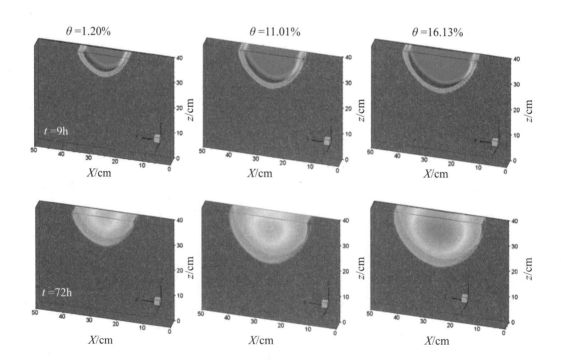

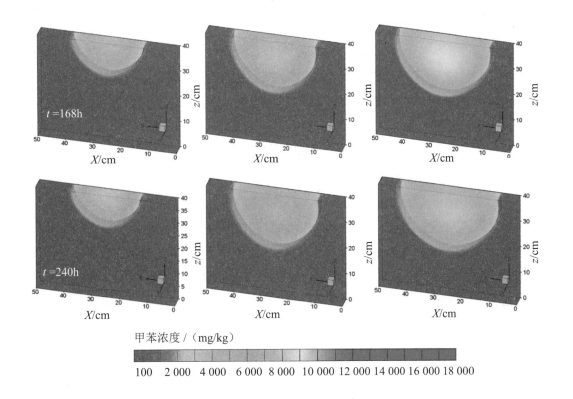

图2　甲苯在不同初始含水率潮土中的浓度分布图

项目除编制了《土壤污染物便携式光离子化气相色谱法快速检测规程》外，还出版了《有机化学品泄漏场地土壤污染物防治技术指南》（中国环境出版社，2012）。共发表学术论文18篇，其中英文论文6篇（包括SCI论文3篇），核心期论文12篇。培养博士研究生1名，培养硕士研究生6人，本科生3名。同时锻炼培养了一批化学品泄漏土壤污染快速监测、污染物迁移模型模拟与化学品泄漏土壤污染处理处置与土壤修复方面的技术人才。

4　成果应用

依托该项目，编制了《土壤污染物便携式光离子化气相色谱法快速检测规程》，并将该规程在吉林省吉林市某化工企业搬迁遗留污染场地中进行了现场快速监测，获得较好的效果。土壤中污染物的快速监测方法，是进行化学品泄漏场地污染控制的关键，而国内目前尚未颁布土壤中污染物现场快速监测方法，目前虽然有少量的现场快速监测技术，但由于缺少统一的方法，监测结果没有可比性，难以推广应用。本项目开发的快速监测技术方法填补了我国对土壤污染物现场快速检测缺乏统一的规范方法的缺失。

5 管理建议

1）从采样方法优选、样品预处理技术、检测器的工作条件等方面，尽快建立基于不同快速监测仪器和不同污染物类型的土壤污染物快速监测规程，使得应急监测做到有法可依，也使得监测结果更具权威和可比性，从而有助于在发生土壤污染事故时有效指导土壤样品的采集和实验室监测方法的建立。

2）建立不同事故类型、不同土壤类型、不同自然条件下土壤中污染物扩散预测的方法，为土壤中污染物迁移转化的空间分布定量化、可视化预测提供技术支持，为明确污染可能的影响范围及其在水平和垂向分布，进而及时确定治理方案提供依据。

3）比较分析国内外土壤污染事故不同应急处置方法的差异性，提出针对土壤中不同污染物类型的处理和处置技术，分析其适用条件（如污染物的数量、范围、不同自然条件）、处理成本和修复周期等，编制全国范围可以通用的化学品泄漏土壤污染防治技术指南，为应急条件下的土壤污染的处理处置提供技术支持。

6 专家点评

本项目针对化学品泄漏场地应急的现场快速监测、污染物扩散预测和应急处理处置等关键环节开展研究，建立了"土壤污染物便携式光离子化气相色谱法"现场快速检测规程。针对我国土壤类型和污染物特性，引入大型多相流数值模拟集成模型，确定了预测模型的参数、边界条件以及影响预测模型的主要参数敏感性排序。对预测模型进行再开发，并结合可视化软件，建立了土壤中化学品泄漏扩散预测的三维可视化方法。针对有机化学品泄漏场地中的污染土壤，进行了不同污染物类型及其对应修复技术的筛选工作，编写了《有机化学品泄漏污染防治技术指南》，该项目的研究成果在部分污染场地得到验证，对于科学、高效地应对化学品泄漏场地的土壤污染提供了科技支撑。

项目承担单位：中国环境科学研究院、北京石油化工学院
项目负责人：谷庆宝

干旱区绿洲土壤重金属污染
生态风险评估与管理技术规范

1 研究背景

土壤安全是国家生态安全的基础，直接关系到人类社会的健康可持续发展。随着我国工农业生产和城市化建设的快速发展，目前无论在"点"上还是"面"上，土壤污染已越来越突出，这不仅危及水土环境安全，使农作物减产、质量下降，而且通过食物链威胁人类的健康生存与发展。土壤污染控制已成为我国环境管理中亟待解决的新问题。

在占国土总面积 1/3 左右的干旱区，分布有极具生态安全价值的绿洲区，虽然其面积不到干旱区总面积的 1/10，但它是 9 000 多万居民开展脱贫致富、推动地区经济发展、建设环境友好型社会的主要载体，是预防沙尘暴、阻止沙漠前进、保护西北地区、全国乃至东南亚一带空气环境的无法替代的天然屏障。一旦绿洲土壤环境重金属污染因评估技术不适合而发生灾难性影响，致使绿洲土壤被迫弃耕，居民为寻求安全生存环境而外迁，必然会造成"人退沙进"的景观演替态势。

目前，绿洲土壤特别是工矿型绿洲土壤受到了重金属（如 Cd、Pb、Cu、Zn 等）的严重污染。关于土壤重金属污染研究，我国科技工作者已做了大量的研究，在干旱绿洲区也开展了一定的研究。受生物地球化学地域分异规律的制约，在非干旱区取得生态风险评估技术参数，不一定适合干旱区环境管理的要求。因此，急需加强干旱区绿洲土壤重金属污染物的生态环境行为研究，及早建立适合干旱区绿洲土壤重金属污染管理的生态风险评估技术及规范。开展这一研究，既适合国家科技发展规划纲要和环境保护部科技发展计划的要求，又能极大地推动我国重金属污染土壤生态风险评估技术理论的发展，为土壤环境管理提供强有力的技术与理论支撑。

2 研究内容

1）利用 GPS、GIS 技术，开展样点定位与采样，分析主要重金属污染物的全量及有效态含量，探讨空间变异及成因，评价污染程度及环境风险。

2）共轭采取土壤、农作物样品，考察重金属物质在土壤—作物系统界面的富集率，在主要农作物不同器官间的迁移率，分析土壤理化性质和共存元素对重金属元素迁移速率的影响，探索大田条件下污染的剂量—效应关系。

3）通过盆栽实验，研究主要重金属物质单一及不同组合下对植物的影响效应，分析其转移及影响机制，探索不同污染组合影响下的剂量—效应关系。

4）通过小区和实验室土柱淋滤试验，揭示绿洲区土壤环境重金属污染物的纵向迁移机理。

5）通过不良生态效应识别、剂量—效应分析、生态风险暴露评估和风险表征等技术的研究，建立具有绿洲生境特点的土壤重金属污染生态风险评估指标体系与评估模型。

6）根据土壤重金属污染风险评估研究结果和有关法律、法规、政策及标准的要求，通过分析区域经济社会的需求，研发绿洲土壤环境重金属污染控制和管理指标体系。

3 研究成果

1）系统地开展了典型绿洲区土壤重金属污染空间变异规律研究，认为干旱区土壤主要重金属物质（Cd、Pb、Cu、Zn、Ni）含量空间变化，在工矿型绿洲和金属矿产资源分布区，土壤表层重金属含量明显高于其相邻地区，但绝大部分干旱区土壤重金属含量低于"国家二级标准"；受人类活动影响，人为耕作导致土壤重金属 Cd 含量明显增高，绿洲土壤重金属含量已明显高于相邻地区土壤重金属的含量；土壤中同种元素含量与其有效态含量间不都是呈显著相关的；土壤理化环境也是影响元素有效态含量高低的主要因素。究其成因主要是：除成土母质的差异性影响外，工业污水和生活污水灌溉是土壤重金属污染的主要根源，另外城市大气降尘对城郊绿洲土壤特别对下风向区土壤重金属含量有一定的影响。

2）开展了大田条件下土壤作物系统主要重金属污染物的行为过程。在主要农作物小麦、玉米组织间，重金属吸收累积具有相同的态势，即：根＞茎＞籽。但作物种类不同，对重金属吸收累积的程度也大为不同；各元素在农作物体内迁移能力为 Zn＞Cu＞Ni＞Cd＞Pb；大田条件下作物体内重金属元素 Cd、Pb 的迁移能力，明显高于小区试验结果，在两种生长环境条件下，农作物体内 Cu、Zn 的迁移能力基本一致。在根系界面，非必需元素 Cd、Pb 在根系界面的迁移程度，主要取决于同种元素在土壤环境中的含量，必需元素 Cu、Zn 在根系界面的迁移程度，受同种元素含量高低的影响相对较小。在作物体内积累量与土壤重金属含量的关系表现为：高剂量区农作物元素吸收系数小，但绝对吸收量大；低剂量区则相反。土壤理化性质对元素迁移的也有明显的影响，pH 的升高、粘粒及粗粉砂粒含量的增加，可抑制重金属由土壤向作物体迁移；而土壤有机质含量、阳离子代换量对土壤作物体系中重金属迁移无显著影响。

3）现场与实验条件下土壤重金属物质淋滤风险研究表明：大田情形下外源重金属输入后，易在表土层累积，主要累积在 0~45cm 土层间。重金属污染物随灌溉下渗水流也向下迁移，其纵向迁移深度最大为 65cm，大部分集中在 45cm 以内。灌溉模拟实验发现：元素 Cd、Cu、Zn 纵向迁移，随深度的增加迅速减少，而 Pb、Ni 无明显的规律变化。野外淋滤试验和室内柱状实验发现：重金属外源输入后，绝大部分滞留在土壤耕作层。滞留量随外源输入量的增加而增大；但污染物高剂量时绝对迁移量大，低剂量时绝对迁移量小。所以，研究认为绿洲农田受到重金属大剂量、长时间污染影响时，存在对地下水环境污染的潜在风险，需要控制与治理；在制定重金属污染土壤治理工艺技术路线，应因元素种类不同而不同；只有进入土体重金属元素的量在其合适的范围内时，使用淋洗技术治理土壤污染才会有效。

4）建立了用于干旱区绿洲土壤重金属污染的生态风险评估程序和方法。在对干旱区绿洲土壤植物（作物）系统重金属污染机理认识的基础上，构建了适合绿洲土壤重金属污染的生态风险评估技术。其创新点表现有：因作物（蔬菜）不同，元素不同，生物有效性不同，形成不同的生态风险参数（n）；进而构建了生物有效性因子（$B^i f$）模型。

$$B^i f = (B^i d / B^i 0)^n 。$$

其中：$n = 0.5, 1, 2, 3, 4, \cdots$

并确定了绿洲土壤中重金属的毒性响应因子（Tri）（表 1）。

表 1　绿洲土壤中重金属的毒性响应因子（Tri）

重金属	Cd	Pb	Cu	Zn	Ni
Tri	30	5	5	1	5

在此基础上，完成构建了适合于干旱区绿洲生态系统的潜在生态风险评估模型和适合于绿洲区的潜在生态风险评估指标体系。

5）提出了适合于绿洲土壤重金属污染防治管理对策的研制技术体系。针对绿洲农田空间分布呈现斑块或条带状零星分布特征，制定了块状和条带状绿洲土壤区采样点的布设方法体系；结合绿洲土壤具有独特的理化与生物学环境特征，研制了绿洲土壤重金属污染程度分级体系（表 2）。

表 2　绿洲土壤污染评价标准与国家规范（HJ/T 166—2004）评价标准

等级	绿洲土壤污染指数	国家规范中的污染指数	污染水平
I	$P_综 \leq 1.25$	$P_综 \leq 0.7$	清洁（安全）
II	$1.25 < P_综 \leq 2.50$	$0.7 < P_综 \leq 1.0$	尚清洁（警戒限）
III	$2.50 < P_综 \leq 3.75$	$1.0 < P_综 \leq 2.0$	轻度污染
IV	$3.75 < P_综 \leq 5.00$	$2.0 < P_综 \leq 3.0$	中度污染
V	$P_综 > 5.00$	$P_综 > 3.0$	重污染

6）提出了绿洲土壤重金属污染防治管理实施"源头堵、中间控、末端治"的学术管理观点。

源头堵：在点源上，采取各种措施，控制重金属污染物的排放；在灌溉方面，严格灌溉水质监管，杜绝通过灌溉途径使重金属物质进入土壤；加强对含有重金属的化肥、农药、农家肥等农业生产原料的质量监管，切断生产原料中的重金属物质进入土壤中。

中间控（主要针对未污染或污染程度低的土壤环境）：确定主要农作物的重金属土壤环境容量；建立土壤重金属污染监测制度，开展动态监测；调整农业种植结构。

末端治（针对严重污染的土壤）：根据绿洲土壤重金属污染生态风险评估结果，结合区域社会经济发展需要和工程技术条件，确定治理污染土壤的技术方案。

4　成果应用

1）向环境保护部提交了《干旱区绿洲土壤重金属污染生态风险评估技术导则》和《干旱区绿洲土壤重金属污染防治管理技术导则》的建议稿，为开展干旱区绿洲土壤环境重金属污染管理提供了技术支撑。

2）根据土壤重金属污染空间变异规律研究成果，为当地开展土地利用结构方案的调整提供了技术支撑。

3）关于大田条件下土壤作物系统主要重金属污染物的行为过程和盆栽实验条件下土壤重金属污染风险评估技术等方面研究的结论，已用于土地利用规划中关于土壤质量的诊断工作和评述农田作物品质的卫生健康状况。

4）现场与实验条件下土体中重金属物质淋滤风险评估研究所得成果，已用于污染场地修复评估及地下水风险评估研究中，解决了污染场地评估及修复中的技术指标与修复范围的确定。

5）该项目所获得的科学结论已经成功运用于《白银市城郊重金属污染土壤修复方案》和《重金属土壤污染综合治理与修复工程可行性研究报告》的编制中。

5　管理建议

1）我国干旱区绿洲（工矿型、非工矿型）土壤重金属含量变化明显，亟待加强管理和监理；局部工矿型绿洲农田土壤，因污灌而引发重金属污染，亟待治理。在确定绿洲土壤重金属污染生态风险性和治理技术时，要注意绿洲土壤理化环境的影响作用。

2）绿洲农田受到重金属大剂量、长时间污染影响时，存在对地下水环境污染的潜在风险，需要控制与治理。在制定重金属污染土壤治理工艺技术路线时，应因元素种类不同而不同；只有进入土体重金属元素的量在合适的范围内时，淋洗技术治理土壤污染才会有效。

3）同一元素在不同的土壤蔬菜系统中的迁移程度相差很大；不同元素在同一土壤蔬菜系统中的迁移程度也不尽一致；作物部位不同，元素在土壤作物系统中的化学行为不尽一致。因此，在生态风险评估中，元素种类不同，作物种类及部位不同，对人类健康的潜在风险影响不同。也就是不同作物，不同元素，拥有不同的生态风险评估模型。

4）在对白银市区土壤重金属污染空间变异规律研究成果的基础上，建议在白银市城郊农田土壤重金属污染治理中，根据东、西两大沟黄河水灌区土壤环境质量处于清洁状态，西大沟黄河水灌区更好一些，可继续作为基本农田开展农业生产；对于西大沟清污混灌区土壤环境质量处于轻度污染，建议该类土壤用于农田、蔬菜地、茶园、果园、牧场等，对植物基本上不产生危害和污染，可保障人体健康。对东大沟污灌区土壤环境质量属于极严重污染状态，建议调整土壤利用方式，停止农业生产，开展治理或转换土地利用性质。

6　专家点评

本项目以环境生物地球化学地域分异理论为指导，针对绿洲区土壤重金属污染和国家环境保护管理的需要，在对国内外重金属污染土壤风险评估模型和风险管理体系调研的基础上，以典型绿洲区城郊土壤环境为例，研究了不同情景下绿洲土壤环境重金属污染空间变异规律及其成因，查明了绿洲区土壤作物系统中重金属物质行为过程及其生态效应，建立了适合绿洲土壤重金属污染风险评估指标体系与评估方法，及绿洲区土壤重金属污染管理对策研发的技术体系，形成了《干旱区绿洲土壤重金属污染生态风险评估技术导则》和《干旱区绿洲土壤重金属污染防治管理技术导则》的建议稿。该项目提出的干旱区绿洲土壤重金属环境行为过程及影响，风险评估指标体系、评估方法及环境管理对策研制的技术体系，不仅丰富了环境生物地球化学理论体系，而且对有效开展干旱区绿洲土壤重金属污染环境管理，具有极为重要的理论与技术支撑作用。

项目承担单位：兰州大学、甘肃省环境监测中心站、兰州交通大学
项目负责人：南忠仁

场地污染快速诊断试验方法研究

1 研究背景

污染场地的污染特征、程度与范围是场地调查的主要目标，也是场地整个环境管理与污染控制的重要依据。目前国外对场地污染识别的技术方法大多以对场地环境污染物的化学测定为主，以土壤／地下水污染物浓度水平超过相应标准为依据。与欧美等发达国家遗留遗弃污染场地的环境问题相比，我国场地污染问题更为复杂。场地背景资料往往不清，污染物质种类及组合多样，污染呈复合性及多介质、多受体、多途径性。在场地环境调查中很难准确、全面选择采样点及监测指标进行测定，且单纯依靠化学测定方法无法反映场地中多种污染物的联合毒性效应。而由于我国目前相关场地调查与污染识别技术方法、标准不完善，更使得场地污染识别困难，依靠常规采样分析方法查清场地污染的过程相当复杂、费时、耗资巨大。为此，建立实用、有效、快速的场地污染识别诊断方法，对于场地筛查及后续的风险防控管理与污染治理具有重要意义。

场地污染快速诊断的目的是在场地调查过程中，通过各种有效、快捷、简便、经济的调查与分析试验方法对场地污染状况进行初步探查，以获知场地污染信息，初步、快速地认定场地污染及区域，识别场地污染危害或潜在危害风险，为污染场地筛选建档及场地进一步详细调查或环境风险评价、污染修复等后续管理工作提供依据。许多生物测定或生态毒理学测试系统已被应用于对污染土壤进行诊断。大部分此类生物测定法最初是研发用来对化学品进行测试，随后才应用于污染土壤测试。对纯化学品测试的方法通常是将指定浓度的化学品加入洁净土壤，以得出其剂量—反应关系并进一步评估，因而其试验程序与方法可便易地实现标准化。而对场地污染土壤进行测试、判定要复杂得多。

2 研究内容

在对国内外污染土壤及水体生态毒理试验方法现状调研及我国典型化工类场地生态危害识别技术需求分析的基础上，将生态毒性诊断方法引入污染场地调查程序，初步构建了场地污染土壤和水体的生态毒性试验体系，开展了场地污染的生态诊断试验研究。场地土壤污染的诊断一方面需要了解土壤对直接接触土壤的动植物的毒性状况，另一方面还需要了解土壤中可溶性污染物通过水途径产生的潜在生态毒性状况。为此，土壤生物毒性试验体系是由场地土壤陆生生物试验体系＋土壤浸提液水生生物毒性试验体系组成。场地水体污染诊断主要由藻、溞、鱼等水体基础生物的毒性试验构成，用于评价场地地表水、地下水及土壤、固体废物浸出液的综合毒性。通过对不同场地污染土壤陆生及水生一系列生物毒性试验的研究，包括各类受试物种毒性敏感性及各项试验的稳定性、可行性等研究，基本建立起适合我国国情的场地污染快速诊断试验体系和方法。

3　研究成果

由于场地污染的复杂性，在场地调查过程中，场地污染的识别诊断需要在对场地信息全面分析的基础上，综合现场及实验室各类分析与生态毒性试验手段，来获取场地污染与生态危害的综合信息。场地污染与危害识别的主要途径包括：场地相关资料分析、现场勘察与采样（包括各种现场测试分析）、综合化学污染指标测定、综合生物毒性指标测定、污染物环境行为测试等，每种途径可提供相应的污染、危害、风险信息（图1）。

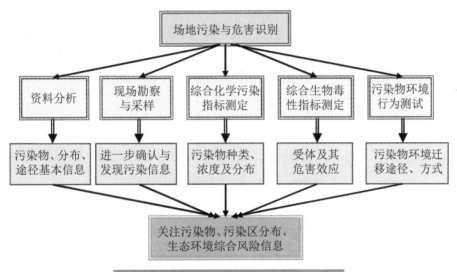

图1　场地污染与危害识别的要素及其功能

场地污染诊断的方法、程序应建立在对场地背景资料充分分析的基础上，考虑不同类型场地的特点，以主要污染物、污染特征及污染区域的初步识别为目标，兼顾调查经费、期限的要求。场地污染诊断的基本程序为：

1）场地背景资料分析；

2）场地污染及污染途径的初步判识；

3）采样与监测方案制订；

4）现场与实验室各类测定与试验实施；

5）数据评价与分析；

6）诊断结果（场地关注污染物及污染区分布、生态环境综合风险分析）；

7）场地进一步风险管理措施。

4 成果应用

1）建立起适合我国国情的场地污染诊断实验体系，并初步用于场地污染调查实例。在实际场地诊断研究过程中，一方面需了解土壤对直接接触土壤的动植物的毒性状况；另一方面还需了解土壤中可溶性污染物通过水途径产生的潜在生态毒性状况。研究提出土壤生物毒性试验体系由场地土壤陆生生物试验体系和土壤浸提液水生生物毒性试验体系组成（图 2）。

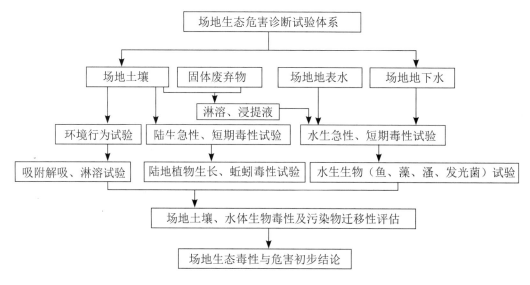

图 2　场地污染诊断生态毒性试验体系

2）研究提出的生态毒性试验对于识别场地污染危害及生态风险发挥着重要作用，可更加全面、有效反映场地各类污染信息。通过进一步验证感官判断与化学测定的结果，并能表征感官判断与化学测定未检查出的污染效应，尤其是能更好地体现场地土壤、水体中多种污染物复合污染效应，弥补调查中因污染物化学测定不全或未超标对真实污染效应判断产生的偏差，及化学分析无法反映各化合物加和、协同、拮抗等效应的缺陷。

提供场地污染生态危害信息，综合反映采样点土壤对植物（尤其是对农作物）、土壤动物的生态风险，直观显现污染危害的严重性。

致害程度——由动物致死率、植物发芽率、抑制率等的大小分析不同样品的危害对象，可能产生的生态风险。场地污染诊断中，生物试验所提供的危害性及其反映的污染信息包括：

致害症状——场地污染多由不同污染物复合作用所致。化学物质的结构、功能不同，对生物具有不同的致毒机理，从而使生物表现出不同的中毒症状。根据中毒症状初步分析致毒污染源（污染物组成）的异同性，及其中可能的典型污染物类型。

3）为场地进一步风险管理提供决策依据和导向。根据生物毒性大小初步判识场地污染风险与特征，区分各采样区污染程度，判识场地重污染区，增强场地调查的目标性和快捷性，为进一步开展场地详细调查提供导向，并为高风险场地的优先管理提供依据。具体污染诊断应用中，可对各项毒性试验的毒性效应设定相应的评价规则，作为污染诊断初步的定性依据，超过规定效应值定性为污染风险需要关注，未超标则无须关注。当各类毒性试验结果均未超规定效应值，且化学检测无超标时，场地基本不存在污染风险。当各类毒性试验中有两项以上试验结果超过规定效应值，表明该场地存在毒性效应风险。如仅有一项试验结果超过规定效应值应结合其他信息与具体情况决定是否需要进一步管理及相应的管理措施。

5　管理建议

总体上看，研究结果为污染场地环境管理提供依据，为相关研究的全面深入开展奠定基础。本项目研究表明了生态毒性试验应用于场地污染快速诊断的必要性、可行性。部分试验项目在毒性表征、试验条件、控制样品选择、测试结果评估等方面对于化工类污染场地具有较好的适用性，能够有效、快速表征综合污染效应，结果可靠，方法可规范化，可应用于场地调查中污染识别、场地生态风险评估及场地修复效果评定等，且目前已经在多个场地调查中应用并发挥了重要作用，获得了广泛的认可。这些诊断方法具有较好的推广应用价值，可为环境保护部门进行污染场地初筛建档、优先管理场地遴选、场地修复目标（标准）制定等管理工作提供依据，为相关科研部门、企业进行场地详细调查及风险评估、场地修复效果检验提供技术手段。在环境事故应急处置中也可作为快速进行事故危害判别与环境风险评估的手段之一。

6　专家点评

我国场地污染情况极其复杂，不同场地中污染物的性质、浓度组成、在土壤中的迁移转化、生物利用以及土壤类型、性质等环境因素均会对生物毒性效应及毒理诊断指标的敏感表达产生影响。因此，生物测定方法用于不同类型的场地污染诊断需要经过大量的应用性研究及验证，本项研究只是一个开端和基础，在试验体系及提高试验方法的有效性等方面尚需进一步探讨与完善。同时，本项目在有限的时间、经费条件下取得的阶段性成果，为全面开展各类污染场地生态危害诊断工作提供了基础，并为进一步提高生态毒性试验应用于污染土壤诊断和风险评估的可行性及方法的规范化研究提供了新的方向。

项目承担单位：环境保护部南京环境科学研究所

项目负责人：华小梅

城市生活垃圾卫生填埋场功能性植被体系构建方法

1   研究背景

随着城市化进程的加快，大量城市生活垃圾应运而生。卫生填埋是现阶段城市生活垃圾处理的主要方式，随着填埋场占地面积的日益增加，封场后如何实现快速恢复与再利用，日渐引起人们的关注。在国外，已有不少垃圾场经生态恢复被开发成为公园、高尔夫球场、露天的娱乐设施以及文化教育基地等。如纽约的清泉公园，西班牙的Valld'en Joan垃圾场利用生态修复手段对其景观再造，形成了优美的山地风景区，为人们的文化社会生活提供较为优质的开放场所。在我国，对垃圾填埋场封场后的处置方式较为单一，基本采用复垦种植草皮，而种植人工草皮的方法管护成本高，中小型垃圾填埋场对草皮缺乏有效管理，容易造成草皮枯死，使得边坡水土流失较为严重，产生坡体塌陷等安全隐患。因此，对城市生活垃圾卫生填埋场进行生态恢复，使得土地资源得到合理利用，已成为保障我国城市可持续发展的重要环节。在《生活垃圾填埋场污染控制标准（发布稿）》和《生活垃圾卫生填埋技术规范》中均提出填埋场封场后应进行生态恢复，但对于具体的生态恢复技术尚缺乏有效的指导。

本项目首先收集、调研国内外城市生活垃圾卫生填埋场生态修复现状，然后选择国内典型城市垃圾填埋场，从植被优势度、植物抗逆性、植物对甲烷的吸收、植被根围甲烷氧化菌等方面进行现场监测，筛选功能性优势植物，编制我国城市生活垃圾卫生填埋场功能性植被体系构建的技术规范建议稿，为我国城市生活垃圾填埋场生态修复工作提供重要的技术指导。

2   研究内容

1）收集、调研国内外城市生活垃圾卫生填埋场植被生态恢复现状，确定我国典型地理位置、气候条件下城市生活垃圾卫生填埋场的优势植被物种库（清单）；

2）选择国内典型城市生活垃圾卫生填埋场，监测填埋场及周边地区的生态环境质量，重点分析填埋场空气质量，空气中微生物分布情况，覆土土壤性质和植物根系微生物数量；

3）研究填埋场周边生态环境质量与植被之间的相关性，筛选出功能性优势植被物种，构建适合于我国典型地理位置、气候条件下的城市生活垃圾卫生填埋场具有生态恢复功能的植被组合模式库；

4）确定功能性植被体系建植的技术方法，编制我国城市生活垃圾卫生填埋场功能性植被体系构建的技术规范建议稿。

3　研究成果

（1）构建我国典型地理位置、气候条件下城市生活垃圾卫生填埋场优势植被物种库（清单）

选择北京、沈阳、常德三城市的 4 座垃圾填埋场（北京阿苏卫、沈阳老虎冲与赵家沟、常德桃树岗）为代表，调查填埋场不同季节的优势植物种类，测定优势植物抗逆性，利用隶属函数法对植物抗逆性能进行排序，结合对填埋场的填埋气与空气质量和不同植物根围土壤中甲烷氧化菌数量与活性的监测，筛选得到三个城市垃圾填埋场的优势植被清单，并编制出版《我国典型城市生活垃圾卫生填埋场生态修复优势植物图册》一书。

（2）构建城市生活垃圾卫生填埋场生态恢复功能性植被组合模式库

基于对上述四座垃圾填埋场的调研和监测，分别构建了北京、沈阳、常德三地垃圾填埋场生态恢复植被组合模式：

1）北京地区

主要的先锋草本植物采用狗尾草和稗草。狗尾草与稗草在北京地区的垃圾填埋场中自然分布广泛，优势度大，生长繁茂，抗逆性强，且对甲烷气体有一定的削减和抑制作用。先锋植物的主要功能是在垃圾填埋场封场初期即覆盖住裸露的地面，需大面积种植、培植或引入。片植或丛植的草本植物包括：打碗花、黄花蒿、大蓟、小蓟、全叶马兰、黄花草木樨、地肤、艾蒿、芦苇、小飞蓬、马齿苋、灰菜、马蔺、地被石竹、麦冬、二月兰等。丛植草本植物也可视做先锋植物，其主要功能是改善因大面积种植狗尾草或稗草而形成的单调景观，提升景观效果和绿化的观赏性，并具有加强对垃圾填埋气的吸收的作用。点缀的灌木包括：胡枝子、连翘、月季、紫叶小檗、木槿、沙地柏、紫穗槐、金叶女贞、紫丁香、黄刺玫等。点缀灌木是在先锋草本植物生长良好后，根据景观要求，按一定形状或图案种植灌木，其主要功能是丰富绿化层次，改善草本植物单一的绿化效果。疏植的乔木包括：油松、白皮松、国槐、雪松、桧柏、旱柳、馒头柳、龙爪槐、元宝枫、榆叶梅、金银木等。疏植乔木是在草本植物和灌木良好生长数年后根据需要而移栽的植物，其主要功能是丰富绿化层次，形成景观丰富的多层次立体绿化效果，使垃圾填埋场中绿化具有更好的植物多样性。

2）沈阳地区

主要先锋植物采用狗尾草和稗草。片植或丛植的草本植物包括：鸡眼草、全叶马兰、红蓼、酸模叶蓼、马齿苋、黄花蒿、小飞蓬、艾蒿、马蔺、地被石竹、麦冬、地被菊、二月兰、百脉根、小冠花、牡丹等。点缀灌木包括：胡枝子、迎春、月季、沙地柏、矮紫杉、绣线菊、紫穗槐、金叶女贞、紫叶小檗、木槿、小叶锦鸡儿、红瑞木、紫丁香、黄刺玫等。疏植乔木包括：油松、国槐、雪松、桧柏、旱柳、馒头柳、龙爪槐、元宝枫、榆叶梅、金银木等。

3）常德地区

主要先锋植物采用狗牙根。片植或丛植的草本植物包括：小飞蓬、女菀、黄花草木樨、佛甲草、鸢尾、一年蓬、鸡眼草、棒头草、酢浆草等。点缀灌木包括：杜鹃、六月雪、金边大叶黄杨、小叶栀子、火棘、红继木、栀子花、海桐等。疏植乔木包括：杜英、雪松、四季桂、南洋杉、桃树、桑树等。

项目以常德市桃树岗垃圾填埋场三期填埋区为例，按照上述功能性植被组合模式，进行了三期填埋区封场后的生态修复设计，效果见图1。

湖南常德桃树岗垃圾填埋场

改造前景观

第一年夏季景观效果

第一年冬季景观效果

第一年（近期）景观效果

设计说明

植物竖向分析图

第1年（近期）：首先以播种的方式大面积种植普通狗牙根，以其作为绿化的底色。为防止草坪绿化的单一，可在适当的区域有选择地种植诸如小飞蓬、女菀、黄花草木樨、佛甲草、鸢尾、一年蓬、鸡眼草、棒头草、酢浆草等，以丰富绿化景观。

湖南常德桃树岗垃圾填埋场

改造前景观

第五年夏季景观效果

第五年冬季景观效果

植物竖向分析图

设计说明

第4~5年（中期）：在近5年的生长中，部分草本植物可能会因各种原因如抗逆性差、不抗垃圾填埋气等在种植区域消失，可能也会有一些非种植的草本植物如狗尾草、艾蒿、马齿苋、稗、蓼草等侵入到种植区域。为提升景观效果，可以在适当的区域栽植一些点缀灌木，如杜鹃、六月雪、金边大叶黄杨、小叶栀子、火棘、红继木、栀子花、海桐等。

第五年（中期）景观效果

湖南常德桃树岗垃圾填埋场

改造前景观

第十年夏季景观效果

第十年冬季景观效果

植物竖向分析图

设计说明

第9~10年（远期）：经过近10年的植物生长和植被恢复，一些比较适应垃圾填埋场的草本植物如狗牙根、鸢尾、佛甲草、狗尾草、小飞蓬以及一些灌木如杜鹃、六月雪、金边大叶黄杨等可能会存留下来。此时，在适当的区域移栽一些高大的乔木，如杜英、雪松、四季桂、南洋杉、桃树、桑树等，将乔灌草结合起来，以丰富绿化景观，提升绿化层次，更好地抵抗垃圾填埋气，发挥植被生态功能。

第十年（远期）景观效果

图1　湖南桃树岗垃圾填埋场植被生态修复效果图

（3）提出我国城市生活垃圾卫生填埋场功能性植被体系建植技术方法，并编制相应的技术规范建议稿

基于对我国目前与"城市生活垃圾卫生填埋场植被生态修复"相关的标准、规范、规程等资料的调研，结合对国内外垃圾填埋场在植被生态修复方面相关做法和经验的实地调研，依据北京、沈阳、常德三地垃圾填埋场的监测数据，编制《生活垃圾卫生填埋场封场后植被生态修复技术规范》（建议稿），并上报给环境保护部科技标准司。

4 成果应用

1）项目通过对 4 座国内典型城市生活垃圾卫生填埋场的调研和监测，构建了北京、沈阳、常德三地垃圾填埋场的优势植物清单，建立了三地填埋场封场后进行生态修复的植被组合模式库，对于三地垃圾填埋场的生态修复工作起到了技术支撑作用。

2）依托于项目研究成果，出版了《我国典型城市生活垃圾卫生填埋场生态修复优势植物图册》一书，为我国今后开展垃圾填埋场生态修复工作中的植物筛选提供科学依据和参考。

3）研究成果在两个不同地理位置及气候条件的垃圾填埋场（沈阳老虎冲垃圾填埋场和常德桃树岗垃圾填埋场）进行了应用，有力地指导了两地垃圾填埋场的生态修复工作。

4）向环境保护部提交《生活垃圾卫生填埋场封场后植被生态修复技术规范》（建议稿），为《生活垃圾填埋场污染控制标准（发布稿）》和《生活垃圾卫生填埋技术规范》中有关填埋场封场覆盖后的生态恢复提供了技术与方法的参考，对于我国开展垃圾填埋场的生态修复工作起到积极的推动作用。

5 管理建议

（1）加强垃圾填埋场植被恢复和封场后利用的研究

针对我国垃圾填埋场封场后处置方式单一、植被修复效果不佳、再利用手段匮乏等问题，加强填埋场植被恢复和封场后利用的相关研究，包括：填埋场的植被重建和景观再造、提高功能性修复植被的成活率和适应性、填埋场生态修复后的开发利用方式及途径等。通过对功能性植被和填埋场后续利用的研究和实践，提出适合我国不同区域的垃圾填埋场封场覆盖后的生态恢复和再利用方式，进一步实现垃圾填埋场生态环境质量的恢复和土地资源的二次利用。

（2）建立我国城市生活垃圾卫生填埋场优势植被物种库

对我国城市生活垃圾卫生填埋场进行调查，掌握已封场填埋场（区）生态修复现状，督促各级部门尽快甄别筛选能够改善填埋场周边环境质量并抵抗填埋场恶劣环境的本土植被，汇总不同地理位置及气候条件下适合当地垃圾填埋场的优势植被，建立垃圾填埋

场优势植被物种信息系统，为我国不同区域的垃圾填埋场生态修复中优势植被的选择利用提供借鉴和参考。通过对优势植被物种库的不断补充及更新，对比相同区域各填埋场的植被修复效果及生态质量恢复进程，提升对现役及封场垃圾填埋场生态环境质量的监管水平，为我国城市生活垃圾卫生填埋场生态环境质量改善和管理提供技术支撑。

（3）制定垃圾填埋场植被生态修复技术规范

在《生活垃圾填埋场污染控制标准（发布稿）》和《生活垃圾卫生填埋技术规范》的基础上，尽快建立并完善一套适合我国不同地理位置及气候条件的垃圾填埋场封场覆盖后植被生态修复的技术规范与实施细则，针对不同区域的垃圾填埋场环境质量和优势植被物种，在全国范围内分批次对大型、中型、小型城市生活垃圾卫生填埋场的封场区推广应用填埋场生态恢复技术，提高生态恢复的可操作性和功能性植被搭配的合理性，促进垃圾填埋场修复后的再利用。

6 专家点评

该项目建立了一套功能性植被的筛选方法，通过对北京、沈阳、常德三个城市的4座垃圾填埋场的调研与监测，提出了三地城市生活垃圾卫生填埋场的优势植被清单，并出版了《我国典型城市生活垃圾卫生填埋场生态修复优势植物图册》；结合填埋场周边生态环境质量与植被之间的相关性，构建了北京、沈阳、常德三地垃圾填埋场生态修复的功能性植被组合模式库，并确定了功能性植被体系建植的技术方法。项目研究成果在我国沈阳和常德两个城市的应用，为不同地理位置和气候条件下垃圾填埋场的生态恢复工作提供了重要参考和有力的支持。该项目研究成果为我国城市生活卫生填埋场的生态恢复提供了技术指导，对于相关技术规范的制定和应用，具有十分重要的意义。

项目承担单位：北京林业大学

项目负责人：张立秋

煤炭井工开采的地表沉陷监测预报及生态环境损害累积效应研究

1 研究背景

井工开采占我国煤炭开采总量的 95% 以上，开采活动往往造成矿区地表沉陷、地下水资源破坏、瓦斯、粉尘、矸石污染等生态环境的退化。据不完全统计，目前全国采煤沉陷面积超过 84 万 hm^2，矿井排水量超过 50 亿 t，矸石超过 453 亿 t，压占土地 7 400 hm^2，煤炭不合理开发已严重危及矿区资源环境安全。

针对我国煤炭开采诱发的严重环境问题，环境保护部及相关机构开展了大量工作，先后发布了《规划环境影响评价技术导则——煤炭工业矿区总体规划》、《环境影响评价技术导则——煤炭采选工程》等技术规划，有效地规范了煤矿区环境影响评价中的乱象。但我国煤炭开发分布范围广，地质采矿条件差异明显，地面生态环境丰富多样，现行煤炭开采环境影响评价无论在评价方法、评价指标选取及评价结果的应用等方面均存在许多的缺陷。考虑到煤炭资源渐进的开采形式对生态环境的影响是个累积叠加的过程，研究煤炭资源井工开采的地表沉降监测、预报及生态环境累积效应评价技术是非常迫切与必要的。

该项目在开展了大量现场监测、室内测试及理论分析的基础上，确定了利用地面三维激光扫描技术获取地表开采沉陷预测预报参数的方法、工作流程和精度指标，建立了考虑地形变化、煤层倾角变化和煤层厚度变化等的一体化开采沉陷预测模型，构建了煤炭资源开发引发煤矿矿区生态环境累积效应的评价指标和方法体系。项目成果为更好地进行煤炭开发评价及规划设计、探索煤炭工业科学发展道路提供了一种新视角。

2 研究内容

1）用三维激光扫描系统、获取地表沉陷预测预报参数的方法，提出工作流程、精度标准及相关规范；

2）D-InSAR 系统获取矿区区域沉陷信息的解译技术；

3）建立考虑地形变化、煤层倾角变化、煤层厚度变化、开采动态及地表裂缝破坏的沉陷预测预报一体化模型及预测预报技术；

4）煤炭井工开采对煤矿区生态环境影响的累积效应评价体系。构建煤炭资源开发引发煤矿矿区生态环境累积效应的评价指标体系和方法体系；建立系统、规范的煤炭资源井工开采对煤矿矿区生态环境累积效应的评价规程。

3 研究成果

（1）三维激光扫描技术快速获取地表沉陷预测参数

将 RTK 与三维激光扫描觇标进行集成，实现了开采影响区地表动态变化过程中测站及标靶点实时点位的动态测量，分析认为其建模精度可满足采煤沉陷区变形监测要求。确定了三维激光扫描技术获取地表沉陷预测参数的工作流程，在选点、扫描、数据处理及参数反演等方面均提出了具体的精度要求。基于概率积分法基本原理，建立了煤矿区开采地表动态沉陷预测模型及参数求取方法，形成了完整的三维激光扫描技术快速获取地表沉陷预测参数的方法体系，形成了标准建议稿《地面三维激光扫描快速获取沉陷预测参数技术规范》，《三维激光扫描数据预处理系统》获得了软件著作权。

（2）D-InSAR 系统获取矿区区域沉陷信息的解译技术

制定了基于 D-InSAR 技术的煤矿区地表沉降监测的流程体系，购买和收集了淮南矿区和钱营孜煤矿的 PALSAR 影像和 SRTM 数据，采用两轨差分干涉测量技术获取并分析了研究区域谢桥矿、张集矿、顾桥矿和钱营孜矿研究期间地表沉陷变形的沉降范围和沉降量等基本信息，研究表明 InSAR 技术可以获得煤矿区短期内细微的变形信息，能够满足煤矿区区域尺度的沉陷变形研究要求，但由于区域地质环境的复杂性、自然地形条件和开采条件的差异，利用 D-InSAR 技术进行矿区沉陷信息的较高精度地提取还有一些关键问题需要进行研究。

（3）广适应开采沉陷预测预报模型的构建及应用

通过对开采引起的岩层内部及地表移动变形的监测分析，确定了煤层倾角是导致上覆岩层破坏带状非对称性和地表变形曲线非对称性的主要原因，并在此基础上建立了考虑煤层倾角变化的开采沉陷预测模型；计算了地表点的移动在下坡方向滑移量，并确定了地面坡度、坡向、表土层性质及与采空区对应关系对滑移的影响，确定了山区地表下沉和水平移动的计算公式。在上述理论研究的基础上，进行了广适应开采沉陷预测预报一体化软件的开发，该预计软件可考虑地形变化、煤层倾角变化、煤层厚度变化、开采动态及地表裂缝破坏分布等因素，形成了软件著作权《开采沉陷广适应预计系统》。

上述三项研究成果汇总后发表了专著《矿山开采沉陷监测及预测新技术》。

（4）煤炭井工开采对煤矿区生态环境影响的累积效应评价体系的构建

根据我国煤炭资源开采转移趋势和生态环境的区域特点，选择典型矿区作为研究对象，重点分析了煤炭井工开采对水、土、生态和景观等生态要素的影响过程，总结了煤矿区生态环境要素的累积影响源，剖析了煤炭井工开采扰动下的生态要素累积响应机理，构建了煤矿区生态环境累积效应多尺度框架模型。并在此基础上，建立了可分析矿区土地利用时空演变的 SD-CA-GIS 模型，构建了矿区多尺度土壤侵蚀累积效应表征模型，并从井工开采的角度重点分析了沉陷盆地土壤侵蚀累积效应估算模型，从环境累积效应和景观分析的角度构建了矿区景观空间累积负荷模型。最后，归纳了煤矿区生态环境累积效应评价原则，构建了矿区生态环境累积效应分析和概念构架，给出了矿区生态累积效应指标系统选择的框架模型，建立了井工开采的生态环境累积效应综合分析与评价模型，形成了标准建议稿《煤矿区生态环境累积效应分析和评价技术规范》，发表了专著《煤炭开发的资源环境累积效应及评价研究》。

4 成果应用

项目研究成果成功指导了准噶尔矿区和神府矿区的环境影响评价，应用于峰峰矿区万年矿改扩建环境评价和环境保护部环境后评价（潘三矿）项目中。峰峰矿区大淑村矿、兖州矿区鲍店煤矿、中煤科工集团南京设计研究院等积极应用本项目成果进行了矿区开采沉陷预测和生态环境累积效应评价，取得了良好的效果。由于项目解决了煤炭行业环境评价面临的紧迫的实际问题，各企业对项目研究成果应用的积极性和热情很高，项目推广应用前景良好。

项目组发表的论文《煤炭开发的资源环境累积效应》被 2010 年中国科协第 6 次科技期刊与新闻媒体见面会列为首篇重点推荐论文，受到了媒体记者广泛关注。会议认为，目前煤矿"环评"存在较大漏洞，该论文为更好地进行煤炭开发评价及规划设计、为探索煤炭工业科学发展道路提供了一种新的视角，具有重要的理论与实用价值。

5 管理建议

1）大力开展矿情多源监测、修订适合环境影响评价的开采沉陷预测及参数选择标准。积极引导各煤炭企业、环境部门及相关科研机构开展集遥感对地观测技术、GPS、INSAR 及三维激光扫描技术等多源数据、多尺度数据融合与集成获取矿区沉陷的方法与技术研究；要求煤炭企业按环境影响评价报告书中制订的监测计划进行监测，并将监测结果及时报至环境保护部信息中心；及时组织力量处理和分析监测数据，编制适宜矿区环境影响评价的开采沉陷预测及参数选择标准。

2）尽快提出可考虑累积效应的煤矿环境评价方法体系。从为煤炭开发规划所做的环境影响评价目标出发，确定矿区生态环境累积效应评价的原则、评价基线、时空范围和分析框架，明确受开采显著影响的评价因子，提出适合我国国情的评价指标体系及评价方法、相关政策和保障措施，以达到在充分考虑生态环境容量的前提下，合理确定开发规模、开采区域等，从时空、布局、规模等方面控制或优化采矿及相关活动，减少累积效应发生，进而有效降低煤炭开发对矿区生态环境系统损害。

3）积极推进煤矿环境后评价工作。在煤矿投产开采一段时间后，应积极推进环境后评价工作的开展，在验证前期评价结果的可靠性的同时，及时对后续环境评价结论做出适当的修正，更好地促进矿区环境保护工作的开展。

4）引导矸石充填井下置换煤柱。对满足工业需求的地面矸石加快利用速度，对无法利用或利用经济价值不大的地面矸石，引导充填井下置换煤柱。煤矸石井下充填处置，目的不同，处理方式和模式也不同，可以分成如下三种：控制地表沉陷模式、单纯处置煤矸石模式及置换煤柱模式。

这三种模式都可以处置地面矸石，但目标不同。控制地表沉陷的煤矸石充填模式目标一般为：控制地表沉陷及变形保护地面建（构）筑物；控制地表沉陷及变形保护铁路及高等级公路；控制导水裂隙带的发育高度，保护上覆具有供水意义的含水层（水体）或防止底板突水。这种充填规模较大，且充填与采煤必须协调进行，技术难度较大。

单纯处置煤矸石模式，该方法的目标就是处置地面煤矸石，无控制地面沉陷等要求。该模式可用矸石自溜，简易机械或人工充填的方法，将煤矸石充填至废弃的巷道及采空区，无技术难度。

置换煤柱技术模式的目标：一是将地面煤矸石充填至井下经济合理的位置；二是采用巷道开掘充填矸石置换出永久煤柱内的部分煤炭资源。该方法技术上较易实现，巷道的开掘可视煤矸石量而定，充填时间也没有严格的要求，对生产系统干扰最小。

5）做好矿区生态环境治理总体规划。针对煤矿开采的动态性和长期性，生态恢复和治理应从大型煤炭基地的层面分近、中、远不同阶段分别制定方案，避免同一基地内各单个项目无统一规划的分散治理。提高治理的效果，节约治理费用。治理规划应提出一些新思路：例如，近黄河的煤田开采沉陷区，可以统一考虑引黄河泥沙充填沉陷盆地复垦等，既解决复垦充填材料的来源，又解决黄河的淤积问题；又如，两淮矿区开采后大面积积水，且积水深度较大，大规模土地复垦恢复成原农业生态系统几乎没有可能，应及早规划，构建平原水库，引导矿区生态系统的转变。

6）制定矿区搬迁安置政策、结合城镇化进程规划搬迁安置点。针对各矿区（煤炭基地）实际情况，城镇化进程，由政府和企业联合制定统一的搬迁规划，并制定相适应的搬迁补偿指导原则，促进矿区搬迁问题的妥善解决。

6 专家点评

该项目解决了三维激光扫描技术快速获取地表沉陷预测参数的理论基础，确定了相应的工作流程及精度标准；明确了煤层倾斜及地形起伏对开采沉陷的影响，开发了广适应开采沉陷预测系统；分析了煤炭井工开采对矿区主要生态环境要素的累积影响途径、过程、结果和显示方法，建立了评价模型。研究具有较好的创新性和实用性。项目的主要研究成果在潞安矿区、大同矿区、木里矿区、神东矿区、兖州矿区、峰峰矿区等各大矿区的开采规划和环境评价工作中得到应用，为我国煤矿区开采规划及环境影响评价提供了科学依据。

项目承担单位：中国矿业大学、中煤国际工程集团北京华宇工程有限公司
项目负责人：吴侃

高寒河谷沙尘治理技术试验研究

1 研究背景

西藏的沙漠化问题极其严重，截至 2009 年底，西藏荒漠化土地和沙化土地分别达 43 万 km^2 和 22 万 km^2，居全国第 3 位。风沙灾害不仅对高原重要空港（拉萨国际机场和日喀则机场）和青藏铁路、公路等交通要道的安全运营构成直接威胁，而且对边疆地区的社会经济可持续发展和国防能力建设造成巨大的潜在威胁。

雅鲁藏布江由西向东横贯西藏高原南部，是我国第 5 大河和西藏最大的河流。中部流域是西藏社会经济发展的中心，这里风沙地貌极其发育，是遭受风沙灾害影响最严重的区域。由于沙尘、扬沙、浮尘等风沙天气导致的拉萨国际机场、日喀则机场飞机停飞、返航，甚至机场关闭的情况时有发生。急需开展重要空港、交通要道和城镇周边的风沙化土地生态恢复和环境治理。自 20 世纪 80 年代开始，西藏自治区在拉萨市曲水县、山南地区泽当镇附近、扎囊县朗塞岭和桑耶镇以东、洛村至乃东县等地区，克服海拔高、降雨量少、气候干燥等不利条件，通过营造防风固沙林、农田防护林和封沙育林等措施，进行了防沙治沙工作的不断探索，对减轻交通要道、空港口岸的风沙危害起到了一定的积极作用。

然而，要从根本上减轻或消除河谷风沙危害，仅仅通过河谷地区小面积的人工造林是不行的，关键是要对河谷内的风沙化土地，特别是两岸山坡上分布的流动沙地进行植被恢复和重建。本项目的实施对高海拔地区风沙化土地的植被快速恢复与重建，特别是对于改善高原空港周边地区的生态环境质量，维护西藏生态安全具有重要的理论和实践意义。

2 研究内容

本项目基于大量野外调查和遥感技术，重点研究西藏高寒河谷风沙形成机理及演变趋势，揭示雅鲁藏布江流域风沙化土地动态变化的基本规律及其驱动机制；在总结分析我国低海拔地区沙地飞播成功经验的基础上，研究提出西藏高寒风沙化土地飞播条件及其可行性；以高海拔地区的西藏乡土植物种为主，以北方多年来飞播治沙的优良植物种为辅，开展西藏高寒河谷风沙化土地植被恢复的适宜植物种的筛选研究；根据高寒风沙土地播后的成苗条件，进行高寒河谷风沙化土地最佳飞播期和播种量的试验研究；研究提出西藏高寒河谷风沙化土地飞播种子和地面处理措施。

3 研究成果

（1）阐明了高寒河谷风沙形成机理及演变趋势，为风沙化土地植被恢复与环境治理方案的制定提供了数据支撑

西藏高寒河谷风沙化土地系由于风力、水力及冻融侵蚀力作用，河床、河漫滩和湖泊滩地上的流动细沙物质，在枯水季节经由风力吹扬搬运，在河谷两侧、湖盆边缘形成的大面积沙漠化土地，以及河岸阶地上由于风力吹蚀作用形成的裸露、半裸露含有大量沙物质的沙砾地，包括由风积活动和风蚀活动两种类型风沙化土地。

雅鲁藏布江流域 2008 年共有风沙化土地 273 697.54hm²，以风积类型沙地为主，比例为 75.35%，风蚀类型沙地仅占 24.65%。1975—2008 年流域内风沙化土地呈缓慢增长趋势，34 年间共增长了 10.5%，年均增长率为 764.71 hm²/a。以 1990—1999 年风沙化土地扩展、蔓延最快，2000—2008 年均增长最慢。

（2）建立了高海拔地区流动沙地人工模拟飞播试验区 3000 多亩（1 亩 =1/15hm²），为开展风沙化土地飞播试验和恢复效果长期观测提供了基础条件和技术支撑

在试验样地内，开展了土壤水分、土壤养分和粒度组成、沙丘地温、降水和风沙运动等生境因子观测。结果表明，降水状况、沙丘地温、土壤水分含量和风沙运动等生境条件，影响着人工模拟飞播植物的种子发芽、出苗和生长情况，决定着人工模拟飞播的成败与否。降水、河流水位变化直接影响着流动沙地的土壤水分含量，严重制约着流动沙地的植被恢复与重建。

4 年的模拟飞播试验表明，不同类型的流动沙地和沙丘部位对人工模拟飞播的影响较大（图 1）。最适宜型（第 I 类）的流动沙地人工模拟飞播效果最好，2～3 年生的植被基本上可占满整个播区，植被盖度可达 35%。较适宜型（第 II 类）流动沙地人工模拟飞播效果较好，3～4 年生的植被仍能占据整个播区，植被盖度可达 30%。基本适宜型（第 IV 类）流动沙地的人工模拟飞播效果较差，但采用沿等高线人工脚踩回头撒播法，植被盖度可达 20%。高大流动沙丘链或格状沙丘为不适宜型（第 III 类），人工模拟飞播效果最差，植被盖度尚不足 10%。流动沙丘下部至上部，人工模拟飞播效果逐渐变差，成苗面积率最高的为丘间地和迎风坡脚。

（a）2009 年设置带状麦草沙障的河滩流动沙地

（b）2009 年未做任何处理的山坡流动沙地

（c）2011 年带状麦草沙障所在试验地的植物生长情况

（d）2011 年河谷山坡沙地的植物生长情况

图 1　2011 年河滩流动沙地和山坡流动沙地的人工模拟飞播效果

（3）筛选了高海拔地区适宜流动沙地植被恢复的适宜植物种，为当地正在进
行的大规模风沙化土地植被恢复和重建提供了直接的技术支持

4 年的试验结果表明，籽蒿在第 2 年便有花序和种子出现，花棒和沙拐枣在第 3 年
开花结实。籽蒿、花棒和沙拐枣能在西藏高寒河谷完成生活史，但籽蒿的再繁殖能力较
弱，花棒和沙拐枣的再繁殖能力较强。2011 年 9 月调查时，4 年生花棒的最大冠幅已达
4.3 m×3.3 m，大于籽蒿（3.1 m×2.9 m）、沙拐枣（2.4 m×2.0 m）、杨柴（0.7 m×0.5
m）和砂生槐（0.5 m×0.3 m），而 4 年生籽蒿的最大基径达 11.2 cm，大于花棒（4.9
cm）、沙拐枣（3.0 cm）、砂生槐（1.3 cm）和杨柴（1.2 cm）。

在北方优良沙生植物种中，籽蒿、花棒的出苗和保存状况最好；沙拐枣、杨柴和柠
条的出苗和保存状况较好；中间锦鸡儿和中国沙棘的出苗保存状况最差。在西藏乡土沙
生植物种中，砂生槐能在流动沙地上发芽和出苗，适应性较好；变色锦鸡儿、西藏锦鸡
儿的发芽和出苗状况较差；西藏沙棘、江孜沙棘、藏沙蒿和藏龙蒿的出苗和保存状况最

差。北方优良沙生植物种的生长速度和生长量均明显大于西藏乡土沙生植物种。

高寒流动沙地植被恢复初期应以北方植物种花棒、杨柴、沙拐枣和当地乡土植物中砂生槐、变色锦鸡儿等适量混播，从植物生长和群落演替角度，充分发挥北方植物种生长迅速、当地乡土植物种生长能力强的特点，最终形成植被盖度大、稳定性强的固沙植物群落。

（a）花棒

（b）籽蒿

（c）沙拐枣

（d）杨柴

图2　2011年几种主要北方优良植物种的生长和结实情况

（4）分析了西藏高寒河谷风沙化土地的飞播条件及可行性，结合试验观测，探讨并确定了高寒河谷生境胁迫条件下流动沙地植被恢复的最佳播种期

从气象条件、地形地貌条件等方面对西藏高寒河谷风沙化土地飞播条件及可行性进行了研究。结果表明，雅鲁藏布江中游河谷多年平均降水量在400～500mm，近年来降水有逐渐增多的趋势，水分条件明显优于北方沙区，而且主要集中于5～9月，雨热同季，光温水配合较好，对植物生长极为有利。无霜期短，有效积温低，这对北方低海拔沙区飞播植物种引种到西藏高寒风沙化土地将是主要的限制因子，不但生长量明显小于北方

低海拔沙区，而且大部分植物种不能完成生命周期。

　　雅鲁藏布江中游河谷河岸流动沙地坡度较大，而且风蚀强烈，种子播后位移严重，这是影响飞播成效的最主要的限制因子。因此，选择能够适应西藏高寒风沙化土地特殊生境条件的乡土植物种和解决种子播后的位移问题将是西藏高寒风沙化土地飞播试验成败的关键。选择6月下旬前后作为最佳播种时间，通过河谷风向交换频繁引动的风沙运动，完成飞播植物种子的自然覆沙。既能满足新播植物种子发芽和出苗对土壤水分的需求，也能提供相应的生长期，使植株高和根系长度生长到一定程度而保证新播苗顺利越冬。

　　（5）开展了人工模拟飞播植物种子及地面处理措施研究，基本解决了由于河
　　　　谷地形坡度大和沙丘表面不稳定造成的种子位移问题

　　进行了试验植物种子的大粒化处理，大粒化材料主要包括有机肥、保水剂、生根粉等材料，以克服高寒河谷生境条件对种子发芽的不利影响，同时可有效防治鸟类和兔类等的危害。野外观测表明，大粒化种子虽然生长速度快于裸种，但一方面在坡度较大的山坡流动沙地加大了种子位移，另一方面由于种子增大造成表面覆沙困难，没有达到预期效果。

　　地面处理方式主要有：带状草沙障、石方格沙障、塑料沙障，以及播种前羊群踩踏等，设置沙障可以固定沙地、减小风蚀和沙丘左右摆动对植物位移、生长造成的不利影响，在未设置沙障的沙丘上，播种前采用羊群踩踏，可以使种子落入羊蹄印中，风吹后使种子埋入沙地里，促进种子自然覆沙。针对山坡沙地坡度大、种子位移严重等问题，试验采用沿等高线人工脚踩回头撒播法（图3），使种子落入脚印中，分别降水前和降水后试验，结果表明，降雨后撒播效果更好。从新出苗来看，基本上是沿等高线、一步大小生长的。创造性地解决了河谷山坡沙地由于坡度大造成种子难以立脚这一难题。

图 3 采用沿等高线人工脚踩回头播种法及植物恢复效果

4 成果应用

项目成果为西藏高原生态安全屏障建设与环境管理提供了科学技术支撑，并得到初步应用。项目组克服高寒缺氧的高原特殊环境，建立了高海拔地区流动沙地人工模拟飞播试验基地，筛选和确定了高海拔地区适宜流动沙地植被恢复的适宜植物种，确定了高寒河谷生境胁迫条件下流动沙地植被恢复的最佳播种期，解决了西藏高寒河谷风沙化土地最佳播种期、适宜植物种、植物种子及地面处理措施等一系列生态恢复关键技术，建立了 3 000 多亩（1 亩 =1/15hm²）人工模拟飞播实验区。研究成果已对西藏自治区环境保护厅、山南地区环境保护局、日喀则地区环境保护局开展雅鲁藏布江高寒河谷沙尘治理与生态恢复方案制订，重要空港和重要交通线路周边风沙灾害防治方制订，以及流域生态安全屏障建设与环境管理提供了重要决策依据和技术指导。

5 管理建议

（1）尽快编制和发布西藏高寒河谷风沙化土地生态恢复技术指南

根据高寒河谷气候条件和地形地貌的特殊性，因地制宜地选择不同人工促进生态恢复方式，以及不同的地面处理措施，利用试验筛选的适生性较强的植物种、播种时间、配置模式、种子及地面处理方法等一系列生态恢复关键技术，编制和尽早发布西藏高寒河谷风沙化土地生态恢复技术指南，指导当地政府制定风沙化土地生态恢复分类区划方案，支撑目前正在进行的西藏高原国家生态安全屏障建设。

（2）大力开展重要城镇和交通口岸等重点区域生态安全监控

对于急需开展生态恢复和环境治理的重要城镇、空港和交通要道周边等重点地区，进行风沙灾害防治规划或植被恢复方案制订时，应根据实际需要，采取高精度的 SPOT 数据、IKONOS-2 数据或高光谱遥感数据作为数据源，进行重点区域生态状况动态监测与生态安全评估，为区域生态安全监控，以及生态环境建设方案的制订和实施提供依据，支撑区域可持续发展和国防安全建设。

（3）亟待开展高寒河谷风沙化土地植被演替与恢复潜力评估

目前，雅鲁藏布江流域高寒河谷风沙化土地生态退化及其演替机制尚不清楚，严重影响区域生态恢复潜力评估与生态保护与建设工程的实施。应重点加强流域内高寒植被退化和气候变化、人类活动和风沙化土地的耦合关系，以及主要沙生优势植物种群结构与消长动态、种群生长年限与群落演替速度等方面的研究，进而提出高寒沙地植被演替机制，并以自然条件下植被演替过程为参照，构建生态恢复预测模型，评估高寒河谷风沙化土地的生态恢复潜力。

（4）加强特殊气候带下生态恢复技术研发与环境治理模式研究

雅鲁藏布江流域海拔从 150m 至 7 000 多 m、气候条件复杂、生态系统类型多样。不同类型风沙化土地的生境条件存在较大差别，高寒河谷沙地新建人工植被的演替规律及其限制因素，特别是引进的北方优良沙生植物种和西藏乡土沙生植物种的演替阶段和速度、不同植被配置模式的优化调控等均需要 5～10 年的进一步野外观测研究。目前，特殊气候带下的重要空港和交通要道等重点区域的生态安全防护和可持续发展模式有待优化，急需开展全球变暖背景下的高寒区域生态恢复技术研发和环境治理模式研究，以增强西藏高原生态保护与恢复适应气候变化的能力。

6　专家点评

该项目阐明了西藏高寒风沙化土地的概念和形成机理，提出了山坡流动沙地是造成河谷风沙灾害的二次风沙源的新观点；论证了雅鲁藏布江中部流域沙地植物区系的形成是以东亚区系为主、在喜马拉雅山的隆升过程中发生了邻近植物区系成分的迁移和渗透的新观点，提出了植物固沙的对策措施。率先连续开展了 4 年的高寒风沙化土地植被恢复试验和主要生境因子观测，筛选和确定了高寒风沙化土地生态恢复的适生植物种和最佳播种期，首次提出了河谷山坡流动沙地沿等高线人工脚踩回头撒播的方法，集成创新了高寒风沙化土地生态恢复的适宜植物种、配植模式、最佳播种期、植物种子及地面处理措施等一系列关键技术。成果可为西藏高原生态环境管理提供了重要科技支撑。

项目承担单位：环境保护部南京环境科学研究所、中国科学院兰州化学物理研究所、
　　　　　　　南京林业大学、西藏自治区环境科学研究所
项目负责人：方颖、沈渭寿

典型生态涵养区生态效应监测评估与综合管理研究

1 研究背景

我国对生态保护和建设高度重视，中央和地方各级政府提供了大量资金用于生态环境建设。但往往只重视了植被覆盖率的提高，却忽视了生态系统的综合服务功能及其综合生态效应。如果不能正确地进行生态保护与建设，对环境非但不能起到改善作用，反而会减低生态环境功效。在国内外很多地方，虽然林地覆盖率明显提高，其生态功能并没有提高，一些地方甚至出现了生态服务功能下降的现象。

水源涵养功能是生态系统的核心生态效应之一，良好的水源涵养功能有助于维持区域水资源平衡，对于保持生态系统的稳定性具有举足轻重的作用。本研究选择了密云水库的水源涵养区作为典型研究区，对以水源涵养为重点的生态效应的监测指标和方法，生态效应评估技术以及综合管理对策开展了一系列研究，同时以生态系统管理的理念和方法为指引，在对典型地区生态系统结构、功能与过程进行监测评估的基础上，以区域社会、经济的可持续发展和自然生态环境的改善、恢复为目的，以提高区域生态系统的水资源供给与保障能力提高为研究目标，探讨植被人工建设、维护和干预过程中的科学措施，提出生态涵养区生态系统结构优化与改进方案，促进研究区植被结构、格局与功能的持续、健康、稳定发展，同时为植被建设、布局和维护提供科学的理论指导和实践方法，以求减少人工植被建造的盲目性、缓解突出的生态环境问题，充分发挥生态涵养区的生态效益，为区域的经济、社会稳定发展提供生态安全服务。

2 研究内容

（1）典型群落类型的生态效应观测试验

选取研究区的典型植被群落类型，设置主要群落观测样地，开展生态系统调查与观测。

（2）典型群落类型与生态涵养区生态效应评估

以各主要群落类型的生态系统调查与观测数据为基础，评估生态系统效应。

（3）GIS 支持下区域生态系统的生态效应优化

在对北京市生态涵养区典型植被群落类型水源涵养等方面能力进行试验研究的基础上，应用 GIS 软件进行模拟分析。

（4）研究区生态效应改善的综合管理对策

应用经过验证后的区域植被生态效应优化模型提出针对生态涵养区的植被最优化配置与改建方案。

3 研究成果

（1）构建了基于区域生态系统效应的生态监测方案与指标体系

项目构建了野外监测和宏观监测指标体系及评估方案，其中野外监测主要针对水源涵养功能所需的基础信息指标和核心指标。在宏观监测方面，提出了水源涵养量、土壤保持、有机物生产及空气净化功能的评估指标并构建评估模型。

（2）开展典型生态涵养区的生态效应监测与评估，并获取大量相关监测数据

1）野外监测

选取了门头沟百花山和密云溪翁庄两个试验站进行基于水源涵养的地面监测工作，结果表明：林冠截留率的排序为：黄栌＞荆条＞麻栎＞刺槐＞油松＞槲树＞侧柏＞臭椿；不同植被群落类型样地内凋落物对降雨的有效拦蓄排列顺序为：人工山杨林＞人工洋槐林＞人工油松林＞退耕坡耕地＞天然灌木林；土壤含水量的总体规律是：阴坡油松林地＞阴坡裸地＞阳坡侧柏栎类混交林；对供试 15 个树种的试验测定，最大蒸腾速率排序：鼠李＞栓皮栎＞黄栌＞酸枣＞油松＞孩儿拳头＞侧柏＞臭椿＞麻栎＞荆条＞槲树＞火炬＞花木蓝＞刺槐＞雀儿舌头。

2）生态效应评估结果

结果表明，20 世纪 80 年代本地区的水源涵养能力为 $5.9 \times 10^8 \text{m}^3$，土壤侵蚀量为 88.47t/km^2，2010 年水源涵养能力提高到 $7.6 \times 10^8 \text{m}^3$，土壤侵蚀量有所减少，为 65.85t/km^2。生物量自 80 年代至 2010 年从 $0.6 \times 10^4 \text{t/km}^2$ 提高到 $1.7 \times 10^4 \text{t/km}^2$，总量提高了 283%。本地区森林每年可吸收 SO_2 8.07 万 t，滞留灰尘 1 140 万 t，其经济价值分别为 0.968 亿元和 17.1 亿元。

（3）提出具有推广价值的研究区植被生态系统的结构优化与改进方案

针对北京市和福建敖江流域的生态现状，项目组从产业结构调整、政策建议以及植被生态系统结构优化等方面提出了相关改进方案。

（4）初步建立区域生态效应监测平台

生态效应监测及服务评估系统的开发与建设，以现有的降雨、土壤分布、植被分布、遥感影像、DEM、人口分布等所收集的资料和实时监测数据为支撑，采用 C/S 的框架体系，

运用计算机技术和 GIS 统计分析、建模功能，实现研究区域生态效应的评价。

（5）其他成果

项目实施过程中，向环境保护部提交专报信息 3 份，其中 2 份上报国务院办公厅。共培养学生 6 人，其中博士后出站 1 人，博士生 3 人，硕士生 2 人。项目进行过程中，与德国、意大利、加拿大、日本、韩国等多国科学家开展了学术交流活动，促进了项目的进展。在国内外有关刊物发表学术论文 14 篇，其中 EI/SCI 论文各 1 篇。

4 成果应用

基于项目成果提交专报信息三篇，其中"生态系统在房山山洪泥石流灾害中发挥重要减灾功能"和"生态破坏是甘肃定西山洪泥石流灾害发生的重要原因"由环境保护部上报中共中央及国务院办公厅。

5 管理建议

（1）进一步完善生态补偿机制

完善转移支付和政府固定资产投资体制，调整和优化对涵养区转移支付结构，整合市级部门的专项补助资金，提高一般性转移支付的规模和比例，增强区县统筹发展的能力。

（2）建立严格的产业准入退出机制

细化产业发展方向，制定分区域的产业准入标准，从土地利用效率、资源消耗、环境影响程度、企业单体规模等方面严格产业准入控制标准，制定和发布行业引导目录。

（3）完善城区与山区结对合作共赢机制

引导城区与山区县围绕功能区共建、特色资源开发、功能优化、公共资源共享等领域开展结对合作，坚持政府引导、市场推动，促进优势互补、共同发展。

（4）完善涵养区指标评价体系

不以"GDP 增长速度"、"税收增长指数"作为生态涵养区的具体评价指标，代之以生态友好型产业发展和结构优化调整方面的指标。突出生态修复、植树造林和生态管护等生态涵养方面的指标，强化人口集聚、城镇化水平、富民就业、公共服务方面的指标。

6 专家点评

项目针对我国生态系统的综合服务功能及其综合生态效应监测和评估中的关键技术。以北京市生态涵养区为例进行具体研究工作，在对研究区生态系统结构、功能与过程进行监测、评估、研究的基础上，提出了生态评估的关键指标和方法，掌握了以水源涵养评估为核心的野外生态监测技术，建设了生态监测系统平台，同时针对研究区自然生态现状，提出了提高水源涵养能力为重点的生态建设建议。项目提出的生态效应评估方法可对其他地区生态管理和建设具有可借鉴的作用。

项目承担单位：中国环境科学研究院
项目负责人：李岱青

生态型水能梯级开发的评价指标阈值构建与示范研究

1 研究背景

水能是我国能源战略结构的重要组成部分，为保障国家能源安全，国家拟规划建成 13 个梯级水电基地，共计 366 个水库。到 2020 年，13 个梯级水电基地建成投产机组装机容量 0.94 亿 kW，主要集中在生态脆弱的黄河上游、长江上游干流的金沙江和支流雅砻江、大渡河、乌江以及与金沙江并流的澜沧江、怒江等河流。水能梯级开发在极大推动社会经济发展的同时，其引起的生态问题也日益凸显，如河流水动力条件的改变、食物链破坏、生物栖息地的环境恶化、标志性生物的消失等。如何缓解社会经济效益和流域生态保护间的矛盾，协调水能梯级开发与流域生态系统间的关系，是水能梯级开发必须考虑的重大问题。

与单一电站建设的水能开发利用相比，水能梯级开发在流域生态系统中的镶嵌与驱动作用更为显著，对流域生态系统的影响具有群体性、系统性、连续性和累积性特征，对其生态影响因子及作用规律还缺乏有效的识别与揭示，导致水能梯级开发行为的生态影响评价缺乏科学有效支撑。

本项目以水能梯级开发为背景，基于对水能梯级开发行为的表征与度量，从其对生态系统的影响与驱动本质出发，揭示了水能梯级开发对生态因子的影响特征与规律，构建了水能梯级开发生态影响评价指标框架，建立了水能梯级开发生态影响评价阈值，开发了基于生态影响阈值的水库群调度模型与软件，进行了生态影响评价的综合示范应用，提出了降低水能梯级开发生态影响的优化策略与方法，可为水能梯级开发的生态影响评价与管理提供技术支撑。

2 研究内容

1）研究水能梯级开发对流域生态因子的影响特征与规律，提出水能梯级开发生态影响预测分析方法。

2）探明流域水能梯级开发生态影响评价的主控因子与敏感因子，构建反映流域生态系统完整性的评价指标框架。

3）构建生态型水能梯级开发的评价指标阈值等级体系，提出具有时空动态性的评价技术和方法。

4）以流域生态完整性和水资源合理利用为目标，流域生态影响阈值为水量分配约束条件，建立基于生态影响阈值的水库群调度模型。

3　研究成果

（1）针对水能梯级开发生态影响的复杂性、耦合性以及累积性等特征，从流域系统整合角度构建了水能梯级开发生态影响预测方法

目前，水能梯级开发的生态影响还缺乏基于流域尺度的科学有效预测方法，是水能资源环境管理需要解决的重要问题之一。项目基于美国环保总署 EPA 推荐的 WASP 模型，以系统动力学构建适合水能梯级开发使用的水文、水质和水温模型、随机梯度 Boosting 算法及 HSI 模型等为基础，分别建立了水能梯级开发对流域生态系统非生物因子（水文、气候、土地覆被变化、河流形态及廊道连通度）及生物因子（水生生物、陆生生物）影响的预测分析方法，为解决水能梯级开发生态影响难以有效定量化预测分析问题提供了技术支撑。

（2）从流域生态完整性出发，构建了水能梯级开发生态影响评价指标框架，建立了水能梯级开发生态评价指标阈值等级标准

水能梯级开发生态影响评价涉及要素众多，从流域尺度采用何种指标进行表征，以及如何确定其生态影响阈值，是目前水能梯级开发生态影响评价决策中遇到的最大难题。本项目从生态完整性出发，依据水能梯级开发生态因子响应属性、响应程度及相互逻辑关系，构建了水能梯级开发生态因子响应网络，进行了主导性和敏感性因子提取，综合建立了基于流域生态完整性的水能梯级开发生态影响评价指标框架（表1）；同时，结合德尔菲法定量出了各指标所对应的权重，建立了水能梯级开发生态评价指标阈值划分标准（表2），以加权法构建了水能梯级开发影响下的生态完整性指数量化公式，解决了水能梯级开发生态影响评价缺乏系统指标与量化评估方法的难题，可为水能梯级开发的环境管理、生态影响评价技术标准制定及规划决策提供重要的技术支持。

表 1 水能梯级开发生态影响评价指标框架

目标层 A	准则层 B	准则层 C	因素层 D	指标层 E	指标层 F
水能梯级开发生态影响评价 A	水能梯级开发压力 B1	压力量化指数 C11	梯级综合干扰性 D1	干扰性指数 E1	梯级电站数量 F11
					回水长度 F12
					淹没土地 F13
					分级库容 F14
					年发电量 F15
					分级下泄量 F16
	生态完整性 B2	水生生态完整性 C12	物理组成完整性 D2	水生物理生境指数 E2	流速 F21
					水深 F22
					泥沙 F23
					水温 F24
					河流曲度 F25
					河流纵向连通度 F26
			化学组成完整性 D3	水生化学生境指数 E3	DO F31
					BOD_5 F32
					TP F33
					TN F34
			生物组成完整性 D4	鱼类群落完整性指数 E4	鱼类生境适宜度 F41
					特有物种 F42
					濒危物种 F43
				附着生物完整性指数 E5	浮游植物浓度 F44
		陆生生态完整性 C13	物理组成完整性 D5	陆生物理生境指数 E6	干燥度 F61
					气温 F62
					廊道连通度 F63
					覆被变化 F64
			生物组成完整性 D6	群落完整性指数 E7	群落生境适宜度 F71
					特有物种 F72
					濒危物种 F73

表 2　水能梯级开发生态影响评价阈值等级

因素层D	极差	差	中	良	优
水生物理组成完整性	< 0.075	0.075 ~ 0.203	0.203 ~ 0.285	0.285 ~ 0.328	0.328 ~ 0.409
水生化学组成完整性	< 0.060	0.060 ~ 0.094	0.094 ~ 0.129	0.129 ~ 0.148	0.148 ~ 0.175
水生生物组成完整性	< 0.084	0.084 ~ 0.107	0.107 ~ 0.114	0.114 ~ 0.019	0.129 ~ 0.143
陆生物理组成完整性	< 0.018	0.018 ~ 0.081	0.081 ~ 0.105	0.105 ~ 0.120	0.120 ~ 0.151
陆生生物组成完整性	< 0.077	0.077 ~ 0.097	0.097 ~ 0.106	0.106 ~ 0. 114	0.114 ~ 0.122
生态完整性取值范围	$A < 0.314$	$0.314 \leqslant A < 0.582$	$0.582 \leqslant A < 0.739$	$0.739 \leqslant A < 0.839$	$A \geqslant 0.839$

（3）开发了基于流域生态影响阈值的水库群调度模型与软件

本项目以流域生态影响阈值为水量分配约束条件，以多目标优化决策技术为手段，建立了基于生态影响阈值的水库群调度模型，利用逐步优化（POA）算法、蚁群算法（ACO）、微粒群算法（PSO）等智能优化算法进行求解，在此基础上，利用 Flash Builder 和 VS.NET2005 为开发工具，建立以 IE 浏览器和 Flash 为人机界面的 B/S 软件系统。该成果解决了水库群调度缺乏生态影响阈值约束的技术难题，可为水电开发企业进行基于生态保护的水库群调度运行提供技术支撑。

4　成果应用

1）向环境保护部提交《水能梯级开发生态影响评价技术导则（征求意见稿）》、《我国水能梯级开发环境管理问题及对策建议》等文件，为水能梯级开发生影响评价技术规范编制提供了技术支持与依据。

2）依托于项目水能梯级开发生态影响评价指标与阈值等级研究成果，为雅砻江流域水电工程的生态影响评价提供了较好的技术支持。

3）本项目开发的基于流域生态影响阈值的水库群调度模型与软件，在南桠河流域梯级电站运行与管理过程中得到了应用，在减少水能梯级开发引发的生态破坏，实现水能资源的可持续利用方面起到了较好的支撑作用。

5　管理建议

1）尽快研究建立水能梯级开发生态影响评价规范，促进水能梯级开发的过程管理。基于我国水能梯级开发形势及环境管理的迫切性，建议尽快组织力量，对水能梯级开发生态影响评价规范进行研究建立，明确监管指标、程序环节、评估方法等具体事项和措施，以指导水能梯级开发的生态影响评价，促进水能梯级开发的过程管理。

2）将水能梯级开发的生态调度调控纳入到梯级水库群的环境管理中。现行水库群调度往往以追求发电量为目标，也较少考虑整个流域的生态环境状况，建议在政策、技术层面提出水能梯级开发生态调度调控的相应办法，将水能梯级开发的生态调度调控纳入到梯级水库群的环境管理中，利用制度化对水电开发企业的行为进行约束，进而减少水能梯级开发过程的生态影响，提高生态保障力。

3）在环境保护部门建立专门机构，加强梯级电站运营过程的环境监管。随着梯级水电站数量的持续增加，未来一段时期，开展水电站运营过程环境监管的需求将更加紧迫。目前，国内关于梯级电站运营过程的监管缺失，机构、人员、技术条件均比较薄弱。建议在环保管理部门的环评机构中设置专门的办公室，尤其是水能梯级开发较为迅猛的西部地区，开展试点，逐步完善监管能力、体系和队伍建设，为水能梯级开发的环境管理提供保障。

6 专家点评

该项目较为系统地研究并提出了水能梯级开发生态影响预测方法，从流域生态完整性出发，构建了水能梯级开发生态影响评价指标框架，建立了水能梯级开发生态评价指标阈值等级标准，开发了基于流域生态影响阈值的水库群调度模型与软件，提高了流域水能梯级开发环境管理的系统性与科学性。该项目研究成果在雅砻江流域水能梯级开发的生态影响评价、南桠河流域梯级电站运行与管理过程中得到了应用，起到了较好的示范作用。该项目提出了水能梯级开发生态影响评价指标与阈值等级构建方法，对于完善我国水能梯级开发生态影响评价技术规范、推动相关技术和规范的应用和推广具有十分重要的意义。

项目承担单位：四川大学
项目负责人：李绍才

草原湿地自然保护区长效生态监测及友好产业示范研究

1 研究背景

自然保护区是自然与文化传承的精华所在，生物多样性的富集之地，也是人类认识自然的科教基地和博物馆。自然保护区不仅具有典型性、稀有性和生物多样性，而且在涵养水源、保持水土、改善环境和维护区域生态平衡等方面具有重要作用。随着自然保护区建设工作的发展，许多问题日益凸显。辉河国家级自然保护区是我国北方最重要的大型草原湿地自然保护区，它地处大兴安岭山地森林向呼伦贝尔草原的过渡地带，是集森林、草原、湿地于一体的具有低山丘陵、高平原、沙地、河谷等多种地貌组合的自然复合生态系统，也是东亚候鸟迁徙通道上的重要驿站和鄂温克游牧文化的发祥地。然而，在过去的 60 年间，由于人类经济活动强烈，导致生态保护与经济社会发展的矛盾日益突出。目前，辉河上游仍有 2 万 hm^2 耕地在维持低效耕作，保护区周边及其实验区内仍有近 50 万头牲畜在维持常年放牧。因此，发展环境友好产业，消除人为过度干扰，是实现辉河保护区长效保护关键所在，也是本项目立题的基本出发点。

本项研究以辉河国家级草原湿地自然保护区为例，拟从生态基线调查入手，在明确保护区生态现状、问题和成因基础上，筛选、构建草原湿地自然保护区生态服务功能长效监测、评估技术体系，开展保护区生态系统健康诊断、生态承载力评估，研究确立适宜的发展方向和保育措施，并开展友好产业示范，拟在发展中寻求解决自然保护区长效保护问题的模式，为国家环境保护管理提供技术支撑。

2 研究内容

（1）草原湿地自然保护区生态基线调查与现状评估

以辉河国家级草原湿地自然保护区为例，利用现场调查和遥感调查相结合方法，开展保护区内湿地、草地、林地生态基线调查，构建重要生态系统健康诊断评价指标体系，甄别不同生态系统健康水平、演替方向和主要限制因素，研究确立保护区重要生态系统生态承载力阈值。

（2）草原湿地自然保护区生态服务功能监测与评估技术研究

在生态系统健康诊断、生态承载力评估基础上，筛选并制定自然保护区生态服务功能监测、评价指标体系，研究确立科学的监测技术与评价方法，为合理构建自然保护区动态监测与预警机制奠定基础。

（3）草原湿地自然保护区生态保育与友好产业示范研究

按照资源环境承载力，突出以人为本思想，从生态保护战略、植被恢复对策、生态经济模式、友好产业示范等方面的研究，科学规划保护区资源利用方式与利用强度，合理构建生态产业链，确立从发展中促进生态保护的指导思想。

（4）草原湿地自然保护区友好产业示范与长效管理模式构建研究

以生态种植业、特色养殖业和生态旅游业为主开展友好产业示范，推广节能环保新技术、新工艺，通过资源循环利用、产业链延伸和产业循环等技术措施，构建友好产业发展模式，并确立保护区长效管理模式。

3 研究成果

（1）初步构建了草原环境友好产业的理论框架

以生态经济理论为指导，立足于当地的资源优势，将生态与环保理念引入产业发展的全过程，实行环境成本内生化及全过程污染控制，以"低资本投入、低能源消耗、低环境污染和高经济效益"为运作模式，通过产业发展的环境约束，促进区域资源、环境、经济、社会的持续发展，建立环境友好型草原畜牧业生产体系。

（2）确立了草原湿地长效生态监测的技术方法

在已有生态监测网络和增加布设的调查样地中，按照制定的生态系统监测指标体系，从生态系统非生命系统、生命系统和社会经济系统三方面，开展林地、灌丛、草地、湿地本底调查；在地面固定样地样方监测的基础上，按照 MODIS 影像（250 m ×250m）精度范围，在同一样地内选择植被、土壤等生境类型基本一致地段，采用样线法设置 30 个间距为 1m、直径为 50cm 的样园，利用美国 ASD 公司的 Fieldspec 3 光谱辐射仪和 GPS，分别采集样园 0.5m 高光谱数据和地上生物量数据，分别建立 MODIS NDVI、ASD NDVI 和地面实测生物量模型，并借助 ARCGIS 软件进行植被覆盖度、净初级生产力和植被分布格局分析。

（3）草地退化评价

基于 1989—2009 年 21 年当地温度、降水量和实测产草量数据，采用关联分析、多因了 PCA 和逐步回归等方法，分析降水量和实测产草量的关系，并用牧草生长期降水量和温度的波动对最佳降水量进行修正后，构建了呼伦贝尔草原产草量预测模型：

$$Y_p=92.325\ 2+1.942\ 51R_m-0.006\ 915\ 28R_m^2$$

Y_p 为产草量；R_m 为修正降水因子，F 检验结果为 $F=7.729\ 03$（$P=0.003\ 8$）。

Y_p 与 R_m 呈极显著水平，模型预测精度达 85% 以上。

利用 10 个样条样地地面光谱 NDVI 数据和同时段 MODIS NDVI 数据进行回归分析，构建了呼伦贝尔草原实际产草量监测模型 $y_p=0.893\ 9x^{0.786}$，回归模型的复相关系数 $R^2=0.930\ 2$，经 F 值检验：$F=106.61$，呈极显著水平。提出了草原退化度的概念，并定量评价了草地的退化程度。

（4）草原生态系统健康诊断方法

1）草原湿地生态系统健康诊断指标构建

结合草原湿地生态系统健康诊断指标科学性、可操作性、客观性选取原则，建立的指标体系框架，第一层次是目标层，即草原湿地生态系统健康综合评价；第二层次是评价准则层，即每一个评价准则具体有哪些因素决定，包括系统压力、系统状态、系统响应指标；第三层次是指标层，即每个评价因素由哪些具体指标来表达。

2）评价方法确立

参照谢高地等人确立的不同生态系统服务当量，建立了草原湿地生态系统健康诊断标准，并采用层次分析法和综合评价法，分别对呼伦贝尔草原湿地和新疆巴音布鲁克高寒草甸生态系统健康状况进行了综合诊断。

3）评价结果

内蒙古辉河国家自然保护区草原湿地生态系统健康水平处于生态良好状态。其中，生态良好、较好、健康三个等级所占比例为 93.31%，生态较差、生态恶化面积所占比例 6.69%。新疆巴音布鲁克高寒草原湿地生态系统健康水平整体处于健康和较好状态。

（5）草原湿地生态承载力评价方法

1）草原生态功能评价

针对项目区草原湿地自然保护区生态系统类型及特点，在生态系统健康评价基础上，建立草原湿地生态系统服务评估指标体系，利用野外试验数据、Modis 和 TM 遥感数据、气象数据、DEM 地形数据和 RS/GIS 技术，评估了呼伦贝尔涵养水源、保持土壤和固碳的功能量。结果表明，单位面积涵养水源能力，林区较草原区高；保持土壤能力草原区为高值区，其次为林区，最低区为林草交错带；固碳能力林区较强，草原区最低。生态功能动态变化特征：整个研究区涵养水源能力略有增加，局部区域有下降趋势，如海拉尔区单位面积涵养水源量平均每年下降 3.2 m^3/hm^2。保持土壤量变化幅度较小，且林区小于西部草原区。固碳能力总体呈下降趋势，局部地区略有增加趋势。其中，项目区一鄂温克旗 9 年平均下降 7.9gC/m^2。

表 1   2000—2008 年项目区不同生态系统单位面积生态功能保持量

年份	森林			草原			湿地		
	涵养水源/（m³/hm²）	保持土壤/（t/hm²）	固碳量/（gC/m²）	涵养水源/（m³/hm²）	保持土壤/（t/hm²）	固碳量/（gC/m²）	涵养水源/（m³/hm²）	保持土壤/（t/hm²）	固碳量/（gC/m²）
2000	760	30.55	640	337	102.93	408	350	27.37	432
2001	712	30.57	595	269	89.37	345	297	23.65	379
2002	780	30.66	638	380	101.96	427	414	28.55	435
2003	1002	30.52	481	400	97.56	288	455	28.52	302
2004	749	30.63	593	301	89.35	360	340	27.09	395
2005	791	30.68	589	337	97.7	411	375	28.48	412
2006	869	30.63	576	360	98.51	376	401	28.45	387
2007	593	32.13	631	256	93.35	370	276	25.52	389
2008	893	30.66	534	421	102.27	359	445	29.42	365
平均	794	30.78	639	340	97	407	373	27.45	432

2）草原湿地承载力评价

提出了基于生态系统服务功能的草原湿地生态承载力概念，即维持草原湿地生态系统服务的可承载人口或放牧家畜数量，并生态弹性度、资源环境承载力和生态压力度三个方面建立了评价指标体系。

采用层次分析法和综合评价法，对鄂温克旗草原生态承载力进行了科学评价，结果表明，若饲草利用率达到 0.40，其总承载力水平最大可达 2 127 688 个羊单位。

表 2   鄂温克旗草原饲草利用率为 0.40 时承载力变化

年份	产草量/kg	最大承载力/羊单位	存栏数/羊单位	出栏数/羊单位	承载力盈亏/羊单位
2000	2 970 515 138	2 249 250	739 497	284 267	1 225 486
2001	2 871 246 735	2 173 704	709 360	368 917	1 095 427
2002	3 338 828 258	2 529 550	764 197	345 614	1 419 739
2003	2 816 792 708	2 132 262	859 577	472 529	800 156
2004	2 684 952 270	2 031 927	980 404	395 537	655 986
2005	3 131 429 445	2 371 712	1 203 056	448 986	719 670
2006	2 727 582 795	2 064 370	1 140 561	664 156	259 653
2007	1 814 574 263	1 369 539	832 509	747 309	−210 279
2008	3 127 840 785	2 368 981	997 656	409 600	961 725
2009	2 861 055 518	2 165 948	1 120 570	509 455	535 923
2010	2 573 781 548	1 947 322	1 215 840	753 086	−21 604
平均	2 810 781 769	2 127 688	960 239	490 859	676 534

（6）草原环境友好产业发展模式

1）环境友好型草产业

以草地生态学、生态经济学和可持续发展理论为指导，充分利用当地充沛的水资源、草种资源和土地资源，在强化草原生态保护与建设、快速恢复草原植被的同时，发展以高产饲草和饲料种植业为主的现代集约型牧草产业，为缓减草原放牧压力、保护草原生态和有效增加草原载畜量提供保障。

筛选出俄罗斯杂花苜蓿、肇东苜蓿、赤峰苜蓿以及无芒雀麦、猫尾草、饲用玉米、甜高粱等优质饲草饲料作物 8 个，集成创新了干旱半干旱草原区适生优良牧草筛选及扩繁技术、退耕地免耕保护播种大面积人工草地技术、大田苜蓿种子丸衣化技术、高产饲草料基地节水灌溉技术等 4 项关键技术，到 2011 年饲草料种植规模达到了 5 100hm²，年产优质饲草料 6.87 亿 kg。

2）环境友好型奶产业

立足资源优势，从奶牛标准化饲养、节能增效棚圈设计、奶牛养殖废弃物资源化利用与新能源开发等技术集成、创新与应用入手，通过龙头企业带动，牧民互助合作，实施产污源头堵截、饲养过程清洁，以及废物资源化利用，推进奶牛产业体系优化和改进，实现饲养模式标准化、饲料配给营养化、饲养管理集约化、粪尿废物资源化、奶业产品绿色化。

重点开展了标准化奶牛养殖小区（场）设计与建设，规模化全价饲草料配套生产与供给中心建设，奶牛饲养管理集约化示范，环保设施建设与养殖废弃物综合利用途径研发等技术示范，带动了当地奶产业的协调发展。

3）环境友好型羊产业

立足当地资源优势，引进生长繁殖迅速、净肉率高、耐寒冷、耐粗饲等优良肉羊新品种，集成现代集约化肉羊养殖新技术，建立肉羊高效养殖基地，实现草原区肉羊产业的生态化转型，发展环境友好型肉产业。

重点突出肉羊新品种改良和扩繁、集约化饲养管理、羔羊短期肥育、肉食品绿色加工贮藏，以及废弃物综合利用等技术集成与示范，通过基地化建设、良种化扩繁和市场化培育，将生态环境保护理念引入肉羊生产的全过程，实现从饲草料供给—新品种繁育—集约化养殖—绿色屠宰加工—绿色包装贮运的全过程清洁化、绿色化，提升肉羊养殖综合效益，实现环境保护优化草原经济发展。

截至 2011 年底，已引进并扶持绿祥清真肉食品、伊赫塔拉牧业等肉类加工龙头企业 4 家，建成有机、绿色、无公害养殖生产基地 6 个，全年绿色羊肉产量达 2.1 万 t，绿色基地总产值突破 6.5 亿元以上。

4）环境友好型沙地治理业

针对当地呼伦贝尔草原沙化趋势激烈、沙地面积不断扩展问题，筛选出适宜半干旱沙地推广的，而且技术措施简便易行、投资少、见效快的沙地治理技术模式 7 项，并在辉河保护区外围沙地开展了技术示范，到 2010 年，3 年累计培训农牧民 1 000 人次以上，恢复沙地植被约 2 000hm² 以上，示范区沙地植被覆盖度平均提高 40% 以上，生态、社会和经济效益显著。

同时，开展了沙地植物可开发利用途径调查，共有饲用植物 106 科，435 属，1 166 种；药用植物 97 科 346 属 601 种，其中野生药用植物 542 种，栽培药用植物 59 种。

4 成果应用

（1）呼伦贝尔市

从 2009 年开始，在编制呼伦贝尔市生态市建设规划中，应用基于生态功能评估的草原生态承载力核定理念，推行建立全新的"以草定畜"草原利用制度。同时，大力实施传统工业生态化转型升级，突出发展环境友好型畜牧养殖业，有效降低了单位 GDP 能耗、水耗和污染物排放水平。

（2）新巴尔虎左旗

从 2008 年开始，以辉河保护区为中心，在其周边的乡镇、苏木开展草原环境友好型产业示范，并推行建立基于生态功能评估的草原承载力核定，旨在建立符合当地草原实际的放牧利用制度。同时，针对新巴尔虎左旗沙地现状，开展沙化草地综合治理，到目前为止，已建立 5 种沙地植被恢复模式，改良退化、沙化草地 5.3 万 hm²，遥感监测草原生物生产力净增 19.8%，退化、沙化草地植被覆盖度平均提高 40% 以上，有效促进了自然保护区长效保护，也带动了当地产业发展。

（3）鄂温克族自治旗

从 2009 年开始，按照项目确立的技术方法，在全旗范围内开展了基于生态功能评估的草原承载能力核定，全面推广以草定畜放牧制度。结合国家生态旗建设，大力实施工业生态化转型，有效降低了单位 GDP 能耗、水耗和污染物排放水平。同时，在退耕地植被恢复中，大力推广免耕保护播种、种子丸衣化等先进技术，建立大面积高产饲草料基地，并率先引进杜泊羊等优良家畜，发展环境友好型草原畜牧业，全旗建立高产饲草料基地 5 处，推广面积达 2.3 万 hm²，林草植被覆盖率提高 15% 以上，生态效益和社会效益显著。

（4）扎赉特旗

从 2008 年开始，以图牧吉国家级自然保护区为中心，在其周边的乡镇、苏木开展生态种植业、生态养殖业以及生态加工业等环境友好型产业科技推广，并开展草原湿地长效监测、系统功能评价及基于生态功能评估的草原承载能力核定，建立起"以草为纽带"的环境友好型草产业体系。目前，已实施退耕地植被恢复 20 万亩，年增收牧草 5 300 万 kg，年增加饲养 11.8 万个羊单位。

（5）海拉尔区

在项目带动下，积极推进发展环境友好型产业，单位 GDP 能耗、水耗和污染物排放水平得到明显改善；全区林草植被覆盖率平均提高 18% 以上，年增收牧草 1 300 万 kg，为实现了生态良好、城乡发展和牧民增收奠定良性基础。

（6）新疆巴音郭勒蒙古族自治州

项目试验区，主要开展巴音布鲁克草原生态系统健康评价，以及基于生态系统服务功能评价，研究内容已在研究报告体现。

5　管理建议

1）进一步完善《环境友好型草原牧场建设规范》，争取尽快颁布实施。

2）进一步完善基于生态功能评估的草原承载能力核定指标体系和技术方法，使其更富有操作性和实用性，并在我国北方草原区加以推广应用，以有效缓减草原过度放牧压力。

3）进一步强化自然保护区长效监测、环境友好型产业发展理念等科技成果在环境规划、节能减排、战略环境评价方面的应用，为国家环境管理服务。

4）进一步完善草原环境友好型产业体系、生产管理、集约化经营及环境监管模式建设，建立以草原资源可持续利用为目标环境监管制度，使其更有利于实施区域和谐发展。

5）继续做好本项目成果的推广，特别是北方草原区如新疆、西藏、青海、甘肃以及内蒙古西部地区等的大面积推广，为草原牧区生态环境改善提供技术支撑。

6　专家点评

该项目按照任务书要求，构建了草原湿地自然保护区长效生态监测与评估技术指标体系与方法、草原湿地自然保护区周边地区友好产业发展规划、植被恢复与长效管理模式等相关研究，完成了《草原湿地长效生态监测与评估技术指标体系》、《北方草原区退耕还林还草植被恢复技术指南》、《环境友好型草原牧场建设规范》、《辉河国家级自然保护区周边地区环境友好产业发展规划》。项目建立了相对完善的草原湿地长效监测指标体系与评估方法，提出了草原湿地生态系统健康诊断标准，结合气候模型和遥感产草量模型创新了草地退化评价方法，丰富了草原湿地生态保护和环境友好产业理论体系，并在典型区域开展了示范研究。项目部分研究成果已在辉河草原湿地自然保护区、图牧吉草原湿地自然保护区、新疆巴音布鲁克高寒草原自然保护区得到推广与应用，为国家级自然保护区管理提供了可借鉴的管理模式。

项目承担单位：中国环境科学研究院、呼伦贝尔辉河国家级草原湿地自然保护区管理
　　　　　　　局、巴州博斯腾湖科学研究所
项目负责人：吕世海

亚热带农业污染系统控制技术研究

1 研究背景

第一次全国污染源普查资料显示，在农村面源中农业污染占绝大部分，在农业生产过程中农药、化肥、地膜等农用物资的不合理和过量使用，以及畜禽粪便等农业废弃物的任意排放，在降水或灌溉过程中，污染物通过农田地表径流、农田排水和地下渗漏进入水体，引起水质的污染。我国农业生产（含农业与养殖业）排放的 COD、氮、磷等主要污染物量，已远超过工业与生活源，成为污染源之首，其中 COD 排放量占总量的 40% 以上，氮占 50% 以上。农业污染已成为影响我国水环境，尤其是威胁饮用水源安全的首要因素。农业面源污染具有量大面广、瞬时性强、构成复杂等特点，其产排污量削减与控制技术成为目前环境领域的重大技术挑战，也是我国农业经济、社会、生态环境和谐发展的瓶颈。

为了保护和改善农村环境污染，更好地归纳农村面源污染的特征，有针对性地进行农村面源污染综合控制技术的研究，寻求出一套技术可靠、经济实用、有效可行的农业污染控制技术。该项目以农业生产强度高、化肥农药施用量大的海南地区为项目研究地对亚热带农业污染进行系统研究。以探求这一地区农业污染的特征，减少和控制农业污染的有效手段，探索并总结适合亚热带地区的少污农业生产模式。

2 研究内容

在我国亚热带地区构建环境友好型种、养、林相结合的大农业生产模式，开展①基于营养循环生产模式中各产业的能量与营养需求过程定量分析与污染物排放源头控制技术研发；②基于污染物最小排放的种养物（废）料综合利用技术集成研究与应用；③种养区域径流污染控制与水资源循环使用技术研究；④基于污染物最小排放的生态循环养殖成套技术研究；⑤循环生产链物质动态平衡调度技术研究；⑥农业营养物循环利用中毒害污染物风险评估技术研究。

3 研究成果

（1）通过大量调研与系统实测，确定了主要作物对畜禽养殖粪便最大消纳能力

通过对不同作物、不同施用量的耕种，从保证作物产量和控制主要污染物流失情况两个方面确定各种作物种植过程对畜禽粪便的消纳能力。以该消纳系数为基础，结合 2007 年全国污染源普查农业源污染普查的结果，为制定 2011 年全国农业源减排核算细则提供了科学依据。

（2）研究开发了畜禽养殖污染系统控制成套技术与方法

通过集成与创新形成了包括源头削减、过程控制与末端治理的全过程畜禽养殖污染系统控制成套技术与方法；通过改变生猪养殖过程中饲料结构和精确控制饲料供应量，排泄物中主要污染物 TN、TP、NH_3-N、COD_{Cr} 的含量分别降低了 33.86%、67.36%、47.27% 与 42.90%；采用干清粪工艺可以有效控制畜禽粪便中污染物进入水体，减少对水环境的污染负荷；构建了厌氧 + 氧化塘 + 生态沟的养殖废水末端处理技术。

（3）通过模拟试验结合大田观测，研发了种植业污染灵活机动源头控制成套技术

开展以有机肥为主的配方施肥在农业氮磷流失控源减排方面的效果研究，以有机肥为主的配方施肥技术，对不同的种植对象，以配方施肥与传统施肥比较，可降低径流氮磷排放浓度达 15% ～ 70%，有效减少氮磷流失。

研究证实地膜、秸秆覆盖技术均可有效降低径流中主要污染物的浓度，减少流失量。亚热带降雨条件下秸秆覆盖可使径流中 TN、TP、COD 和 SS 浓度分别降低 24.83% ～ 42.44%、11.26% ～ 49.47%、21.00% ～ 40.53%、10.81% ～ 34.59%，削减总氮排放量为 8.68% ～ 17.48%，削减总磷排放量达 7.26% ～ 24.85%，秸秆覆盖不仅有效控制了种植过程污染物的排放，同时可充分利用消纳种植业产生的固体废弃物，还能避免地膜覆盖带来二次污染的问题。

根据对试验地区降雨的统计分析，结合径流监测试验，亚热带降雨条件下，每亩旱地配置容积为 5.5 m^3 的径流收集池可截留 90% 降雨事件下 80% 的径流量。研究表明，初排径流在径流收集池停留 4h 后，SS、TN、TP、COD 的平均去除率分别为 61.16%、34.97%、62.40% 和 43.17%；停留 8h 后，SS、TN、TP、COD 的平均去除率分别为 87.34%、49.62%、87.14% 和 53.36%。通过在旱地排水口设置初排径流截留池，较小降雨时可将径流全部截留，实现零排放，较大降雨且径流量超过截留池容积时，可只截留降雨初期的径流，将浓度最高的径流水截留于径流收集池，经沉降处理后再排放，通过灵活的调控措施，实现径流污染的有效控制。

（4）种植业污染末端治理技术：排水生态沟渠治理技术

研究了亚热带气候条件下，人工强化生态沟渠对农田径流氮磷的控制效果，结果表明：经过改造后的生态沟渠对径流污水具有一定的调蓄和净化作用，多数情况下生态沟渠出水口 COD、TN、TP 浓度均低于进水口浓度，构建的三级生态沟对农田径流中 COD、TN、TP 的去除率分别在 24.2%～85.9%、8.2%～59.4% 和 24.5%～84.7%，利用农田支沟构建的生态沟对径流中的氮磷等主要污染物形成了较好的滞纳和削减作用。亚热带地区降雨通常强度大，历时短，具有较强的冲刷作用，初期径流中污染物浓度高，因此生态沟渠用于亚热带地区农田径流污染控制具有更加明显的效果。

（5）研究证实了兽用抗生素类毒害物可在土壤-作物体系中进行迁移累积，
　　　通过畜禽粪便的预处理、控制施肥时间和施肥方式可有效减少畜禽粪便
　　　中残留兽用抗生素在农作物中的残留

（6）研究构建了三套适合亚热带地区农业污染系统控制生产模式

在对亚热带地区主要农业作物品种、需肥量、需肥规律的调查基础上，研究与开发少污农业种植技术，根据养殖产污量与种植需肥量的比例关系，以种、养系统内物质与能量最大限度循环为原则，构建了 3 套适合亚热带不同自然与生产条件下的农业污染系统控制生产模式：①以种植为主的农业污染系统控制生产模式；②以畜禽养殖为主的农业污染系统控制生产模式；③以水产养殖为主的农业污染系统控制生产模式。

4　成果应用

课题研究取得了畜禽（猪、鸡、牛）养殖废物产排污状况的实测成果，该成果为国家制定"十二五"主要污染物总量控制规划中农业源部分提供了直接技术支持；应用于全国污染源普查动态更新，环境保护部总量司农业源统计与总量减排核查工作。课题研究提出的我国亚热带农村地区"种、养、林"多产业间营养物质循环利用的大农业生产模式，已经被海南省部分地区的企业采用，如本课题提出的大农业生产模式在海南林优种苗有限公司、海南文昌县丰利农业开发有限公司得到应用和推广；课题提出的污染系统控制理念及模式应用于福建、海南等省畜禽养殖污染防治中。

5　管理建议

（1）制定向农业污染防治倾向的法规政策

我国现有的环境保护法及大气污染防治法、水污染防治法等环保法规，主要是针对工业与城市污染防治的，而农业法等法律、法规主要是针对如何提高农业经济效益。地方性法律规章及各部门的规章、政策都是依据法律的框架制定的，针对农业污染防治的法律框架。我国目前还没有综合性管理制度和促进全社会防治农业污染的政策。

现有的农业污染管理政策中，主要针对农药和化肥的生产、运输、营销、保管、使用等环节，基本属于生产安全的范围，其价值取向仍是保障以化学化促进农业产量，没有规定肥料、农药等使用不当造成污染行为的责任和罚惩。相反，国家为降低农业生产成本，对化肥、农药生产企业实行补贴，其政策效果实质是刺激了化肥、农药的大量滥施用，而对能改善环境的农业废弃物循环利用，减废生产方式及有机肥料则没有补贴等鼓励政策。农业是微利乃至无利行业，任何利于环境的举措都有一定的投入代价，政策不鼓励、无补贴相当于政府不支持农业污染防治的实施。因此农业污染防治政策上的缺陷是我国农业污染防治工作必须解决的首要问题。

（2）环境与农业部门必须联合制定利于污染控制的农业生产技术标准

国内外经验都表明，控制污染必须从生产源头控制开始，改善生产方式。我国实施清洁生产以控制污染已在工业生产中取得巨大成效，并已渐成社会法则。而农业生产还处于为高产量（甚至是低质量产量）而置环境于不顾的阶段，其实质的表现是主管部门没有制定和执行限定污染物产生和保护农田可持续安全利用的农业生产控制标准和技术规范。相对于工业少耗低废、清洁生产而言，我国农业生产过程的污染控制和管理的技术标准相当于还没有起步。因此，建议环境保护部主动商农业部制定从生产源头控制农业源污染产生的管理制度，联合制定保护生态环境的限定性农业生产标准和技术规范。我们认为，只有制定完善的农业生产全过程污染控制技术标准，才能规范各类农业生产，实现少耗、低污、高效，才能实现农业污染的国家目标。只抓末端减排，是控制不了农业污染的。

（3）要将农业环境监管机制列为探索中国特色环保道路的重要组成部分

目前，我国农业环境监管机制很不健全。各级环境保护部门工作职责主要忙于工业和城市环境监管，真正能投入到农业污染控制和环境监管的人力、物力和精力都很为有限。且民以食为天，农业事关全国人民的"天"，食品保障重于污染防治，应该坦承对此环境部门本身不好管也不太懂管，各级农业行政主管部门以发展农业生产为主要目标，污染防治和环境保护并非其主要职责，没有量化的考核指标。而鉴于我国农业环境污染日益严峻的形势，本研究认为环境保护部应组织深入开展农业环境保护新机制的探索，形成从中央到地方由政府"一把手"直接负总责，农业部门负全过程控制直接行动责任，环境保护部门负责全过程监督监管责任，各部门各司其职，以形成齐抓共管的农业污染控制与治污的全新工作局面。

（4）适时调整农业区划，促进种养平衡生产模式的实施

我国现有农业产业布局不合理，种、养、林结构地区不平衡，在这种农业布局结构下，在以养殖业为主地区，集约化畜禽养殖业产生的大量养殖废弃物得不到合理利用成为重要的养殖污染源；而另一方面，在种植业为主的地区，大量使用化学肥料、农药等

外源性物质，不但造成种植业面源，而且导致土壤结构变化、地力下降。本项目组的研究结果认为，解决我国农业污染的根本出路在于必须建立"种养物质循环利用生产模式"，为此必须适时调整农业区划，实施农、林、牧、副、渔业合理配置的区域农业产业结构，形成以区域农业废物循环利用总量平衡控制为目标的农业循环生产污染防治体系，并形成反映了区域环境特征和农业生产特点的农业环境管理和污染控制与治理技术规范、农业环境评价指标体系，在此基础上，建立一套功能完善、科学合理、操作性强的农业环境监测体系，以保障农业环境可持续利用、食品安全和国家生产环境的稳定。

6　专家点评

该项目系统地总结分析了亚热带地区农业生产及产排污特征，采用模拟观测结合大田实测相结合的研究方法，系统测定了各主要养殖品种的产排污情况和主要种植品种对养殖废弃物的消纳能力，筛选了适合亚热带地区养殖业与种植业污染控制的源头削减、过程控制与末端治理的污染防治技术体系，通过集成创新构建了基于农业生产各环节污染最小排放的循环农业生产模式，并开展了应用示范。项目研究成果应用于第一次全国污染源普查动态更新工作中，环境保护部总量司农业源统计与主要污染物总量减排核查工作。研究提出的我国亚热带农村地区"种、养、林"多产业间营养物质循环利用的大农业生产模式，已在海南省部分地区的企业得到应用和推广；提出的污染系统控制理念及模式应用于福建、海南等省畜禽养殖污染防治中。该项目提出的农业污染系统控制技术与理念对于我国亚热带地区农业污染系统控制与治理供了新途径与思路，提出的以畜禽养殖业为中心的农业污染控制成套技术，为我国亚热带地区农业污染控制与治理提供了有效的技术支撑。

项目承担单位：环境保护部华南环境科学研究所、湖南农业大学、海南创利农业开发
　　　　　　　有限公司
项目负责人：蔡信德、许振成

第三篇
环境与健康领域

2008 NIANDU HUANBAO GONGYIXING
HANGYE KEYAN ZHUANXIANG XIANGMU
CHENGGUO HUIBIAN

我国主要大气污染物的健康风险评估及相应环境质量标准修订的预研究

1 研究背景

当前，我国急需基于本国的大气污染流行病学调查，制修订环境空气质量标准。2006 年 10 月，WHO 发布了《全球大气质量指南》，对主要空气污染物的浓度指导值进行了新的规定。与我国《环境空气质量标准》（GB 3095—1996）相比，其限制远为严格。我国未来在结合 WHO 指南、修订大气质量标准方面，存在很大难度和压力，短期内不可能完全达到 WHO 要求，离 WHO 过渡时期目标也有相当距离。能否在我国当前较高的大气污染水平和较严格的 WHO 大气质量指南之间，基于我国自己的暴露反应关系，制订适合国情的环境标准，从而在一定程度上保护居民健康，具有重要的现实意义。而时间序列研究是国际上评价大气污染短期暴露对人群健康影响的公认方法，是制定环境空气质量标准日均值的重要依据。时间序列方法得出的每日大气污染物浓度与居民死亡或发病的暴露—反应关系（包括曲线形状和系数大小），是 WHO 和美国 EPA 开展健康风险评估、制定大气污染物日均指导值和过渡目标的重要依据。

该项目通过多城市同步进行的环境流行病学研究，建立符合我国国情的大气污染健康危害暴露反应关系，分析是否存在阈浓度及其数值；结合我国文献以及居民大气污染暴露评价结果，进行健康风险评估，提出大气质量（日均值）修订初步建议，为国家环境管理部门全面评价大气污染健康风险和进行污染控制提供科学依据。

2 研究内容

1）基于环境流行病学研究，提出我国大气污染（PM_{10}、SO_2、NO_2）对城市居民死亡影响的急性暴露—反应关系。针对我国 17 个代表性城市（京津唐：北京、天津、唐山；长三角：上海、杭州、苏州、南京；珠三角：广州、香港；东北：沈阳、鞍山；中西部：兰州、太原、乌鲁木齐、武汉、西安；其他：福州）的 8 000 万居民，以总死亡、心血管系统疾病死亡和呼吸系统疾病死亡为健康效应终点，研究了居民大气污染短期暴露对居民逐日死亡影响的特点，并定量分析了健康风险的大小。

2）基于毒理学研究为大气污染的健康风险评估提供生物学机理机制方面的证据。本研究采集了珠三角（广州）、长三角（上海）、京津唐（天津）和西部（西安）代表性四个城市的大气 PM_{10} 样品，选用 SPF 级健康雄性 Wistar 大鼠，采用气管滴注法一次染毒 PM_{10}，染毒 24 h 后处死动物，完成毒理学检测。观察的健康效应终点包括：心血管系统急性毒性、呼吸系统急性毒性、全身炎性反应和凝血功能等。

3）基于环境流行病学和环境毒理学研究结果，评价我国现行环境空气质量标准主要指标（日均值）的健康风险。基于本研究得出的我国自己的暴露—反应系数，定量评估我国国标相对 WHO 指导值会增加的健康风险；通过与国际上可接受的健康风险值的比较，结合我国国情，提出环境空气质量日均值标准的修订建议，供决策者参考。

3　研究成果

（1）我国 17 个城市大气污染与居民死亡关系的时间序列研究

该研究发现我国部分城市大气污染严重。比如，该研究涉及的我国 17 个主要城市，大气 PM_{10} 年平均浓度从 52 $\mu g/m^3$ 到 156 $\mu g/m^3$ 不等；绝大多数城市 PM_{10} 污染水平超过 WHO 发布的《全球空气质量指南》。

大气污染物（PM_{10}、SO_2、NO_2）短期暴露会增加我国城市居民死于心肺系统疾病的风险，其对人群健康影响不存在阈值。综合 17 个城市研究结果的 meta 分析表明，大气 PM_{10}、SO_2 和 NO_2 每增加 $10\mu g/m^3$，我国城市居民死亡风险分别增加 0.35%、0.77% 和 1.63%。同时，该研究观察的污染物与居民死亡的暴露反应曲线，均呈现无阈值的直线暴露—反应关系。

我国大气污染健康危害的区域特征明显。东南沿海城市（如福州、广州、香港等）大气污染水平低，但单位浓度污染物的健康危害较大；西北地区（如兰州、西安等）大气污染水平较高，但单位浓度污染物的健康危害较低。

我国大气污染物（PM_{10}、SO_2、NO_2）单位浓度的急性健康危害较发达国家低。分析原因有三：一是浓度水平不同。我国大气污染物的浓度远较欧美国家为高，高浓度下人群的暴露—反应曲线往往趋向平坦，这个现象在最新的国外流行病学研究中已经被证实。二是颗粒物化学组分不同。在美国和西欧，大气颗粒物主要来源于机动车尾气排放。我国多数城市大气颗粒物污染呈现煤烟和机动车尾气混合型。在各种来源颗粒物中，机动车排放的颗粒物对人体健康影响最大，自然来源的颗粒物毒性较低。三是年龄结构不同。欧美国家老年人口，特别是高龄老年人口较多，其大气污染的易感人群比例也较我国为高。

我国 SO_2、NO_2 具有独立的急性健康危害。该研究发现，我国大气 SO_2、NO_2 仍具有独立于颗粒物的健康危害。在调整了 PM_{10} 以后，SO_2、NO_2 与居民总死亡、心血管疾病死亡和呼吸系统疾病死亡仍具有显著性的关联。

（2）我国典型城市大气颗粒物的毒理学研究

该研究发现我国城市大气 PM_{10} 短期暴露确有健康危害，且危害主要集中在呼吸、心血管和血液系统。PM_{10} 染毒 24h 后，与对照组相比，Wistar 大鼠出现肺、心和血液系统的炎性损伤，抗氧化能力有下降的趋势，且统计学差异显著（$p < 0.05$）。各系统指标改变包括：

肺：肺泡灌洗液中细胞总数、炎性因子 IL-6、LDH、总蛋白、酸性磷酸酶、碱性磷酸酶显著升高；肺脏组织 MDA、8- 羟基脱氧鸟苷含量升高，SOD 降低。

心脏：心脏组织中 IL-6 和 8- 羟基脱氧鸟苷含量升高，SOD 含量降低。

血液：全血细胞淋巴细胞计数升高，中性粒细胞降低，hs-CRP 升高，IL-6 升高，MDA 升高，SOD 降低。

大鼠肺泡灌洗液分析结果提示，我国大气 PM_{10} 的毒性也存在区域特征。即东南沿海城市大气颗粒物的毒性较大，而西北地区颗粒物毒性相对较低。这与流行病学调查发现的我国大气 PM_{10} 人群健康危害的区域特征相符。

（3）对我国现行环境空气质量标准（日均值）的风险评价

1）我国现行 PM_{10} 日平均二级标准（$150\mu g/m^3$）对应的健康风险可以接受。根据本研究得到的暴露反应关系，PM_{10} 日平均浓度每增加 $10\mu g/m^3$，我国居民总死亡增加 0.35%。因此，与 WHO 日均准则值 $50\mu g/m^3$ 相比，$150\mu g/m^3$ 将使我国居民短期暴露的死亡风险增加 3.5%。这是一个国际上可以接受的风险水平（介于 WHO 过渡目标 1 和 2 之间的风险水平）。

2）我国现行 SO_2 日平均二级标准（$150\mu g/m^3$）对应的健康风险与国际水平相比较高。本研究发现，SO_2 浓度每增加 $10\mu g/m^3$，居民总死亡增加 0.77%。与 WHO 日均准则值 $20\mu g/m^3$ 相比，$150\mu g/m^3$ 将使我国居民短期暴露的死亡风险增加 10.0%，该健康风险值与国际可接受水平相比较高。

3）我国现行 NO_2 日平均二级标准（$120\mu g/m^3$）对应的健康风险较高。本研究发现，NO_2 浓度每增加 $10\mu g/m^3$，居民总死亡增加 1.63%。但 WHO 未推荐 NO_2 的日平均浓度限值，因此难以定量计算评估现行 NO_2 标准的健康风险。考虑到本研究未发现 NO_2 健康效应存在阈值，我们认为我国现行 NO_2 日平均标准对应的健康风险仍然较高。

4 成果应用

1）向环境保护部提交《我国主要大气污染物的健康风险评估及相应环境质量标准修订的预研究》报告等文件。

2）依托项目提出的我国全国范围大气污染与健康的急性暴露反应关系，对《环境空气质量标准》（征求意见稿）提出了修改建议。

3）研究成果被《环境空气质量标准编制说明》、《上海市大气成分监测网》采纳。

5 管理建议

（1）我国 PM_{10} 日平均浓度标准值（二级）可保持 1996 年国家标准（150μg/m³）不变，但 SO_2 和 NO_2 日平均标准值（二级）建议加严至 125μg/m³ 和 80μg/m³

PM_{10} 日平均浓度 150μg/m³ 对应的居民健康风险，在国际上可以接受。而且，PM_{10} 日平均浓度 150μg/m³ 也与 WHO 的过渡目标 1 一致。

我国现行 SO_2 国家标准的健康风险较高。结合我国国情，我们建议我国 SO_2 日平均二级浓度标准值加严至 125μg/m³，与 WHO 过渡目标 1 保持一致。

我国在 2000 年，将 1996 年国标版本的 NO_2 日平均浓度限值由 80μg/m³ 改为 120μg/m³。本研究发现我国城市中大气 NO_2 具有独立的健康危害，且不存在明显的阈值效应。因此，我们建议 NO_2 日平均浓度限值恢复至 80μg/m³，这也与欧美等发达国家的日平均浓度限值接轨。

（2）坚持 SO_2 总量控制政策，同时 NO_x 纳入总量控制

此前欧美进行的研究多认为颗粒物（尤其是粒径较小的颗粒物）是影响居民健康的主要大气污染物。本研究发现，大气颗粒物、二氧化硫和氮氧化物在我国均具有独立的重要健康危害。我国已实施多年的颗粒物和二氧化硫总量控制制度对保护国民健康意义重大，未来仍然需要继续加强。同时，随着我国大气污染特征向机动车尾气—煤烟复合型转变，我国也应将氮氧化物纳入总量控制目标体系。

（3）环境空气质量管理可考虑分区、分阶段实施

本研究发现，我国大气污染健康危害的区域特征较为明显，东南沿海城市单位浓度污染物健康危害较大，西北地区较低。因此，我国未来在修订和实施环境空气质量新标准、推动污染控制和排放时，有必要分区域、分阶段实施。

6 专家点评

该项目在我国 17 个代表性城市，开展了我国迄今为止最大规模的大气污染急性效应的流行病学调查，首次提出了我国特有的、与西方国家不尽相同的暴露反应关系，这为科学修订我国大气质量日均值标准提供了重要科学依据。该项目在国内外权威或核心刊物发表一系列重要论文，并在我国 17 个城市锻炼了一批从事大气环境与健康工作的基层研究队伍，研究成果也被《环境空气质量标准编制说明》、《上海市大气成分监测网》采纳。该项目研究成果对未来我国环境空气质量标准的制修订和环境与健康的风险管理具有重要的参考价值和技术支持作用。

项目承担单位：复旦大学、北京大学、南开大学
项目负责人：阚海东、陈秉衡

多环芳烃类持久性有机污染物的健康风险评估方法研究

1 研究背景

当前我国正处于工业化中期，经济高速发展，由于工业和生活燃煤、燃油等能源和燃料消耗量加剧而导致的空气污染成为当前环境保护工作面临的最主要的问题之一。多环芳烃是一类燃烧副产物，来源于煤炭、石油等有机污染物的裂解和不完全燃烧，也是最早被关注和研究的一类环境致癌物。迄今发现的多环芳烃有上百种。美国环保局规定16种多环芳烃化合物为优先污染物，联合国欧洲经济委员会规定多环芳烃（PAH）为"长距离越境空气污染物公约"污染物之一，联合国环境规划署（UNEP）也把多环芳烃列入了持久性有毒物质（PTS）名单之中。我国环境空气质量标准中对多环芳烃类代表化合物苯并［a］芘的浓度限值做了规定，这是标准中唯一的一项有毒有害有机污染物。

由于工业、生活燃煤用量和城市机动车燃油用量的增加而造成的多环芳烃类化合物的污染问题日益显著。研究表明，我国多环芳烃的排放量为11.4万t/a，占全世界的22%。我国各大城市和农村室内外空气、水体、土壤、食品中均不同程度存在多环芳烃污染，人体通过呼吸、饮食、皮肤均可能接触到多环芳烃，产生潜在的致癌、致畸、致突变影响，多环芳烃已成为威胁我国居民健康的主要有机污染物之一。开发多环芳烃的暴露和健康风险评估的技术方法对于预测多环芳烃暴露的健康风险，以及尽早采取控制对策具有重要的意义。定量评价环境污染物对人群健康的风险，以更科学合理地制定环境标准和政策措施，控制环境污染，保护人体健康，成为当前环境管理的迫切需求。

2 研究内容

本项目的研究内容包括：

1）研究基于群体环境多途径暴露的健康风险评估方法；

2）研究基于个体多途径外暴露的健康风险评估方法；

3）筛选多环芳烃生物标志物，建立基于个体内暴露及暴露—效应关系的健康风险评估方法；

4）编写多环芳烃类有机污染物健康风险评估技术方法导则。

3 研究成果

（1）研究优化并建立了基于环境暴露的多环芳烃暴露评价和健康风险评价的模型和评价方法

通过调查获取了暴露参数，并通过典型地区的研究对理论框架模型进行了优化，优化后的健康风险评价模型较理论框架模型更加简捷适用。模型的输入参数是环境空气中多环芳烃的浓度和室外停留时间。模型的不确定性主要来源于暴露浓度和暴露参数评估的不确定性。该模型可以应用于对人体暴露环境空气（室外）中多环芳烃的健康风险评价，对于城市或区域层面的农村、城市地区环境质量评价和管理中均可以予以应用。

用该模型在太原地区的评价结果显示，城市居民暴露环境空气中 PAH 的终身增量致癌风险是 3.03×10^{-6}（比例数），农村为 1.64×10^{-6}。城市是农村的 2 倍。这主要是由于城市环境空气（室外）PAH 的污染浓度高于农村，尤其是致癌性 PAH 的含量比较高的原因。室外 PAH 暴露对该地区居民肺癌死亡率的贡献是 1.04% 左右（城市）和 0.56%（农村）。

研究通过对多介质模型的优化，建立了直接基于能源使用量的 PAH 环境健康风险评价模型，输入变量是能源的使用量。模型的不确定性主要来源于排放因子的不确定性。该模型可以应用于大尺度的环境健康风险评价，对于能源使用政策、节能减排等措施的采取和实施效果评价等环境管理环节具有较大的应用价值。

（2）研究建立了基于个体外暴露的多环芳烃健康风险评价模型和方法

通过典型地区的适用性和验证研究，建立了基于个体 24h 实际外暴露（室外空气＋室内空气）的评价模型。该模型的输入变量是个体呼吸暴露的浓度，需要通过对受试者的采样分析来获取。

用该模型在太原地区的评价结果显示，城市居民暴露环境空气和室内空气中 PAH 总和的终身增量致癌风险是 7.38×10^{-5}，农村为 3.94×10^{-5}。这个评价结果高于基于环境暴露的评价结果。这说明同时考虑到了室内和室外的呼吸暴露，对实际呼吸暴露的评价也更加准确。城市依然高于农村。室内外 PAH 暴露对于该地区人群肺癌死亡率的贡献率是 25.5%（城市）和 13.59%（农村）。

该模型可以应用于个体的风险评估，同时通过代表性个体的评价，也能够在一定程度上反映该组人群的健康风险水平。在此基础上，研究建立了基于个体暴露的多环芳烃健康风险评价技术规范。

（3）研究建立了基于个体内暴露的多环芳烃健康风险评价模型和方法

通过典型地区研究，建立了基于个体内暴露（室外空气＋室内空气＋其他暴露途径）的评价模型。该模型的输入变量是个体尿液中 PAH 代谢产物的浓度，数据需要通过对受试者的采样分析来获取。

用该模型在太原地区的评价结果显示，城市居民暴露环境空气中 PAH 的终身增量致癌风险是 6.65×10^{-4}，农村为 1.19×10^{-3}。这个评价结果高于远基于环境暴露和个体暴露的评价结果。这说明可能其他因素（如吸烟、饮食）对暴露结果的影响。该评价模型更加能够反映个体通过多途径对 PAH 的暴露水平。该模型可以应用于个体的风险评估，同时通过代表性个体的评价，也能够在一定程度上反映该组人群的健康风险水平（室外空气＋室内空气＋其他暴露途径）。在此基础上，研究建立了基于个体内暴露的多环芳烃健康风险评价技术规范。

（4）研究构建了多环芳烃健康风险评价方法体系，形成了系列技术规范

通过对不同层面的环境健康风险评价模型评价结果的比较发现，健康风险评价结果呈现出的规律是：基于个体内暴露＞基于个体外暴露＞基于环境空气暴露＞基于能源利用模型，且预测致癌风险依次高一个数量级。这是由于基于能源和基于环境暴露（只反映"室外"暴露）、基于个体外暴露（可反映"室内＋室外"暴露）、基于个体内暴露（反映"室内＋室外＋其他途径"）模型，即不同层面的暴露评价逐渐接近个体实际多环芳烃的暴露剂量，暴露评价的准确性依次升高，因此所评价的风险也更加接近个体的实际风险水平。

（5）咨询报告

为环境保护部提交《中国多环芳烃污染与健康危害》咨询报告。

（6）专利

申请专利两项，一项实用新型专利"个体暴露空气中多环芳烃污染物的样品采集装置"，该专利可以同时采集颗粒物和气相中的多环芳烃，大大地提高采样的准确性；同时有效地检验了样品采集的穿透率，有效地保证了采样的质量和效率。另一项为发明专利"多环芳烃污染物个体呼吸暴露的评价方法"，该方法可以有效地评价个体呼吸暴露空气颗粒物和气相中多环芳烃的浓度和剂量。

（7）专著

出版专著 2 部，分别为《多环芳烃污染的人体暴露和健康风险评价方法》和《暴露参数的研究方法及其在环境健康风险评价中的应用》。

（8）论文

项目发表科研论文 69 篇。包括期刊论文 39 篇，其中 SCI 14 篇；会议论文 30 篇，其中国际会议 27 篇。

（9）软件包

形成了多环芳烃健康风险评估软件包，申请获得《多环芳烃暴露评价风险评价平台》软件著作权。

（10）人才培养和队伍建设

以本项目为依托，培养博士后 1 人（已出站），博士生 2 名（在读），已经毕业的硕士 4 名。

4 成果应用

本项目确定的多环芳烃健康风险评价指标体系和方法为"全国重点地区环境与健康专项调查"（以下简称专项调查）（环办 [2011]143 号）中《环境与健康风险评估技术指南》的编写提供了重要的技术支撑；提出的有关技术规范体系和风险管理理念为《国家环境保护"十二五"环境与健康工作规划》（以下简称《规划》）（环发 [2011]105 号）编制过程提供了重要参考，"环境与健康风险管理"纳入了《规划》重要领域和工作内容；为太原市制定《太原市环境保护"十二五"规划》中关于"彻底解决城中村小锅炉污染问题"等重点工作的部署方面发挥了重要支撑作用，该项目的研究成果也已经在鞍山、兰州两个城市初步予以推广应用。该项研究成果具有在我国其他地区推广应用的广阔前景；研究开发的多环芳烃健康风险评估模型及软件包，可作为相关科研、技术、管理人员进行风险评估和风险管理的评价方法参考。

5 管理建议

（1）建议环境保护部能够考虑将该研究中产生的技术规范列入标准制修订计划

该研究建立的技术导则尚属建议稿，若要真正在管理中予以应用，需要纳入标准体系，以技术规范的形式予以发布。建议能够纳入标准体系，并按照有关程序逐渐予以发布，以能够使得该研究成果更加成熟完善，并能够让更多的科研管理人员予以应用。

（2）建议加强对暴露参数的研究

通过健康风险评估方法和模型的研究发现，暴露参数是模型中最关键的参数。然而我国在这方面的数据相对薄弱，要想提高暴露参数的准确性，建议今后加强对暴露参数的研究，形成适合我国居民的暴露参数手册，以使得相关领域的科研人员在健康风险评估中能够予以参考。

（3）建议加强对多环芳烃的污染防控和风险管理

"十二五"期间，"削减总量、改善质量、防范风险"将成为环境管理的三个着力点。通过二氧化硫和氮氧化物两项约束性指标，可实现空气中"削减总量"的目标，然而，要达到改善环境空气质量、防范空气污染健康风险的目标，选取科学合理的指标和评价方法是环境管理的必然需求。苯并 [a] 芘是我国现行环境空气质量标准中的唯一一个有机污染物。我国从 20 世纪七八十年代起就已经在各城市开始了苯并 [a] 芘大气环境空气质量的监测工作，在 20 世纪 80 年代完成的 26 个城市大气污染与居民死亡情况调查报告中就有关于城市大气苯并 [a] 芘的监测结果。因此，以空气中苯并 [a] 芘作为特征污染物的指标，用于评价城市空气质量的综合情况，以及评价其对人体健康的保护情况是合理可行的。虽然在"十二五"期间全面实现风险管理并不现实，但是探索方法、积累有关数据和信息基础、储备能力是为未来实现防范风险的基础。

6　专家点评

该项目以太原为典型现场，首次从环境介质、个体外暴露和个体内暴露三个层面由表及里层层深入地研究和建立了多环芳烃暴露的健康风险评估模型和方法，并最终提出了多环芳烃类有机污染物健康风险评估的技术导则。该研究摸清了我国多环芳烃的健康风险状况，为有针对性地加强多环芳烃的污染防控、节能减排等措施的实施提供了重要的政策建议；研究形成的系列评价模型技术导则对于在我国同类地区开展多环芳烃暴露和健康风险评价具有重要的参考价值，对于推动多环芳烃类污染物的风险评价和管理工作具有重要的意义，为环境管理提供了有力的支撑作用。

项目承担单位：中国环境科学研究院、北京大学、中国疾病预防控制中心环境与健康
　　　　　　　相关产品安全所、太原市环境科学研究设计院
项目负责人：段小丽

有毒有害污染物在体脂中的蓄积与健康风险分析

1 研究背景

目前，全球的化学物质达 1 000 余万种，每年仍以 10 余万种的速度递增，其中常用的有 7 万～8 万种，我国常用的 4 万余种。高强度的工业生产和频繁的人类活动直接导致大量的有毒有害化学品进入到环境中，对环境和人体健康构成了直接的或潜在的威胁。世界卫生组织《2010 年世界卫生统计》报告中指出：从世界范围的情况看，1/4 的疾病总负担是由环境危害造成的，其中有 1/3 以上发生在儿童当中。环境危害对健康造成的影响涉及 80 多种疾病和伤害类型。另一方面，改革开放以来，我国的社会经济发展取得了举世瞩目的成果，但是环境保护也面临前所未有的压力，环境与健康问题凸显，给社会经济、人民生活带来了巨大的负担，环境与健康管理已成为我国环境保护的重要工作内容。

该项目以"典型地区、高关注度有毒有害污染物"的健康风险为主要研究目标，在建立脂肪、土壤、水、农（水）产品中有毒有害污染物的快速筛查测定技术的基础上，选择确定了包括江苏、安徽两省的 3 个典型地区，开展典型地区体脂中有毒有害物质蓄积水平的调查分析；针对主要检出污染物，进行了较为系统的毒理学特性、内暴露与外暴露风险分析；综合体脂中的蓄积浓度、检出率、污染物的"三致"效应、生殖/发育毒性、环境激素作用等毒理学指标，确定了不同地区重点关注污染物名录，从而为进一步开展环境与健康研究与相关环境管理提供技术基础。

2 研究内容

1）研究建立脂肪样本中有毒有害物质的多残留监测分析技术，监测指标包括 POPs 杀虫剂、多环芳烃、多氯联苯、酞酸酯及化学农药等不同类别污染物 100 余种。

2）选择代表性地区进行调查，采样测定不同人群体脂中有毒有害物质含量，分析其在人体脂肪中的蓄积水平。

3）分析体脂中主要污染物来源，包括调研环境污染状况、农产品中污染物残留水平、调查对象的人口学、毒物接触史、饮食习惯等资料；系统分析主要污染物的毒理学特性，评估主要污染物的潜在健康风险。

4）开展重点污染物判定依据与判别方法研究，确定我国不同污染类型的典型地区健康影响重点关注的有机污染物名录，提出环境健康管理与进一步研究的建议内容。

3 研究成果

（1）研究建立了体脂与环境样本中有毒有害物质多残留筛查测定方法

通过对不同提取净化方法（ASE、SXE、GPC、SPE 等）、检测技术（GC、LC、MS、MS/MS 等）的比对及优化分析，建立了 295 种环境污染物在确定条件下的凝胶渗透色谱分析参数数据库，搭建了快速扫描、筛查、确证、定量技术基础平台；研发了高通量样品制备技术，集成了多种环境污染物多残留同时提取、GPC 在线净化浓缩技术；开发了体脂中 295 种环境污染物痕量残留的 GC-MS/MS、LC-MS-MS 和 GC-MS 检测技术，环境中 93 种环境污染物快速筛查测定技术，可为我国进一步开展有机污染类环境与健康调查提供相应的技术手段。

（2）典型地区人体脂肪中有毒有害物质蓄积水平分析

在苏皖等地选择 3 个不同污染类型的代表性地区，采集了 600 多个体脂样本和 400 多份流行病学调查信息，基本查清不同地区体脂中的主要污染物品种及其残留蓄积水平。其中，POPs 杀虫剂在体脂中的蓄积以 HCH、DDT 最为严重，DDT 平均浓度达 mg/kg级，最大值为 28.9mg/kg，HCH 最大值为 3.56mg/kg。六氯苯与灭蚁灵有检出，但浓度较低。狄氏剂、异狄氏剂、艾氏剂、七氯、氯丹 5 种 POPs 杀虫剂基本未检出。PCBs 类污染物虽有一定的检出率，但总体浓度非常低。体脂中 15 种 PAHs 普遍检出，总体浓度高达 mg/kg 水平。PAEs 也有一定的检出率，其中邻苯二甲酸二 (2- 乙基) 酯最高达47.3mg/kg。其他化学农药，如甲胺磷、三氯杀螨醇、杀虫脒、百菌清、除草醚、氟乐灵、三唑磷等有检出，但浓度均较低。

（3）主要污染物的环境残留水平

进一步地选择代表性地区，对环境污染状况、农药使用历史与现状、高发病、饮食习惯等进行了调查，及环境样本与农水产品中主要污染物的实检工作。水产品中 HCH、DDT、PAHs、PAEs 普遍检出，三氯杀螨醇、哒螨酮和氟乐灵等农药检出也较为普遍。土壤与地下水中 HCB、HCH、DDT 中也有一定的检出，其中 DDT 的残留浓度为最高。地表水与粮食样品中有机氯农药检出率和浓度总体较低。对比分析资料调研结果与实际监测结果，初步阐明了体内蓄积与环境暴露间的关联性。

（4）重要污染物的毒理学特性与流行性病学初步分析

应用北美杀虫剂数据库（PAN Pesticides Database）、化学品毒性数据库（Toxnet）、农药毒理数据库等调研了 200 多种污染物的毒理学特性（约 20 个指标），根据不同指标的毒性指示特性，对主要污染物的毒性进行了初步的排序分析；并应用 EpiData3.10 软件与 SPSS 软件对 PAHs、DDT 体内累积与地区、职业及疾病之间的关系进行了初步分析，取得了具有重要参考作用的初步结果。

（5）重点关注污染物确定

针对本次调查检测确定的高蓄积水平的主要污染物，综合慢性毒性、环境污染浓度、体脂中暴露浓度等因素，建立了重点污染物判定方法；并进一步明确了不同地区需重点关注的污染物品种。

4 成果应用

1）本项目编制标准建议稿 5 份，其中，"环境样品中 84 种有毒有害物质快速筛查测定"、"索式提取 / 气相色谱法同时测定大气中毒死蜱、哒螨灵、功夫菊酯、甲氰菊酯"、"尿液中毒死蜱代谢产物 TCP 液液萃取 / 液相色谱 - 串联质谱法测定"、"血液中毒死蜱液液萃取 / 液相色谱 - 串联质谱法测定"等，已在"全国环境与健康专项调查"中试用。

2）向环境保护部提交"十一五"科技成果展"有毒有害物质在体脂中的蓄积与健康风险分析"展板 1 份。

3）本项目研究取得的体脂中近 10 万个污染物残留水平实测数据、确定的典型地区潜在健康影响的重点关注污染物名单，可为我国环境健康管理的相关决策提供技术参考。

5 管理建议

1）有机氯农药（OCPs）、PAHs、PAEs 等有机污染物存在较高的潜在危害风险，应引起我国政府相关部门与学者的高度关注。

2）有机氯农药（HCH、DDT）在我国禁用已达 30 年之久，其在环境和作物中的残留水平较低，但体脂中的蓄积污染仍很严重，存在潜在健康风险；建议设立长期监控点，建立有效的"环境监测"与"疾病登记"工作机制，以科学评估 DDT 等 POPs 杀虫剂对人体健康的危害影响。

3）重视酞酸酯类污染物可能的健康风险，建议开展"区域 / 流域酞酸酯类化合物生产、使用及污染物排放情况调查"，加强酞酸酯类的环境监测技术研究与基础能力建设。

4）高度关注多环芳烃类污染物的潜在健康危害问题，建议立项开展多环芳烃对生殖健康与出生缺陷影响的调查研究。

6 专家点评

该项目以"典型地区、高关注度有毒有害污染物"的健康风险为主要研究目标，研究建立了脂肪、土壤、水、农（水）产品中有毒有害污染物多残留快速筛查测定方法，在苏皖两省选择 3 个不同污染类型的代表性地区，创新性开展了典型地区体脂中 148 种有毒有害物质在人体脂肪中的蓄积水平调查分析，取得了近 10 万个实测数据；针对主要检出污染物，进行了较为系统的毒理学特性、内暴露与外暴露风险分析；综合体脂中的检出情况、蓄积浓度、污染物的"三致"效应、生殖 / 发育毒性、环境激素作用等毒理学特性，确定了不同地区潜在健康影响重点关注污染物品种，为我国进一步开展环境与健康管理工作提供了基础性技术资料。

项目承担单位：环境保护部南京环境科学研究所
项目负责人：石利利

DMF（二甲基甲酰胺）环境暴露评估及综合风险评价的研究

1 研究背景

二甲基甲酰胺（DMF）作为近年来使用量剧增的一种优良有机溶剂和重要化工原料，广泛应用于合成革、腈纶纺丝、石油化工、医药、染料、电子等行业。由于 DMF 的易回收性，并能替代毒性更强的甲苯与二甲苯，其需求量将会继续高速增长。尽管毒性相对较低，DMF 仍属于美国 EPA 重点控制的空气有害污染物之一，长期暴露在 DMF 环境中，会对人体健康产生损害。目前，关于工作场所 DMF 对人体健康影响的研究国内外已有报道，暴露在高浓度 DMF 环境中，会对人的眼睛、皮肤、黏膜产生强烈的刺激作用，多次接触，会侵入皮肤，严重损害肝功能。但是，这些研究大都集中于工作场所，对公众长期暴露在 DMF 下所受到的环境危害研究未见报道。而且 DMF 应用行业也越来越广泛，加之目前国内尚未开展对其的普遍监测，被动暴露人群持续增加。因此，确定 DMF 对公众健康的长期影响，进而建立其环境暴露与评估模型，同时建立 DMF 风险评价体系及相应的应急方案成为一个亟待解决的问题。

本研究以合成革工业区为研究区域，模拟研究区域企业排放 DMF 的浓度时空分布情况；采用考虑人群出行特征的动态研究方法，结合 DMF 人群暴露分析，得到人群暴露水平；根据测定 DMF 人体代谢研究内暴露剂量；对研究区域内的疾病和入院情况进行实地调查，收集研究区域人群健康状况调查分析，结合暴露水平，建立不同疾病住院率与暴露浓度的关系；在此基础上考虑人群接触的空气、水和食物对暴露人群进行综合风险分析，最终建立 DMF 人群健康综合风险阈值。

2 研究内容

1）确定 DMF 排放清单计算方法并建立合成革企业 DMF 排放清单；

2）采用适应性调整后的 AERMOD 模型模拟研究区域研究年内 DMF 浓度时空分布；

3）调查区域内人群出行特征，确定不同人群在不同 DMF 浓度分布（微环境）中的活动时间权重，结合不同微环境空气中 DMF 浓度和人群出行特征，计算不同人群 DMF

暴露强度；

4）确定内暴露剂量评价调查人群，并采集其尿样测定 DMF 代谢物含量，对人体 DMF 代谢产物进行定量测定，结合同期外环境 DMF 暴露强度，研究不同暴露强度下人群 DMF 内暴露剂量水平；

5）选取呼吸道疾病、消化系统疾病（根据国际疾病分类 ICD-10）为 DMF 健康终点，采用时间序列和对照分析法，建立不同暴露强度下 DMF 与人群发病率的关系，并开展健康风险评估研究。

3 研究成果

（1）通过区域 DMF 浓度模拟和人群健康状况的调查，建立了 DMF 环境暴露浓度的动态评估方法

本研究中，提出了评估小区域范围内人群对非常规污染物的动态暴露水平计算方法。由于缺乏污染物的详细监测数据，为评估环境空气中污染物浓度水平，利用 AERMOD 模拟了污染物浓度时空分布。为获得人群日常活动水平数据，调查了研究区域人口 GIS 分布情况，并对区域内的居民进行了出行特征调查。基于污染物浓度时空分布和人群出行特征，计算研究区域人群在各个网格 DMF 年均和日均动态暴露浓度分布。

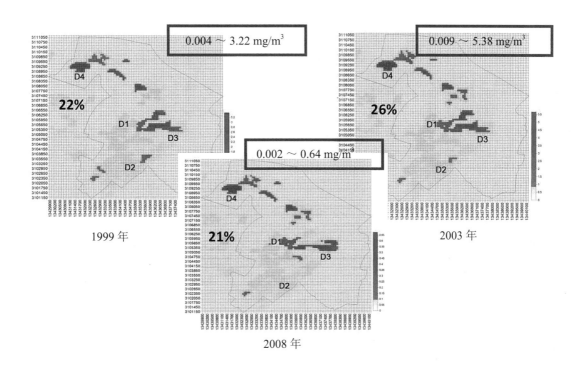

图 1 人群 DMF 年均暴露浓度网格分布

（2）建立了 DMF 内暴露评估的监测方法和评估体系

采用气相色谱法测定尿液中 DMF 代谢物 N- 甲基甲酰胺（NMF）的含量作为暴露强度；在此基础上对 DMF 高内暴露人群组参考临床症状进行肝功评价。

（3）基于 GIS 的人口和活动加权人群暴露评估方法建立了 DMF 人群暴露浓度和环境空气浓度与健康风险的相关关系

本研究根据 DMF 对人群的健康危害，选取肝病、呼吸系统疾病、消化系统疾病和总疾病每周入院人数作为健康效应终点，采用时间序列的半参数广义相加模型，在去除时间长期趋势、季节、气象等混杂因素的基础上，研究 DMF 污染与每周入院人数的暴露反应关系。具体见表 1。

表 1　DMF 暴露与人群每周入院人数的统计分析结果

健康效应终点	β	SE	t	RR	95%CI
肝病每周入院人数	0.003 59	0.001 14	3.14	1.382 79	1.130 19 ～ 1.691 86
呼吸系统疾病每周入院人数	0.003 28	0.000 729	4.51	1.344 63	1.181 90 ～ 1.529 77
消化系统疾病每周入院人数	0.003 32	0.000 58	5.73	1.349 50	1.217 87 ～ 1.495 35
总疾病每周入院人数	0.001 22	0.000 249	4.90	1.116 44	1.068 31 ～ 1.166 73
总疾病每周入院人数（男性）	0.000 38	0.000 359	1.06	1.034 90	0.971 21 ～ 1.102 78
总疾病每周入院人数（女性）	0.001 98	0.000 346	5.73	1.195 73	1.124 72 ～ 1.271 22

（4）建立了环境空气中 DMF 的风险阈值

本研究对 DMF 通过空气、水和食物介质对人群健康产生影响的途径进行综合分析，估算得到人群对环境空气中 DMF 的吸收剂量在 0.000 4 ～ 0.148（mg/kg）/d，整个区域人群平均吸收剂量为 0.02（mg/kg）/d；对地表水中 DMF 的吸收剂量在 0 ～ 0.009（mg/kg）/d。在总的吸收剂量中，环境空气的贡献率为 99.64%，地表水的贡献率为 0.36%，确定环境空气暴露是对人体健康威胁最大的形式。DMF 对人群健康的总风险系数在 0.038 ～ 14.78，平均风险系数为 2.076。

结合内暴露剂量与环境空气 DMF 浓度之间的关系，推算环境空气 DMF 浓度风险推荐值。当环境空气 DMF 浓度达到 0.48mg/m³ 时，人群健康风险系数处于高风险水平。当环境空气 DMF 浓度低于 0.19mg/m³ 时，人群健康风险系数处于低风险水平。

（5）发表的文章

共发表 SCI 收录论文 5 篇，中文文章 7 篇。

4　成果应用

（1）环境容量可达性分析

根据本研究的合成革排放清单建立方法，研究小组为国内四个新建的和一个已建的合成革基地进行了 DMF 环境承载力分析。根据 DMF 环境承载力，规定了合成革基地生产线的数量以及布局，并结合每条生产线排放 DMF 的总量以及环保治理设施的要求，确定了每条生产线最小的占地面积。

（2）合成革行业的综合整治

研究区域环保局根据本项目的研究成果对合成革基地进行了综合的整治。根据环境承载力制定了每个企业 DMF 的排放总量，并通过了验收。

5　管理建议

（1）环境空气质量模拟

由于对环境空气 DMF 浓度监测和预警工作不足等问题，可采用模拟浓度来代替监测浓度进行后续研究。模拟浓度精确到以小时为单位分析环境空气 DMF 浓度，可提供比监测值更加完备的数据。而实现的前提是要提高模拟值的准确度，要对模拟结果与实测值进行比对，不断调整模拟参数来达到模拟的准确性，得到的结果能真实反映环境空气污染情况。

（2）基于外暴露的危险性评价问题

基于研究区域的环境 DMF 浓度水平，经过 MOE 计算后，无论是在肝毒性指标还是生殖毒性指标方面，都达到了超过危险的水平。因此，应该制定 DMF 的环境质量标准。

（3）基于内暴露的危险性评价

由于目前评价内暴露的方法具有一定的局限性，特别是非生产环境的居民生活环境基本上都是低浓度暴露，我们目前采取的方法都是借鉴职业上高浓度暴露的安全性评价的技术手段，虽然有部分适用（主要是尿中 NMF 含量高的人群），但是还需要对大部分尿中 NMF 没有检出的人群的 DMF 暴露、吸收以及代谢的规律性以及个体差异等影响因素进行深入的研究。

（4）高危人群的潜在危害问题

动物研究和流行病学调查显示，DMF 对人和动物的生殖功能均有一定程度的损害作用。职业接触 DMF 的女工，怀孕与妊娠均会受到影响。我们将孕妇和幼儿作为高危人群。研究区域每年有 5 000 以上的孕妇，如果按本项目观察到的尿 NMF 检出率 5% 来推算，将达到 250 多名孕妇以及胎儿检测出 NMF，总体受威胁人数还是较大的，其潜在的健康危险性问题应该引起人们的高度重视。

（5）污染物暴露反应关系建立

受资料来源限制，本研究在建立 DMF 与人群健康的暴露反应关系时，仅将呼吸系统、消化系统和总疾病入院人数作为健康效应终点。而研究表明，污染物暴露可能与人群死亡率、住院率等健康效应指标有关。因此，今后可进一步研究 DMF 暴露与人群死亡、发病率等健康效应终点的暴露反应关系。

（6）环境治理工作

将幼儿园搬离污染地区：考虑到婴幼儿的高敏感性问题，将幼儿园设置在安全地带。

对孕妇开展健康教育活动：通过妇幼保健站，对育龄妇女和孕妇进行安全教育，使其自动远离 DMF 的污染。

对目前的《合成革与人造革工业污染物排放标准》（GB 21902—2008）进行再评价：由于 DMF 厂界无组织排放浓度限值为 0.4 mg/m³，而空气中平均 DMF 浓度 0.358 mg/ m³ 这个数值的 MOE 值达到危险级别，所以建议对排放标准进行再评价和修订。

生活区和 DMF 排放点之间建立隔离区：将 DMF 大气污染的影响降到安全程度。

6 专家点评

该项目建立了基于 GIS 系统的合成革区域空气中 DMF 浓度分布的估算方法，结合人群出行特征研究合成革区域 DMF 人群每日暴露情况，将 GIS 污染物浓度时空动态变化与人群出行动态特征相结合，综合评估了基于 GIS 的人群对污染物的暴露水平。采用本项目研究出的基于人口和活动加权人群暴露水平计算方法，评估了 DMF 人群暴露的健康风险，对合成革区 DMF 污染具有预警作用，对制定 DMF 环境质量标准提供参考资料。项目研究成果在合成革基地环境承载力及综合整治中的成功应用，对新建合成革基地容量和布局方面起到良好的示范作用。该项目的研究成果提出的 GIS 人群暴露水平评估方法，对未来我国评估其他有机污染物人群暴露水平评估提供了重要的参考价值和技术支撑。

项目承担单位：浙江大学、北京大学
项目负责人：张清宇

珠三角不同环境介质与食物中汞的含量、形态、来源、迁移转化和人体暴露水平研究

1 研究背景

汞是一种全球性污染物，由于其独特的理化性质和生物毒性已成为国际国内关注的热点污染物之一。毒性更强的甲基汞进入人体后，会引起中枢神经系统永久性损伤。目前全球汞含量的持续增加主要是人类活动造成的，各种人为源每年向大气排放汞的量为 2 000 ～ 2 600t，其中以煤为燃料的火力发电和垃圾焚烧占人类向大气排放汞的 70%。我国汞排放量占全球人为汞排放的 30% 左右，已成为全球工业用汞削减与人为源排放控制的主要目标之一。目前国内汞的研究方向较为零散，没有在燃煤使用量、经济发达的区域开展过汞的环境含量、人体暴露水平和风险评估的系统研究。珠江三角洲作为我国三大经济区之一，饮用水水源，土壤和沉积物都曾有汞污染的报道。同时，作为我国鱼类等水产品人均消费量最大的区域，有潜在的重要食物（尤其是鱼）暴露途径和暴露风险，然而这一地区开展的汞相关研究较少。因此，需要对珠三角区域不同环境介质和食物中汞的含量、迁移转化过程和人体暴露水平开展研究。

该项目通过对珠三角不同环境介质（水、沉积物、土壤、大气）、食物（鱼类、肉类和主食）与人发进行采样与分析，了解汞污染高风险区环境介质和生物体中汞和甲基汞的污染水平和人体暴露水平，通过土壤汞释放通量、燃煤汞排放因子（查阅）和垃圾焚烧汞的排放因子（实测），估算这一区域汞的自然源和人为源汞排放总量。这对于科学评价汞对人体健康的影响程度以及将来我国汞的谈判提供有力的技术与数据支撑，本项目的开展对国家和地方的中长期科技发展规划和实际需求都具有重要的意义。

2 研究内容

（1）珠三角区域不同环境介质、食物和人发中汞的含量和形态研究

研究珠三角区域典型城市不同功能分区（城市、郊区、农村和背景区）、不同环境介质（大气、土壤和水体）和主要食物（鱼类、肉类和主食）中不同形态汞的含量、分

布特点，为汞的环境污染水平、人体暴露水平和风险评估提供数据。

（2）珠三角地区人体汞暴露水平及评估

从两个途径研究人体汞的暴露水平，其一是以人体汞和甲基汞摄入量为主要指标，根据食物中的含量估算珠三角地区普通人群人体汞的暴露水平，将珠三角地区的人体汞摄入水平和世界卫生组织（WHO）和联合国粮食与农业组织（FAO）、美国、加拿大、日本和欧盟等公布的相关标准对照；其二是以汞污染高风险区（斑点区）暴露人群头发中的汞含量为指标，对比国外相关研究成果进行高风险区暴露人群暴露水平评估。

（3）珠三角区域人为源和自然源释汞量估算

确定珠三角地区的主要人为汞排放源为燃煤行业（主要包括燃煤电厂和用煤的工业行业）、垃圾焚烧厂和陶瓷烧制厂，收集第一次全国污染源普查这些企业的资料，结合不同来源的煤、不同污染控制设施，如颗粒物脱除设备（旋风除尘器、静电除尘器或者袋式除尘器等）、不同烟气脱硫设备（干法或者湿法）、不同煤炭燃烧炉膛（煤粉炉或循环流化床）与不同污染控制设备的组合进行相关工艺和规模的分类划分，利用现有国内外的汞的排放因子，估算珠三角地区主要人为源的汞排放总量，对于查阅不到汞排放因子的行业或行业小类进行实测计算排放因子。测定土壤向大气的释汞通量，结合各种气象参数（温度、湿度、风速和风向等），利用数学统计方法建立释汞通量。

（4）珠江三角洲地区汞大气污染控制对策研究

通过估算人为源和自然源大气汞排放量，确定主要的汞排放源和控制汞大气污染的可能性，制定科学性的控制策略。

3 研究成果

（1）研究结论

1）珠三角四大主要汞人为源排放行业排放量由高到低分别为火电＞生活垃圾焚烧＞水泥＞陶瓷；各城市贡献中广州和东莞贡献最大，占近一半；广东省汞的地表汞释放通量（自然排放）高于国外同类型地区。

珠三角汞的最大人为源是燃煤，珠三角 2007 年火力发电、垃圾焚烧、水泥行业和陶瓷业四类行业大气汞排放总量为 10.68 t，其中燃煤贡献为 9.7 t，占总汞排放的 90%。火力发电、垃圾焚烧、水泥行业和陶瓷业分别为 8.68 t、1.93 t、1.06 t 和 0.06 t。城市汞排放量最大的为广州，其次是东莞，二者占整个珠三角汞排放的近一半，而水泥行业对佛山和肇庆以及垃圾焚烧对惠州的贡献较大。随着经济的发展，生活垃圾正以 10% 的速度递增，垃圾焚烧的汞排放也越来越成为一个不可忽视的问题，可以预见未来垃圾焚烧对汞排放的贡献会越来越大。广东省地表汞释放通量范围为 $1.4 \sim 133$ ng/(m^2·h)，明显高于此前我国西南背景区的研究结果，与重庆和贵阳的研究结果较为一致，显著高于国外同类型地区的研究结果。汞释放通量的区域性变化比较明显，工业污染较为严重地区的汞释放通量明显高于较为偏远的区域。

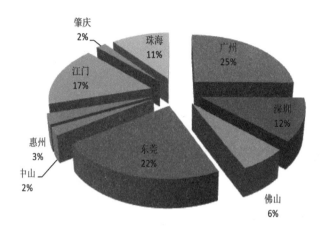

图1　珠三角各市汞排放分布

2）珠三角土壤高汞区域为西北部的广州—佛山地带和西南部的江门，汞污染带有明显扩大的趋势。广州和佛山属于中等生态危害程度，深圳属于微弱的生态危害程度，其余城市为轻微生态危害程度。

珠三角地区土壤 THg 含量范围为 16.69 ～ 3324 ng/g，平均值为 278.0 ng/g；垂直分布从表层至底层 THg 含量逐级递减，THg 主要在 0 ～ 40 cm 土壤中富集。不同功能区汞含量：公园＞生活区＞工业区＞菜地＞稻田＞耕地，表明有明显的人为源汞输入，公园中高含量的汞污染应该引起更多的关注。珠三角地区土壤 MeHg 含量范围为 0.14 ～ 1.34 ng/g，均值为 0.31 ng/g，城市与农村土壤样品 MeHg 含量均值差距不明显，不同功能区 MeHg 含量变化与 THg 一致。研究区域 pH 与 THg、MeHg 含量没有明显的相关性，有机质与 THg、MeHg 含量显著相关。高汞含量地区集中在珠三角西北部佛山—广州地带和西南部的江门，同前十年相比，经济发展和产业转移使得汞污染带明显扩大，燃煤电厂排放可能是最大的人为汞排放源。污染指数（P_i）和单因子污染指数（F_i）是两种不同的土壤污染评估方法，两种不同的方法评价结果差别很大，归因于评估方法本身和评估标准不同。单因子污染物潜在风险评价法表明总体上珠三角地区土壤属于轻微生态危害程度，广州和佛山属于中等生态危害程度，深圳属于微弱的生态危害程度，其余城市为轻微生态危害程度。采用污染指数法评价 MeHg 的污染程度，结果表明珠三角 9 个城市中东莞、惠州、江门为轻度污染，其余 6 个城市为中度污染。

3）北江沉积物中 THg、MeHg 总体均属中度污染，东江流域东莞段污染较重，珠江入海口处沉积物明显受到污染。河流污染程度与重要人为污染源所处位置一致，控制重点人为源汞的排放十分必要。

北江干流与支流沉积物 THg 含量范围为 73.7 ～ 3 517 ng/g，平均浓度为 607.6 ng/g，THg 空间分布与距离排污口远近有关，总体上距离越远含量越低。韶关冶炼厂和大宝山矿区为北江 THg 重要污染点源。北江干流与支流沉积物 MeHg 含量范围为 0.392 ～ 2.384 ng/g，平均浓度为 1.302 ng/g，但冶炼厂排污口其含量可达 8.603 ng/g。其空间变化趋势与 THg 含量的变化趋势不一致。根据污染指数法的评价结果，北江沉积物中 THg、MeHg 总体均属中度污染，但在部分靠近排放点源的区域污染严重。东江流域水体总汞含量范围为 11 ～ 49 ng/L，平均值为 19 ± 3.1 ng/L，低于国际 WHO 饮用水标准（6 000 ng/L；WHO，2008）和环境保护部规定的饮用水总汞最大限值（50 ng/L）。然而，东江水体总汞含量几乎全部超过美国环境署规定的保护水生生物水体汞标准（12 ng/L，USEPA，1992）。此外，东江水体汞含量也显著高于北美和欧洲未污染河水（< 5ng/L）。因此，东江流域一些河段存在汞污染情况，对当地居民健康存在威胁。如果将东江流域分为三个区域，分别为东莞工业区、东莞城镇区和欠工业发达区（河源和惠州段），不论是水还是沉积物，也不论是 THg 还是 MeHg，在工业区和生活区都存在较高值，表明存在明显的人为排放。珠江入海口处沉积物的研究表明，河口地区沉积物明显受到污染，其含量高于背景值 2 ～ 8 倍。东江沉积物汞的同位素研究表明，工业区主要污染源为工业源（69% ～ 99%），背景区主要来源为区域背景源（72% ～ 100%），而城镇生活区主要是生活源和区域背景源的混合来源。这一结果明确表明不同来源汞具有不同汞同位素特征，同位素技术可以用于示踪和量化沉积物中的汞源。

4）珠三角区域受到一定程度的大气汞污染，人为汞排放是根本原因，风向是影响汞分布与迁移的最主要因素。

鼎湖山地区 TGM 含量均值为 5.07 ng/m³，广州市 TGM 含量均值为 4.60 ng/m³，均明显高于全球背景值（1.5 ～ 2.0 ng/m³），表明珠三角区域明显受到一定程度的大气汞污染，较大的 TGM 变化范围也表明除了地表汞的释放外，人为汞排放是造成大气汞污染的根本原因。鼎湖山和广州两地 TGM 的季节变化特征一致，主要受季风的影响，而日变化不一致，鼎湖山日变化主要受山谷风影响，而广州主要受边界层高度变化和臭氧变化影响。

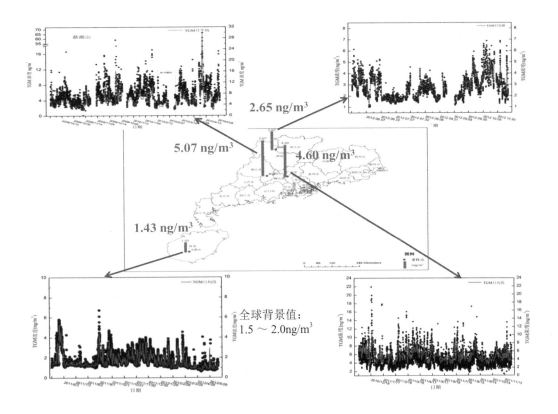

2.65 ng/m³

5.07 ng/m³ 4.60 ng/m³

1.43 ng/m³

全球背景值：
1.5 ～ 2.0ng/m³

图3 各监测点大气 TGM 的变化趋势

5）珠三角市售鱼的 THg、mmol/L Hg 含量未超我国相关标准；鱼体 mmol/L Hg 含量与习性和食性相关；为了防止通过食用鱼摄入过量 mmol/L Hg，需注意食用特定鱼的量与频次；湛江渔村居民发汞低于 WHO 制订 NOAEL 值。

珠三角典型城市市售鱼的 THg 含量范围为 3.01 ～ 631 μg/kg，mmol/L Hg 含量范围为 1.34 ～ 349 μg/kg。和国内其他报道结果相当，低于我国《食品污染物限量》（GB 2762—2005）中规定的非肉食鱼类及其他水产品限量 500 μg/kg，肉食鱼类限量 1 000 μg/kg。鱼体 mmol/L Hg 含量明显与习性和食性相关，总体上海水鱼＞淡水鱼类，肉食性＞杂食性＞植食性。由于某些鱼中 mmol/L Hg 含量较高，对于成人（≥ 18 岁）来说计算的最大日均消费量需在 120 g/d 和 175 g/d，结果接近实际珠三角地区人均鱼虾日消费量 124 g/d 的水平；对于儿童（2 ～ 5 岁）这一特定敏感人群来说，其最大日均消费量更是低于 30 g/d 和 45 g/d。结果表明对于敏感人群要注意食用特定鱼的量与频次。湛江渔村食用鱼类 mmol/L Hg 含量范围为 27 ～ 362 μg/kg，平均含量 90 μg/kg。居民有较高人发 mmol/L Hg 含量，范围为 190 ～ 3 323 μg/kg，平均含量为 929 μg/kg。和贵州汞矿区附近居民人发中 mmol/L Hg 含量水平相当，高于松花江渔民。所有渔村居民的发汞都低于 WHO 制订的 THg 的 NOAEL 值。但 100% 的渔民、80.6% 的家庭妇女、90.9% 的未成年人其头发

THg 含量都超过了 USEPA 于 1997 年公布了修订的人体摄入甲基汞参考剂量（RfD）值 0.1μg/（kg·d）（相当于发 THg 为 1 000 μg/kg）。

（2）成果产出

本项目共在国内外学术期刊发表论文 10 篇，其中 SCI 论文 5 篇，国内核心期刊 5 篇。培养研究生共 5 名，拟出版专著 1 部。

4 成果应用

1）成果应用于环境保护部环境保护对外合作中心汞公约谈判，为我国汞国际履约提供了有力的技术与数据支撑。

2）成果应用于广东省环保厅重金属污染防治，为广东省环境监测与健康管理提供了技术与数据支撑。

3）本项目资助的汞国际比对取得优异成绩，消息被环境保护部政务信息环保工作动态栏目报道。

5 管理建议

（1）结合 2013 年 1 月通过的国际减少汞排放的《水俣公约》，加强燃煤电厂、水泥厂和垃圾焚烧厂汞排放的污染控制，进一步降低汞的国家或地方排放标准

作为国家控制垃圾焚烧厂二噁英排放的副成果，烟气汞的排放也得到一定程度的控制，现行生活垃圾焚烧厂汞的排放标准明显偏高，为了进一步控制汞的排放，应当进一步降低汞的国家或地方排放标准，从监测数据来看实际也是可以达到的。部分生活垃圾焚烧厂飞灰和炉渣中有较高含量的汞，可对不同飞灰和炉渣根据污染物含量和毒性进行分类处理。人为排放源仍是大气汞的最主要来源，在珠三角地区，对燃煤电厂和垃圾焚烧厂汞排放进行控制成为当务之急。由于燃煤排放的汞主要是 Hg^+，而垃圾焚烧主要是 Hg^{2+}，垃圾焚烧汞减排较易，可作为汞减排示范的第一步，而燃煤排放汞减排较难，应先加强燃煤汞排放减排的技术攻关。

（2）加强燃煤电厂汞、二氧化硫、氮氧化物的多污染物协同减排，降低土壤汞污染的生态风险

虽然土壤中的汞含量处于国内外中低等水平，珠三角各城市土壤汞的污染评价和生态风险评价显示为中度或低态，但由于经济的快速发展和产业转移，高汞区有扩大和新增的趋势，其首要人为排放源可能为燃煤电厂，在加大对燃煤电厂节能减排的同时，需考虑汞、二氧化硫、氮氧化物等污染物的多污染物协同减排。

（3）加强汞的来源识别技术研究，对东江和北江流域主要汞排放行业进行污染控制

北江和东江都是广东和香港的重要饮用水源，不论是北江还是东江的水体和沉积物研究都表明，冶炼厂、电子垃圾拆解区、工业区和生活区都是明显的汞排放源，其MeHg含量也相应较高，具有一定的环境风险。对相应行业制订并执行严格的汞排放标准是十分必要的。应进一步加强汞的同位素示踪研究，使其能应用于汞的来源识别和贡献率判别上。

（4）区域联动、联防联控对汞的区域污染进行控制，将汞的控制与大气细颗粒物和常规指标综合考虑

如同灰霾一样，在珠三角地区汞的污染也一致地呈现出区域性特征，其治理措施也当如同其他污染物一样，需区域联动、联防联控。为了满足人民对健康生活的进一步需求和国际履约，需进一步加强对大气汞的长期监测与研究。

（5）联合其他部门出台针对特定或敏感人群的鱼类消费建议

食鱼是我国普通人群的主要MeHg暴露途径，由于生活水平的不断提高，人均鱼消费量呈不断增长的趋势，含MeHg较高的海水鱼类也慢慢进入普通百姓家庭。需加强对主要水产、水体环境MeHg的定期监测，特别对个人鱼虾类消费量较高的南方。结合长期和大范围的监测数据，联合国家相关部门，出台针对特定或敏感人群（如儿童、孕妇、老人、渔民等）的鱼类消费建议，内容包括特定鱼种的消费频率与消费量等内容，并加大宣传力度。

（6）关于下一步研究工作的建议

以珠三角地区为试点地区，先行先试点汞的控制，开展汞的排放源清单详查并制订动态清单数据库，开展汞在典型环境介质中的长期监测，特别是鱼类中的长期监测工作，开展典型人为汞排放源与其他污染物的多污染物协同减排技术，开发与建立区域总量协调工作机制，制订更严格的地区性的典型行业汞排放标准，提出不同人群鱼类消费建议。

6 专家点评

项目对珠三角地区不同环境介质（大气、土壤、水体）和生物（主要为鱼类）中的总汞与甲基汞进行了大样本量的采集与分析，系统地掌握了珠三角地区环境介质中不同形态汞的含量水平、分布特点和迁移转化过程；在实测和结合文献报道的排放因子计算了珠三角地区人为源与自然源的汞排放量总量，为珠三角地区汞污染控制的可行性及科学制订控制对策提供了数据支撑和依据；通过对不同人群的总汞与甲基汞外暴露量计算和内暴露测定，对上述人群的总汞与甲基汞暴露风险进行了评估。研究成果为环境保护

部对外合作中心汞国际谈判和广东省环保厅重金属污染防治工作提供了技术和数据支持，对制订不同形态汞标准分析方法、监测规范和排放标准也具有重要的参考价值。

项目承担单位：环境保护部华南环境科学研究所、中国科学院地球化学研究所、太原
科技大学、中国科学院广州地球化学研究所
项目负责人：钱冬林、陈来国

集约养殖业兽药的环境影响分析及环境安全评价技术研究

1 研究背景

随着我国畜禽养殖业的快速发展和动物疾病的日益复杂，兽药（包括添加剂）在保障动物健康、提高畜禽生产力等方面的作用越来越大。兽药的大量使用给我国日益严重的环境安全问题带来了严重的影响。一方面是大量外源性化学物进入畜产品中，使动物性食品中药物残留越来越严重，对人类的健康和公共卫生构成威胁。另一方面，大部分兽药和添加剂以原药和代谢产物的形式经动物的粪便和尿液进入生态环境中，造成对土壤环境、地表水体等的污染影响，并通过食物链对生态环境产生危害作用，影响其中的植物、动物和微生物的正常生命活动，最终将影响人类的健康。

目前，美国、日本和欧盟已经建立了兽药环境管理制度，成立了国际兽药登记技术协调组织（VICH），并在 2005 年制定了兽药的环境风险评估技术导则。欧洲药监局的兽药产品使用委员会也同样在 2005 年制定并发布了兽药的环境风险评估技术导则，并支持 VICH 的技术导则，用于在兽药的登记过程中评估兽药的使用对环境可能造成的风险，预防兽药的环境污染。与欧美等发达国家相比，我国的兽药环境管理方面呈现空白，相关的法规体系尚未健全。

本项目通过集约化养殖业兽药环境污染状况调查与典型药物的环境安全性研究，建立兽药环境安全评价技术与评价程序方法，在兽药的产品登记过程中预测评估兽药对环境的潜在危害，从而为兽药品种的研发与安全使用，预防兽药对环境的污染，加强兽药的环境安全管理提供必要的技术支撑。

2 研究内容

本项目分别调研了目前国内兽药的产能产量以及养殖场兽药的使用情况；调查了江苏省典型集约化养殖场周边环境的污染状况和典型流域的兽药污染状况；开展了典型水体兽药污染来源的解析，提出了典型养殖场的污染物中兽药的削减与控制对策；研究了典型兽药品种的环境生态效益；构建了兽药环境安全性评价技术导则，并配套了各类评价指标的试验方法；与中国兽医药品监察所开展合作，推动技术导则的标准转化工作，同时与江苏省兽药监察所开展合作，选择了典型的兽药品种开展预评价，推动了项目成果的转化。

3 研究成果

1）完成了江苏省内集约化养殖场周边的兽药环境污染状况调查，完成了龙溪流域的兽药抗生素的和长江流域江苏段激素类物质的污染状况调查，编制了调查报告。初步评估了养殖业中废水的处理处置效率。在开展调查工作的同时，编制了"兽药多残留分析技术导则"（草案），进一步丰富和完善了畜禽养殖行业环境监测手段，为加强畜禽养殖场兽药污染物的环境监管做好了技术储备。

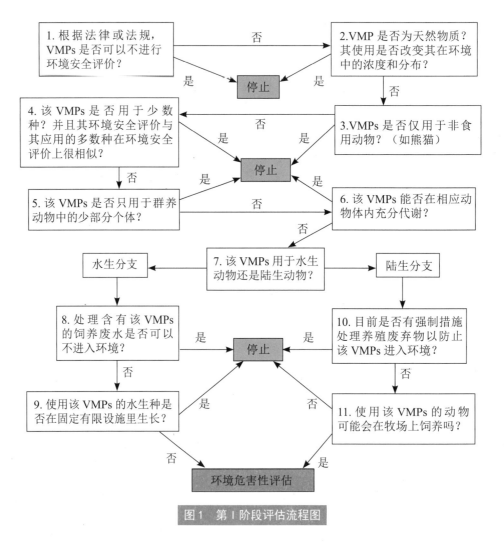

图1 第 I 阶段评估流程图

2）开展了兽药的环境风险评价技术体系研究，重点研究了评价指标、评价基本程序和评价试验方法等，编制了"兽药环境危害性评估试验准则"和"兽药环境风险评价技术导则"（草案）。研究成果已得到了中国兽药监察所的认可，目前正在结合实际管理工作对导则进行验证和修改，最终实现导则的规范化和标准化。同时，研究成果也在江苏省兽药环境管理工作中推广应用，对典型兽药品种开展了环境生态安全评估，提出了相应的管理建议，产生了较好的社会效益和生态效益。

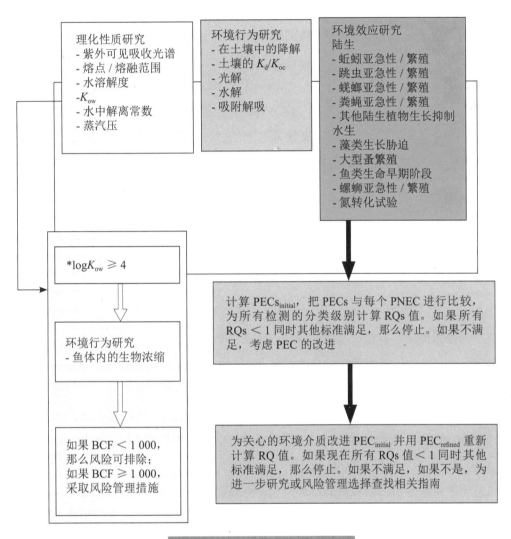

图2　VMPs 的环境风险评价流程图

3）在江苏省兽药监察所的协助和指导下，项目组开展了典型兽药喹乙醇的生态环境安全性研究，提交了喹乙醇环境安全性评价技术报告，得出了初步的喹乙醇环境管理结论。喹乙醇对水生生物危害性较强，应当加强喹乙醇在水产养殖业中的使用监管，限制使用。同时，在集约养殖业中使用过喹乙醇的动物的畜禽粪便，应当禁止施用到水产养殖业中去。

4 成果应用

1）项目组在制定了"兽药的环境危害性评估试验准则"和"兽药的环境风险评价技术导则"（草案）后，积极与中国兽医药品监察所和农业部兽药评审中心联系，呼吁兽药管理部门关注兽药的环境安全问题。目前，农业部兽药评审中心正参照该导则中的评价试验程序、方法和评价指标拟定我国兽药生态毒性、环境毒性评价技术指导原则，以便预防兽药使用的潜在风险，并拟邀请部分环保专家加入兽药评审专家，共同推动兽药环境风险防控工作。

2）项目组与江苏省兽药监察所、江苏省动物卫生监督所开展合作，选择典型兽药品种，开展环境安全预评估，评估结果指导了喹乙醇、恩诺沙星等兽药的使用，为预防两种兽药抗生素的潜在环境风险提供了技术支持，取得较好的社会效益和生态效益。

3）项目组与国家兽用生物制品工程技术研究中心开展合作，为该中心开发环境友好型兽用生物制品以及生物制品释放试验提供了有力的技术支持。同时为该中心在指导相关大量使用典型兽药品种的企业，限制或有条件使用药物，加强对畜禽排泄物的处理处置，预防可能造成的环境危害，起到了积极的作用。

5 管理建议

1）建议尽快修订畜禽养殖排污标准。我国在畜禽粪便污染防治法规建设方面落后于欧美等发达国家。通过开展系统的畜禽养殖业的抗生素污染状况调查，建立优先控制名录，研究末端治理工艺，有针对性地关注抗生素类特征污染物和抗性基因，尽快修订现有的《畜禽养殖污染防治管理办法》、《畜禽养殖业污染物排放标准》以及《畜禽养殖业污染防治技术规范》。根据不同区域的经济发展水平、不同污染水平，以地方标准为起点，逐步完善和严格行业和国家标准。

2）理顺畜禽养殖污染防治的监管模式。有必要建立跨环保、农业、卫生、质检等部门的联合工作机制，共同对畜禽养殖污染物排放进行控制；或成立专门机构，增加监督管理人员力量，加强畜禽养殖业污染物的执法、监管能力。此外，新建、扩建畜禽养殖场项目审批应充分考虑环保要求和畜禽粪便土地承载能力，污染处理设施的建设要严格遵守"三同时"方针，保障畜禽场排污治理设施的正常运行。

3）加强养殖业抗生素登记注册环节中环境影响的监管。以《兽药管理条例》为基础，参照农药的管理方式，在养殖业抗生素登记注册阶段，抗生素生产企业应提供充分的环境影响资料，评估抗生素使用后潜在环境风险，在源头上监管抗生素的环境影响。环境保护部门应加强与农业部门的沟通，力争作为管理主体，审查和监督企业提供的环境资料。同时，建立和认证第三方评估机构，配合企业搜集并研究环境资料。

4）开展全国重点区域畜禽养殖业抗生素污染源普查，强化基础研究工作。建议对沿海及发达省市规模化养殖场的抗生素的使用现状和污染状况进行系统的调查分析，以研究区域畜禽粪便排放抗生素的环境暴露量为基础，提出典型养殖类型畜禽粪便中需重点控制的抗生素名录，明确全国养殖业抗生素的排放现状。同时开展抗生素在环境中的迁移转化规律和生态毒理学的研究工作，建立和完善抗生素的环境风险评价技术手段，尽快提出畜禽粪便及有机肥产品中的抗生素的限值及土地利用限量建议值。为畜禽养殖行业抗生素的环境管理工作提供科学依据。

6　专家点评

项目组在充分调研国内外兽药的使用、污染状况和管理现状的基础上，研究了适合兽药环境风险评价的指示生物，初步建立了兽药的环境风险评价程序、指标体系和方法，并在中国兽医药品监察所、农业部兽药评审中心、江苏省兽药监察所、江苏省动物卫生监督所、江苏省农科院兽医研究所等单位开展应用，项目成果已经被农业部兽药评审中心采纳并应用于相关标准的制修订过程中。项目的实施对推动我国加强兽药登记过程中的环境管理，有效预防兽药的潜在环境风险具有积极的指导意义。

项目承担单位：环境保护部南京环境科学研究所
项目负责人：蔡玉琪、葛峰

基于农产品质量的
灌溉安全指标体系及限值研究

1 研究背景

我国北方地区人均水资源占有量低于国际公认的缺水警戒线，区域性水资源缺短严重，将污水再生利用是解决缺水问题的有效途径。但污水灌溉会影响土壤和地下水环境、农产品质量，从而威胁人民群众身体健康。建立并有效实施合理的灌溉标准非常重要。

我国从 20 世纪 50 年代起开始组织发展污水灌溉，70 年代起有一段快速发展期，90 年代至 21 世纪初，人们认识到粗放式污水灌溉的危害，很多地方改为清灌，如辽宁沈抚、甘肃白银等地。当前，我国污水处理率大幅度提高，2011 年城市污水处理率已达 82.6%，为灌溉回用提供了重要条件，如何合理利用回用水灌溉成为重要命题。我国主要污灌区均有土壤和地下水受到污染，或者作物减产、品质下降的报道。也有研究指出污水中 N、P 等营养物质含量高，给农作物提供了水肥资源，提高了农业产量，且未观察到危害。

世界上许多国家将污水用于农业灌溉。美国约有 60% 的再生水用于农业灌溉；以色列 80% 处理过的废水用于农业；日本 2 000 多个污水处理厂的污水处理后多数用于灌溉水稻或果园。发达国家总体上污水灌溉产生的影响较小。而发展中国家污灌的情况普遍不乐观。总体来看，对于污水灌溉或回用水灌溉的必要性和意义，已有研究的认识是比较一致的，普遍认为是国内外解决缺水地区农业生产问题的重要方式。而对于其安全性，或者说污水灌溉对土壤、地下水和作物是否产生影响和危害，则不同研究结果之间差异较大。核心问题，是建立科学性、可实施性强的灌溉安全标准。

2 研究内容

项目通过对我国典型污水灌溉地区（辽宁、天津、内蒙古、甘肃等有关地区）开展历史和现状调研，掌握了我国灌溉水污染特征，总结了灌溉水中主要污染物对土壤和地下水环境以及农产品质量影响情况，完成了国内外灌溉安全指标和体系对比研究工作，针对主要污染物开展了不同类型农产品质量安全的影响试验研究工作。在这些工作的基础上，提出了我国农田灌溉安全指标体系和限值，提出了我国农田灌溉水质标准的修订思路和方案。

3 研究成果

（1）全面分析了典型污水灌溉区的特征和影响

通过对天津、辽宁、内蒙古、甘肃等地的调查，发现镍、钴、锰、钼、钒、锑等重金属指标，多环芳烃 (PAH)、邻苯二甲酸酯类 (PAE) 等有机污染物指标因为灌溉造成土壤、地下水或作物不同程度的污染。

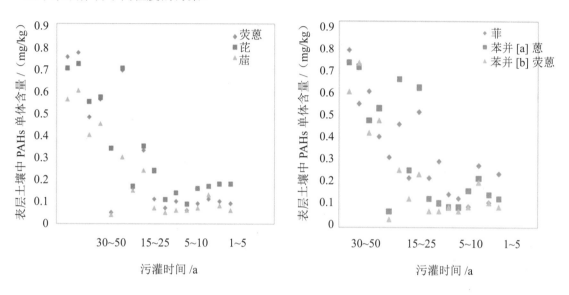

图 1 沈抚灌区表层与亚表层土壤中 PAHs 总量的时空分布特征

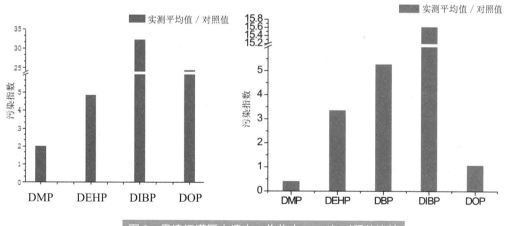

图 2 天津污灌区土壤中、作物中 PAEs 与对照值比较

（2）提出了我国农田灌溉安全指标体系

在现行 1992 年标准基础上，总结认为我国现有的农灌水水质指标数偏少。有必要增加对镍、钴、锰、钼、钒、锑等重金属指标，多环芳烃、邻苯二甲酸酯指标的控制。仍

然保留氮指标,防止硝态氮污染地下水。对于磷指标,可作定性要求。从再生水回用角度考虑,应控制残留余氯。

从监控成本角度考虑,提出有必要在标准中区分常规指标和非常规指标。建议将COD、水温、pH、全盐量、氯化物、总镉、总汞、总砷、六价铬、总铅、粪大肠菌群等指标作为常规监控指标,其余指标均作为非常规监控指标。

(3)提出了我国农田灌溉安全限值体系

建议分为两级限值。一级是基本能够保护各种灌溉用途的水质要求,在不同的农田环境、对于不同的作物类型能够实现长期有效保护的限值。二级是具有灌溉利用可能性的水质要求,达不到该级要求则基本不具备灌溉使用功能。一级和二级之间的限值空间,需要根据不同的农田环境、作物类型、保护时期等进行具体适用评价。体现我国幅员辽阔,也能有效衔接不同部门工作。

一级限值主要基于对作物和环境长期保护的要求,充分考虑土壤的累积作用,能够保护敏感对象,通过参考国内外相关标准确定,也可通过短期试验进行外推。二级限值可根据短期的作物试验结果,选取较敏感的对象及对应的效应加以确定,如本项目作物试验研究中得出的结果。提出了灌溉安全指标与限值表:

表 1 灌溉安全指标与限值表

单位：mg/L

序号	指标	一级值①	二级值①
常规监控指标			
1	COD$_{Cr}$	50	150
2	水温	35℃	
3	pH	5.5～8.5	
4	全盐量	450	2 000
5	氯化物	150	350
6	总镉②	0.01	0.5
7	总汞②	0.001	0.05
8	总砷②	0.05	2.0
9	六价铬②	0.1	1.0
10	总铅②	2.0	5.0
11	粪大肠菌群	200 个 /100mL	4 000 个 /100mL
非常规监控指标			
12	BOD$_5$③	15	60
13	悬浮物④	50	100
14	阴离子表面活性剂	5.0	8.0
15	总氮	5.0	30
16	总磷	不影响下游水体水质达标	
17	硫化物	1.0	

序号	指标	一级值[①]	二级值[①]
18	氟化物	1.0	3.0
19	余氯	1.0	2.0
20	氰化物	0.5	
21	铜	0.2	5.0
22	锌	2	20
23	硒	0.02	0.05
24	硼	0.5	4
25	镍	0.2	2
26	钴	0.02	0.1
27	锰	0.2	10
28	钼	0.01	0.2
29	钒	0.1	3
30	锑	0.05	0.5
31	石油类	1.0	10
32	挥发酚	1.0	
33	苯	2.5	
34	三氯乙醛	0.5	1.0
35	多环芳烃（总量）[②]	0.005	0.05
36	邻苯二甲酸酯（总量）[②]	0.05	0.5
37	蛔虫卵数	1 个 /L	2 个 /L

注：①一级值能长期保护各种灌溉用途，二级值需根据不同的农田环境、作物类型、灌溉期等进行适用评价。
②如土壤中含量超标，则不得检出；实际灌溉水量超过 1 000mm/a 时，应参照 1 000mm/a 进行折算。
③一般生活来源和农产品加工来源的，一级、二级限值均为 100mg/L。
④适用于喷灌时。

（4）提出了我国农田灌溉水质标准的修订思路和方案

灌溉安全标准涉及的因素非常多，环境保护部门制定灌溉水质标准的定位是从总体上对污水或再生水灌溉加以指导和约束，特别是对污水处理厂、特定行业排放源等起到间接的控制作用。在《农田灌溉水质标准》提出基本要求的基础上，环境保护部门有必要配合农业部门制订《污水／再生水灌溉用技术导则》或类似文件。

需协调好地表水环境质量标准与农田灌溉水质标准的关系。根据对多个污染物指标的分析，农田灌溉水质要求与水环境功能要求之间有显著的差异，灌溉水质标准应有一套独立评价的指标和限值体系，《农田灌溉水质标准》可以独立发布。但如地表水环境质量标准采用功能累进方式进行分类分级，能够解决不同水体使用功能之间对于很多污染指标的宽严要求存在交叉的问题，《农田灌溉水质标准》在体例上也可以包含在地表水环境质量标准中。

4 成果应用

根据项目研究成果，形成了《农田灌溉水质标准》（初稿）。同时完成了一些具体的管理支撑性工作任务，主要包括：

1）向科技司提交"关于农田灌溉水质有关标准的情况说明"；

2）对全国政协十一届二次会议代表提案第 0334 号"关于加强水环境标准制定和管理的提案"提出参考性建议；

3）对环境保护部提出《地下水质量标准》（征求意见稿）的回复意见提供了参考性意见；

4）对科技司"关于呼市托克托工业园区治理后污水可否用于林业灌溉的回复"提供了参考性意见。

5 管理建议

（1）灌溉环境管理中存在的主要问题

1）灌溉安全形势不容乐观。从课题调查情况看：沈抚灌区虽已改为清灌，但灌区土壤中多环芳烃等难降解组分依然存在，地下水部分指标超标，作物籽实中镉和砷也有超标，多种有害物质的最高含量依然存在于历史污灌时间最长的李石寨地区；天津大沽排污河污灌区域，耕层土壤镉、砷污染严重，且随土层深度增加均表现出减低趋势，说明土壤污染是由外来污染导致。

2）环境保护部门对相关问题关注不够，存在管理风险。从环境管理实践看，对灌溉水质的监管不是环境监察的工作内容，环评过程中的考虑很有限，没有系统的污染防治总体考虑。而近年来，一些工矿企业将废水直接或间接排入农田，导致的污染事件并不少见，鉴于环境保护部门在环境监管方面的职责，事故出现后环境保护部门管理风险较大。

3）工作基础薄弱，数据和技术储备不够。对于相关基础性工作，长期以来是环境保护部门的薄弱环节。从研究和数据信息看，以往支持的科研项目很少，未开展例行监测，也没有相应的数据库或信息平台。

（2）污水灌溉环境管理政策建议

污灌水质安全管理，尽管存在着部门间分工协调问题，但环境保护部门从自身职责角度，应作统筹考虑，在如下方面推进相关工作：

1）加强对重要污灌区土壤和地下水的监测。对土壤、地下水的可能影响是衡量污灌是否导致污染的重要因素，因此环境保护部门应加强对重要污灌区灌溉水、土壤、地下水的监测，并基于监测结果提出相应的管理要求。这些工作可以先行试点，相关工作应在"十二五"土壤、地下水等污染防治规划中加以体现。长远来看，应将其发展为一项常态工作，在国家级和省级监测点位、断面布设工作中加以考虑。

2）组织做好重点污灌污染区的修复试点工作。从课题研究成果看，一些北方城市近郊受长期污灌影响，土壤、地下水受污染程度较为严重，作物品质也受一定影响。部分地区尽管已经改为清水灌溉，但由于污灌历史长，土壤、地下水自我修复速度慢，目前仍表现为重污染状态。按照"还清旧账，不欠新账"的思路，环境保护部门需要逐步安排开展重点污灌污染区的修复工作，由于工作基础薄弱，建议在"十二五"期间先行试点。修复工作能否开展和成功的关键是各方职责和投入比例的明确，长远来看，还需要立法层面的支持。

3）重视再生水回用引导和管理，制订相关技术导则。自"十一五"以来，我国污水处理厂数量增加迅速，处理水平也有长足发展，这为合理污灌提供了良好的条件。当前重视再生水回用问题，特别是农灌用途的再生水回用问题，显得尤为必要。针对再生水回用问题，应研究相关政策措施加以有效引导和管理，建议联合住建、农业等部门制订《（灌溉用）再生水回用技术导则》。

4）做好《农田灌溉水质标准》修订工作。针对农田灌溉水质标准存在的问题，应加强标准修订工作，从管理层面进一步明确该标准与地表水环境质量标准的关系，加强部门间的协调，明确环境保护部门在制订标准方面的主导地位。在技术内容上，应增加一些重金属和有机污染物指标；对重金属的控制要求应与土壤背景值挂钩；调整对氮、磷的要求；从再生水回用角度考虑，应控制残留余氯等。

5）加大相关科研工作支持力度。环保系统长期以来对于污水灌溉方面的相关基础调查数据不足，修复控制方面开展的工作寥寥，没有固定的技术支持队伍，建议进一步加大相关科研工作力度，持续加以支持和培育。

6　专家点评

项目在对我国辽宁、天津、内蒙古和甘肃等典型污水灌溉地区的历史和现状调研的基础上，掌握了典型区域污水灌溉总体特征，总结了灌溉污水中主要污染物对土壤、地下水和农产品质量的影响，结合国内外已有相关资料，提出了我国农田灌溉水质标准的修订思路和方案，并给出了农田灌溉安全的初步指标体系和限值，完成了任务书规定的研究任务和考核指标。项目研究成果对我国农田灌溉水质标准的修订提供了重要的技术支持。

项目承担单位：中国环境科学研究院

项目负责人：胡林林

第四篇
环境监测与监控领域

2008 NIANDU HUANBAO GONGYIXING
HANGYE KEYAN ZHUANXIANG XIANGMU
CHENGGUO HUIBIAN

重点城市臭氧监测体系研究

1 研究背景

臭氧（O_3）是大气中化学性质活泼的微量气体，同时也是氧化性气体的重要代表，其浓度的时空分布差异较大，臭氧（O_3）具有的强氧化剂性能、温室效应以及紫外吸收功能对气候、生态、环境等全球系统具有重要意义和影响。

O_3（光化学烟雾污染）主要由燃烧等污染源排放的一次污染物 NO_x 和挥发性有机物 VOC 在太阳紫外线作用下发生一系列光化学反应而生成的。它危害植物，刺激眼睛和呼吸道，损伤儿童肺功能，影响运动员竞技状态。伴随着 O_3 产生的大量二次细颗粒物造成能见度下降，看不见蓝天。O_3 还是温室气体，还会输送至下风向，造成区域污染，影响气候变化。短期和长期暴露于含有 O_3 的空气中，能够引起眼刺激、植物损坏、呼吸困难和橡胶及油漆退化。中国部分城市和地区已经出现高浓度 O_3 以及光化学烟雾污染的趋势。因此，从保护人体健康及自然生态系统的角度出发，需要对 O_3 进行长期、准确的观测，为政府部门制定大气污染控制政策提供准确的参考分析数据，同时也为我国相关科研单位研究 O_3 形成、变化、传输规律提供参考依据。以加强对城市区域和全国范围内 O_3 变化规律的认识和控制。在国家环境保护总局制定的环境污染事故应急监测方案和"十一五"环境监管能力建设规划中已经提出了要加强 O_3 监测工作。

本项目旨在建立我国重点城市大气臭氧监测体系，对于国家掌握城市大气臭氧污染水平具有重要意义。项目研究成果有助于国家在全国开展大气臭氧污染的全面监测提供技术支撑，具有重大的社会、环境和经济效益。

2 研究内容

1）重点城市臭氧监测点点位选择和确定技术研究报告；提出我国 O_3 监测的技术路线与监测点位的筛选确定技术，并在京津冀区域选择典型城市开展臭氧监测网的实验。编制重点城市臭氧监测点点位选择和确定技术要求。

2）全国臭氧监测的量值溯源和质控体系研究报告；包括提出我国 O_3 标准溯源及其传递的技术路线和方法，编制完成全国臭氧监测的质量控制和质量保证技术要求。

3）城市臭氧监测数据采集与传输方案研究报告。提出全国数据传输体系和相关数据处理支撑技术，保障臭氧监测网络的高效运行、应用和管理，并为其他环境监测网络建设工作提供范例和成功基础。

4）重点城市臭氧监测体系研究。将为国家的臭氧污染控制提出方案，具有重大的社会、环境和经济效益。

3 研究成果

针对国家掌握城市大气臭氧污染水平，建立我国重点城市大气臭氧监测体系的紧迫需要，本课题主要以京津冀区域作为研究对象，并结合已具备臭氧监测能力的城市地区的监测数据，参照国内外已有的相关的经验，提出了我国 O_3 监测的技术路线与监测点位的筛选确定技术，并在京津冀区域选择典型城市开展了臭氧监测网的实验，并对全国臭氧监测的量值溯源和质控体系进行了研究，包括提出我国 O_3 标准溯源及其传递的技术路线和方法，编制完成了全国臭氧监测的质量控制和质量保证技术要求。同时也对城市臭氧监测数据采集与传输方案进行了研究，提出了全国数据传输体系和相关数据处理支撑技术，保障臭氧监测网络的高效运行、应用和管理，并为其他环境监测网络建设工作提供范例和成功基础。课题的主要研究结论如下：

（1）重点城市臭氧监测点点位选择和确定技术研究

点位选择需要从宏观和微观两个角度进行考虑，充分结合试点实际情况，比如：点位类型，城市的地理、气象条件，公路，排放源等，优化选点的代表性，同时提出了点位选择的原则及正常选点的步骤。本课题还对现有的监测点位进行了评估，从点位数量及代表性两方面进行了讨论，根据现有数据分析，就点位布设而言，现在的试点布设基本能反映臭氧污染的分布状况。但因为试点的点位有限，难以覆盖监测城市和地区，因此与所有点位的监测结果相比，现有试点监测对空气污染状况有一定程度的低估，一部分臭氧污染状态没有能够反映出来。要更好全面反映城市臭氧状况，还需要根据当地实际情况以及空气质量监测规范要求，布设足够数量的点位。代表性研究表明：天津宝坻宾馆监测站对于反映天津北部地区 O_3 污染状况具有重要作用，除了能够有效反映出天津城区高排放的影响外，还有助于捕捉来自河北和北京等周边地区的影响。

开展示范城市观测实验，验证臭氧环境空气监测体系业务化的可行性。通过对试点城市的污染监测可以发现：我国试点城市呈现明显的复合污染特征，且臭氧污染呈现显著的区域分布特征和时间变化特征。南方试点城市臭氧浓度高于北方试点城市，超标时间跨度大；东西部城市试点臭氧最大小时浓度值出现时间有差异。在城市尺度上，部分城市下风方向点位的臭氧浓度高于上风方点位，可能存在由上风方向下风方向的臭氧形成输送，即城市和郊区相互影响的现象。O_3 浓度与气象要素有密切关系，6 个试点城市/地区 O_3 浓度与温度之间的关系呈现 3 种类型，降水可使 O_3 浓度明显降低，O_3 浓度随风速增大而增加，输送作用明显；如图 1~图 4 所示，通过对 2010 年夏、秋季节代表性过程的模拟分析表明,天津北部地区经常发生光化学烟雾污染。由于受不同类型气象条件的作用,天津北部 O_3 污染的形成原因也不尽相同,除局地排放源贡献外,还可能受到天津城区以及河北唐山、廊坊、北京等周边地区的影响。宝坻宾馆监测站对于反映天津北部地区 O_3 污染状况具有重要作用,除了能够有效反映出天津城区高排放的影响外,还有助于捕捉来自河北和北京等周边地区的影响。

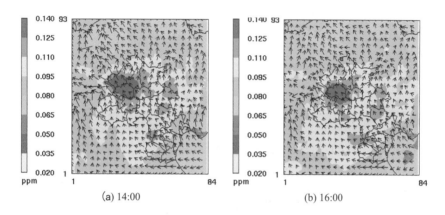

(a) 14:00　　　　　(b) 16:00

图1　2010年6月26日天津地区近地面 O_3 浓度分布

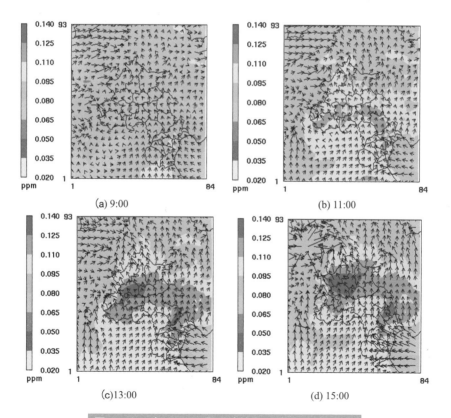

(a) 9:00　　　　　(b) 11:00

(c)13:00　　　　　(d) 15:00

图2　2010年6月27日天津地区近地面 O_3 浓度分布

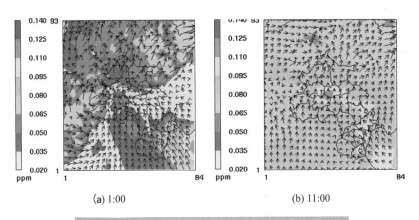

(a) 1:00 　　　　　　　　　　 (b) 11:00

图 3　2010 年 7 月 25 日天津地区近地面 O_3 浓度分布

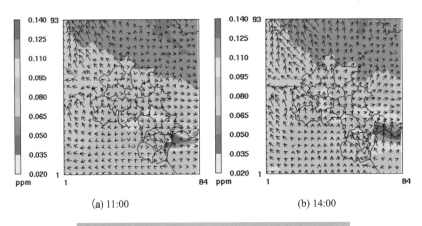

(a) 11:00 　　　　　　　　　 (b) 14:00

图 4　2010 年 9 月 14 日天津地区近地面 O_3 浓度分布

以现行的臭氧 1h 标准以及国际通用的 8h 标准（我国可能采用）进行评价比较，在两种标准并存的情况下，上海、天津、重庆的 8h 超标天数均多于 1h 超标天数；广州则相反，1h 超标天数多于 8h 超标天数。由于地理和气候条件的差异，有些地区 1h 超标严重，有些地区 8h 超标严重，因此就臭氧评价而言，在现行情况下两种标准并存或能更全面地反映臭氧的污染状况。

通过对 7 ～ 10 月份 CO、CH_4 和 66 种 VOC 组分的分析，得出以下结论：

北京市及其周边地区不同站点环境大气中 VOCs 浓度水平差异较大，浓度范围从十几个（1×10^{-9} 体积比）到一百几十个（1×10^{-9} 体积比）；VOCs 的组成特征相对比较稳定，烷烃的贡献最大，在 42% ～ 52%，其次是芳香烃（12% ～ 21%）、烯烃（12% ～ 26%）和乙炔（9% ～ 28%）；浓度水平位于前十位的 VOC 物种分别是乙炔、C2 ～ C5 的烷烃、乙烯、苯、甲苯及二氯甲烷。

CO、CH_4 和 VOCs 的臭氧生成潜势的范围是 80×10^{-9} ～ 337×10^{-9}（体积比）的 O_3；顺 / 反 -2- 丁烯之间有很好的相关性，说明机动车源在北京及周边地区各站点都呈现出主导优势。

根据主因子分析（PCA）和正定矩阵（PMF）的解析结果并结合对 VOC 源谱的一定认识，推测北京市及其周边地区 VOCs 主要来源有：汽油挥发和溶剂涂料，化石燃料的燃烧过程（城市地区尤以机动车排放为甚），天然气和 LPG 的使用和生物质燃烧和天然源。

（2）臭氧监测的量值溯源和质控体系研究

通过臭氧前体物技术的筛选研究表明，本课题选用的监测仪器均有较好的可靠性，可以满足臭氧监测系统的需要。本课题提出了一套监测的量值溯源和质控体系，包括溯源与分级传递程序，质量保证与质量控制程序，系统审核，数据审核几个方面。

（3）全国臭氧监测的质量控制和质量保证技术研究

本课题主要从监测标准传递及日常监测质量保障两方面进行研究，对监测标准传递的研究主要包括臭氧工作标准传递，臭氧分析仪的传递，并提出了相应的规范要求，本课题还提出了具体的臭氧校准流程。日常监测质量保障包括子站巡检，监控中心检查两方面，本课题在这两个方面均提出了细致严格的要求。

（4）臭氧/空气质量监测数据实时传输及发布系统的总体设计研究

本课题提出该系统设计应以下几个方面为指导思想：数据实时性，数据传输的安全性和灵活性，系统的兼容性，系统扩展性。提出本系统以网络前端、网络控制中心、国家臭氧监测数据在线管理系统三个层次组成。对数据流程及站点通讯建设提出了合理中肯的建议方案，并对整个系统的实施进行了可行性分析，此数据传输及分析处理系统方案是可行的。

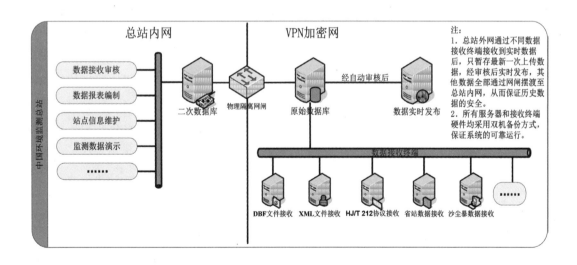

图 5　总站空气质量监测数据实时接收及发布系统架构

4 成果应用

1）课题建立的重点城市环境空气质量臭氧监测的技术体系，为保证臭氧分析监测数据的代表性、准确性、精密性、可比性和完整性奠定了基础；为城市臭氧环境空气质量评价和管理提供统一的监测方法与质量控制、保证技术平台。

2）在重点城市进行的臭氧监测以及相关评价体系的研究工作，为污染物的迁移、转化、扩散和稀释等规律的研究作出了一定的贡献，为全面监测 O_3 对人体健康和作为城市二次污染物对环境空气的影响奠定了基础。

3）本项目旨在建立我国重点城市大气臭氧监测体系，对于国家掌握城市大气臭氧污染水平具有重要意义。项目研究成果有助于国家在全国开展大气臭氧污染的全面监测提供技术支撑，具有重要的社会、环境和经济效益。

4）项目研究成果已经应用于 2008 年环境保护部组织开展的臭氧试点监测工作中，为臭氧试点城市点位选取和设置、质量保证 / 质量控制及评价提供了依据，为即将颁布的新修订的《环境空气质量标准》的制修订提供了科学的数据支持，为《"十二五"国家空气质量监测网络方案》和《"十二五"国家环境空气质量监测网络能力建设》项目建议书的编制提供了技术支持。

5 管理建议

随着中国城市化的进行，中国三大城市群落（京津、长三角、珠三角）臭氧超标严重，臭氧污染问题会越来越普遍、越来越严峻。污染发生后，控制治理难度大，投入成本高，成果见效慢，各城市亟须尽快建立臭氧监测网络，形成完整的臭氧监测、评估体系，为制定实用、有效、经济的控制对策提供科学支持，尽量避免臭氧污染问题的发生，而且目前中国的臭氧监测系统还存在一些问题有待完善；试点城市臭氧监测点位较少，对城市臭氧污染状况有所低估等。本课题正是针对这些问题进行了研究，而且提出了相应的对策，因此本课题的应用前景十分广阔。本研究小组将继续完善臭氧监测体系的研究，并结合在典型代表市的试验情况以及中国的国情，以中国环境监测总站为依托单位，争取使得该臭氧监测体系所提出的规范标准成为中国环境监测业务的技术规范之一，以推动各城市臭氧污染控制的进程。

中国地域宽广，各城市之间气候条件有所差异，且城市建筑风貌、产业结构、经济实力不尽相同，所以本课题提出的臭氧监测体系在不同城市的实现还需要结合各个城市的具体情况，在合理的范围内做出相应的调整，以增强该体系的适用性。该监测体系的从示范到实际使用还需要大量基础资料的积累，各项工作的有序衔接以及地方政府的大力支持，本课题的成果应用还需要较大量的投入。

6　专家点评

该项目开展了示范城市观测实验、编制了全国臭氧监测的量值溯源和质控体系研究报告、全国臭氧监测的量值溯源和质量控制体系研究报告、城市臭氧监测数据采集与传输方案研究报告、重点城市臭氧监测点点位选择和确定技术研究报告等，在 7 个城市建立了覆盖 4 种点位类型的 18 个试点。完成了项目任务书中规定的各项研究任务，达到了考核指标的要求。

项目研究成果在环境保护部 2008 年开展的臭氧试点监测工作中得到应用，为《环境空气质量标准》的修订提供了技术支持，也为《"十二五"国家空气质量监测网络方案》和《"十二五"国家环境空气监测网络能力建设》的编制提供了依据。

项目承担单位：北京大学、中国环境监测总站
项目负责人：曾立民

环境质量监测数据准确性评定指标研究

1 研究背景

环境监测是准确地测取数据、科学地解析数据和合理地综合利用数据的过程，是环境立法、执法、规划和决策的重要依据。质量控制就是要把监测分析误差控制在允许的限度内，使分析数据控制在给定的置信水平内，满足监测质量要求。质量控制指标是控制监测质量的关键，没有评价指标的质量控制活动，形同虚设。

纵观环境监测发展过程，无论是发展历史最长的水中常规监测项目，20世纪90年代兴起的环境空气自动监测，还是21世纪开始备受关注的水中有机物监测和土壤监测，面对监测技术、监测手段以及装备水平的发展，我国监测质量控制指标方面都存在极大的缺口，特别是没有体现全国监测技术水平的、全面完整的质量控制指标体系，缺乏具有针对性、全面性和合理性的数据质量评定指标。为此，有必要根据我国环境监测技术的现有状况和发展需求，针对各级环境监测站采用的主流监测方法和技术水平，提出一套科学、合理、符合当今监测技术发展水平的质量控制评价指标体系。

本项目针对环境空气质量监测、水环境质量监测和土壤环境质量监测三个领域展开，针对不同的监测手段、监测仪器、监测方法、应用领域和污染状况，系统性地开展监测数据准确性判定指标研究，对其中的质量控制指标（包括精密度和准确度等）进行了充分研究，得到适合我国目前监测能力水平的、科学合理的质量控制指标限值。为监测控制工作有据可依提供技术支持，为众多监测数据的可信性判断、统计筛选提供技术支持，以解决当前环境监测工作中急需的实际问题。

2 研究内容

1) 以《环境空气质量自动监测技术规范》（HJ/T 193—2005）中的 SO_2、NO_2 和 PM_{10} 监测为研究主体，针对不同类别的环境质量要求、测试原理、监测仪器性能等条件进行监测数据准确性判定指标研究，确定和建立空气自动监测数据准确性评定指标体系。

2) 以《地表水环境质量标准》（GB 3838—2002）和《地下水质量标准》（GB 14848—1993）中监测项目为研究主体，针对不同类别的环境质量要求，开展各种监测方法、监测手段、质控措施和质量类别等条件下监测数据准确性评定指标研究，确定和建立水环境质量监测数据准确性评定指标体系。

（3）以《土壤环境质量标准》（GB 15618—1995）中的监测项目为研究主体，开展不同土壤类别、质量类别、质控措施、监测方法等条件下监测数据准确性评定指标研究，确定和建立土壤环境质量监测数据准确性评定指标体系。

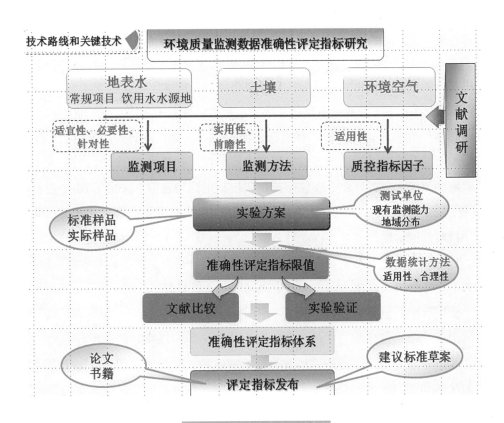

图 1　技术线路和关键技术

3　研究成果

（1）环境空气质量自动监测数据准确性评定指标

以《环境空气质量自动监测技术规范》中的二氧化硫、二氧化氮和可吸入颗粒物监测为研究主体，以现行有效监测方法为依据，以代表全国空气自动系统监测现行技术和能力水平为基本原则，针对多种监测仪器、监测项目、监测方法、监测环节和测试条件，分别采取标准物质测定、仪器间比对和测试参数统计评估等方法，开展监测数据准确性判定指标研究，提出符合我国环境空气自动监测现状的质量保证和质量控制体系框架，优化并确定合理可行的评定标准，确定和建立空气自动监测质量控制评价指标体系，为监测数据的有效性、准确性、可靠性和可比性的确认与判断提供技术支持。研究内容覆盖《环境空气质量自动监测技术规范》中全部常规监测项目，覆盖当前我国环境空气质量自动监测中的全部监测方法，涵盖仪器校准和数据审核中 8 种质量控制措施。

（2）水环境质量监测数据准确性评定指标

1）以《地表水环境质量标准》和《地下水质量标准》中的常规监测项目为研究主体，以指定的、现行有效的国际标准和行业监测方法为依据，以说明和代表全国水环境质量现行监测技术和能力水平为基本原则，提出了 26 个监测项目、28 个方法、七种质量控制措施的控制限建议值，建立了水中常规监测项目质量控制指标体系。其涵盖了《地表水环境质量标准》表 1 和表 2 中全部的可建立质量控制量化指标的项目和《地下水质量标准》中常规监测项目中可建立质量控制量化指标项目的 91%。

2）以《地表水环境质量标准》和《地下水质量标准》中集中式生活饮用水地表水源地特定项目为研究主体，充分考虑有机物监测的特点，兼顾监测技术的成熟程度、监测方法应用广泛性和当前主流监测方法发展需求等因素，开展了 80 个项目的研究工作。以当前主流监测方法为主，以建立实验室内自我控制指标为目的，提出了 63 个监测项目、86 种监测方法、五种质量控制措施的控制限建议值，建立了集中式生活饮用水地表水源地特定项目质量控制指标体系，占项目总数的 79%。其余 17 个项目因监测技术成熟程度差、监测方法不集中、具有准确获得监测数据能力的实验室数量少和监测数据分散等原因，使其结果不具有全国代表性，因而不能给出确切的定量研究结论。

（3）土壤环境质量监测数据准确性评定指标

以《土壤环境质量标准》中的监测项目为研究主体，以指定的、现行有效的国家标准和行业监测方法为依据，兼顾前沿发展技术和趋势，以说明和代表全国土壤环境质量现行监测技术和能力水平为基本原则，提出了四类（重金属、酞酸酯、有机氯农药和多环芳烃）、38 种目标化合物、七种质量控制措施的控制限建议值。监测项目覆盖《土壤环境质量标准》中的全部监测项目，并拓展了有机物监测项目。

4 成果应用

1）出版了《地表水常规监测项目质量控制指标》，为地表水环境质量监测及其质量控制工作提供参考依据和评价指标。

2）出版了《土壤和沉积物中有机物和重金属监测新方法》，为推动我国土壤环境质量监测及其质量控制技术发展、监测方法标准化提供技术支持。

3）编制了《京津冀区域空气质量监测质量保证与质量控制实施方案》（草案），其进一步修改完善后，可作为京津冀联防联控工作的技术文件，支持环境监测及其管理工作。

4）发表 38 篇科学论文，为广大读者提供技术参考。

5）研究成果已经广泛应用于全国各级监测机构的质量管理工作之中。

6）编制了《环境空气自动监测系统标准操作规程汇编》（草案），为建立国家环境空气自动监测系统标准操作规程提供技术参考。

7）编制了《地表水常规监测项目质量控制评价指标指南》（草案），其可提升为监测技术规范或标准方法，指导地表水环境监测及其质量控制工作，为地表水监测质量管理提供强有力的技术支持。

5　管理建议

（1）加大环境监测数据准确性评定的科研投入，深入开展相关研究

本项目研究提出的质量控制指标限值涵盖了环境空气质量自动监测、水环境质量监测和土壤环境质量监测三大监测领域的 130 个监测项目，占全部环境质量监测项目的 78%，但尚未覆盖环境监测的所有项目。其他监测项目的质量控制指标尚未开展系统性研究，监测中缺乏必要的技术指导与技术支撑，急需加以研究以填补技术领域的空白，完善评定指标体系，建立形成一套完整可行、科学合理的质量控制指标体系框架。

（2）建立环境质量监测数据准确性评定技术规范或标准体系，完善质量控制方法体系

为使研究成果能更好地实现应用和转化，更好地服务于全国各级环境监测机构的质量管理工作，更好地为评价环境质量状况提供重要依据以及为环境保护管理部门制定相关环境管理措施并保障其执行提供有力的技术支持，应在进一步论证完善已有研究成果的基础上，建立起环境质量监测数据准确性评定技术规范或标准体系，丰富完善我国的环境监测技术规范、方法体系等，为广大环境监测人员提供可靠的技术指导，使得我国在环境质量监测数据的准确性评定方面有据可循，促进我国环境监测质量控制技术方法体系进一步完善，从而有利于提高环境监测的质量管理水平。

（3）构建监测数据准确性评定的长效机制，促进监测质量管理水平稳步提升

在环境监测过程中，应充分意识到监测数据质量控制的重要作用和重要地位，尽快构建监测数据准确性评定的长效机制，明确相关职能部门的职责，加强对数据质量的评定工作，保障监测数据的准确性，从制度上强化对数据质量的管理，并形成长期有效、可靠的稳定机制，促进监测质量管理水平的稳步提升。

（4）加强针对难以量化指标的监测项目的质量控制研究，实现重难点突破

环境监测质量控制指标的重点和难点在于针对性、广泛性和全面性。已有的研究成果涵盖了环境监测领域的绝大多数监测项目、较为成熟的监测方法以及常用的质量控制参数等。对于一些不适宜制定可量化质量控制指标的项目，目前尚未研究其相关的质量控制措施，在技术上还属于难点问题，急需加强必要的研究并加以解决。针对难以量化指标的监测项目的质量控制研究，将完善环境监测领域的质量控制体系，填补当前的技术空白，构建完整的质量控制指标体系框架，从而有利于提升环境监测质量管理的整体水平。

6 专家点评

项目在对环境监测及其质量控制技术现状和发展趋势分析的基础上，针对环境空气、水和土壤环境质量监测中 130 个项目开展了质量控制技术系统性研究，提出了能够代表全国环境监测技术和能力水平的数据质量评价标准，建立了环境质量监测数据准确性评定指标体系，出版专著 3 部，完成了任务书规定的各项研究任务和考核指标。

项目提出的环境监测数据准确性评定指标，涵盖了目前空气、水和土壤环境质量标准的主要项目，在我国环境监测及其质量管理工作中得到了广泛应用，为环境管理和监测工作提供了有力的技术支撑。

项目承担单位：中国环境监测总站、江西省环境监测中心、江苏省环境监测中心、河南省环境监测中心、天津市环境监测中心

项目负责人：夏新

复杂环境介质中类固醇类内分泌干扰物的监测分析方法及污染特征研究

1 研究背景

类固醇类内分泌干扰物（EDCs）所造成的环境污染与健康问题已成为全球关注的新的研究领域。国内在环境中类固醇类 EDCs 方面的研究相对滞后，虽然有个别化合物的相关研究报道，但尚缺乏系统全面的研究。尽管目前已发展的分析方法很多，但或多或少都存在局限性，缺乏对复杂环境介质适应性强、灵敏度高的分析方法。因此，完善类固醇类 EDCs 的标准分析方法已成为研究其污染特征和生物效应的当务之急。

饮用水水源中内分泌干扰物的含量，直接与人们生活质量息息相关。昆明经济发展和城市规模的不断扩大，加重了滇池流域的生态环境压力，水体受到了严重污染，昆明市正面临着水环境污染与水资源短缺的双重困境。然而，在大力治理滇池严重富营养化的同时，往往忽视了一些表面上看不到，但又存在严重的潜在危险的新兴污染物的调查研究。滇池水体中类固醇类 EDCs 的来源、含量、分布、归宿及危害等至今未见报道，因滇池是昆明市的备用饮用水水源和淡水水产品来源而显得尤为迫切。

该项目拟建立复杂环境介质中八种类固醇类 EDCs（雌激素：E1、E2、EE2 和 E3；孕激素：PROG；雄激素：AND、TEST 和 DIHYDRO）的监测分析方法，为其他水域中此类物质环境行为和生物危害研究提供技术手段；同时研究滇池水系中类固醇类 EDCs 的主要来源、污染特征、分布规律、环境归宿以及对水生生物的危害，建立滇池水系类固醇类 EDCs 分布及污染特征的数据库，为滇池水系此类污染物治理对策与措施的制订提供依据，该项目的实施具有重大的社会效益和环境效益。

2 研究内容

1）发展适用于环境样品分析的类固醇 EDCs 的羟基、酮基分步或同步衍生化技术，解决应用气相色谱—质谱联用（GC-MS）检测此类物质的瓶颈问题；

2）建立完善的复杂环境介质中（地表水、沉积物、污水、污泥和生物样品）痕量类固醇类 EDCs 的分析方法，包括样品采集、微波辅助萃取、凝胶渗透色谱净化、固相萃取、衍生化和 GC-MS 检测等；

3）将该分析方法应用到滇池水系类固醇类 EDCs 污染特征研究，调查清楚其在滇池水体、20 余条环滇池河流和八座污水处理厂中的来源、含量、分布与归宿等；

4）通过滇池重污染区网式放养、污水处理厂出水网箱暴露和实验室长期低剂量暴露三种养殖模式相结合，系统研究类固醇类 EDCs 在高原湖泊水生生物体内不同组织中的代谢、积累及对生长发育的影响。

3　研究成果

（1）类固醇 EDCs 衍生化研究

1）羟基衍生化研究

在未衍生化时，类固醇雌激素（E1、E2、EE2 和 E3）的浓度在 1 ng/μL 时均已检测不出。以 *N*- 甲基 -*N*- 三甲基硅基三氟乙酰胺（MSTFA）和 *N,O*- 双三甲基硅基三氟乙酰胺（BSTFA）为衍生化试剂，经衍生化反应后，可以 E1、E2、EE2 和 E3 中的羟基衍生化，相应的生成三甲基硅烷基（TMS）产物，仪器检测限可达 0.1 pg/μL。所开发的羟基衍生化技术，无需加热和催化剂，常温（20℃）反应 10 min，各分析物即可达到最佳的衍生化效果，与目前国际上常用的衍生化方法（70℃加热 30 min，并且需要加入催化剂）相比，简化了实验操作，缩短了实验时间，解决了 GC-MS 检测类固醇雌激素的瓶颈问题。

2）羟基、酮基分步衍生化研究

以甲氧胺盐酸盐（MOX）与 BSTFA 为衍生化试剂的肟化 - 硅烷化羟基酮基分步衍生化法，虽然可将 E1 和 PROG 的羟基酮基全部衍生化，提高了 E1 的检测效果，但是没有起到提高 PROG 检测灵敏性的作用。同时，由于 MOX 与 BSTFA 的相互作用以及 MOX 对色谱柱的干扰，导致合并后的肟化 - 硅烷化衍生化检测不到任何目标物质。所以，肟化 - 硅烷化羟基酮基分步衍生化法不能满足类固醇类 EDCs 痕量分析的要求。

3）羟基、酮基同步衍生化研究

以 MSTFA 为硅烷化试剂，结合烯醇化试剂三甲基碘硅烷（TMIS），并加入稳定剂二硫赤藓糖醇（DTE），可以实现八种类固醇类 EDCs 的羟基酮基同步衍生化（烯醇化 - 硅烷化）。其主要原理是经过烯醇化试剂的催化，使得酮基发生烯醇化反应转变成羟基，同时将原有的和生成的羟基经 MSTFA 硅烷化处理，达到衍生化的目的。研究得到的最优衍生化条件为加入 100 μL 混合衍生化试剂 MSTFA/TMIS/DTE（1 000 ： 2 ： 5 质量比）于室温（20℃）反应 5min。该技术推动了 GC-MS 在类固醇 EDCs 分析领域的应用，特别是对雄激素和孕激素的分析。

（2）复杂环境介质中类固醇 EDCs 分析方法的建立

在衍生化技术研究的基础上，针对不同类型的复杂环境样品（地表水、沉积物、污水、污泥和鱼样等），重点解决了样品提取（微波辅助萃取）、浓缩纯化（凝胶渗透色谱、固相萃取）等痕量分析核心技术，建立复杂环境介质中低浓度类固醇类EDCs的分析方法，为全面开展滇池流域此类物质污染特征和生物效应研究提供技术手段，并为其他水域的相关研究提供技术支撑。特别是对于鱼类样品中类固醇类EDCs的分析方法，目前在国内外尚未见报道。由于引入了自动凝胶渗透色谱净化技术，简化操作的同时改善了净化效果，方法流程见图1。所建立的方法灵敏、准确，在环境监测和生态毒理学研究中具有较大的实际应用价值。

（3）滇池水系类固醇EDCs污染特征研究

系统研究了昆明市八座城市污水处理厂、滇池10个国家地表水质量控制断面以及22条主要环湖河流中类固醇类EDCs的浓度水平、分布特征、迁移行为、去除效果、环境归宿等。研究表明，滇池水体中的类固醇EDCs的浓度范围为3.1~9.1 ng/L，已达到产生生物毒性效应的浓度阈值（1 ng/L），其主要来源为21条入湖河流，特别是流经昆明市主城区并大量接纳污水处理厂出水的6条河流。由于各污水处理厂采用的处理工艺或技术参数不同，因此去除效率差别较大，其中去除效果最好的3AMBR工艺，去除率在88%以上，生化降解是类固醇类EDCs的主要去除方式，由污泥吸附去除的类固醇类EDCs较少。

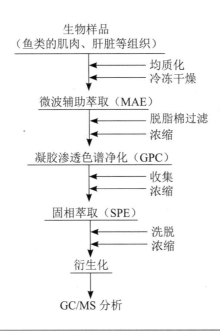

图1　生物样品中类固醇类EDCs分析方法流程图

（4）滇池水系类固醇EDCs生物效应研究

滇池野生鱼肌肉样品中类固醇类EDCs污染相对较轻，浓度低于11.3 ng/g。银白鱼中目标化合物浓度最高，是鲫鱼肌肉中浓度的2～3倍，鲤鱼介于银白鱼和鲫鱼之间，富集能力呈现肝脏＞鳃＞肌肉这一规律。

昆明市城市污水处理厂出水中类固醇类 EDCs 的污染较滇池网式放养对照严重，对暴露鱼类产生了一系列的生物效应，如性腺生长的抑制，通过诱导肝脏合成 Vtg 而导致 HSI 的增加，以及血浆中 Vtg 含量的升高。毒性效应生物评价指标的变化与污水处理厂出水中类固醇类 EDCs 在鱼体内的富集积累程度有关。出水暴露的高背鲫鱼，其肌肉中类固醇类 EDCs 的浓度随暴露时间的延长而明显升高，经 141 天出水暴露后，E1、E2 和 EE2 分别增加到 4.8 ng/g（净重）、4.3 ng/g（净重）和 1.5 ng/g（净重）。

采用自主研制的实验室流水暴露系统（图 2），以高背鲫鱼为实验鱼类，进行长期低剂量 E2 和 EE2 的单一及复合暴露，系统研究了 E2 和 EE2 在高背鲫鱼中的富集积累规律，通过多项评价指标评估 E2 和 EE2 对实验鱼类的生物效应，并揭示这两种类固醇类 EDCs 共存时的复合内分泌干扰特性。

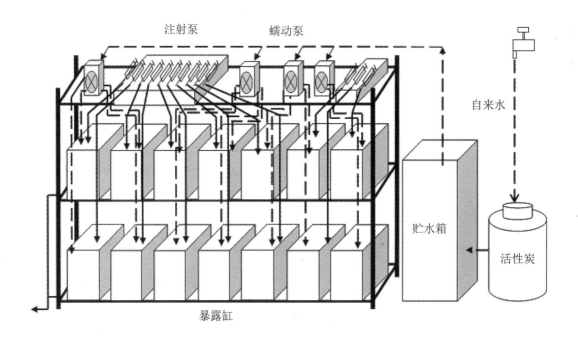

图 2 实验室流水式暴露系统示意图（14 个暴露缸）

在环保公益性行业科研专项的资助下，该项目共发表英文文章 11 篇，实用新型专利一项（CN2010201306488）。

4 成果应用

1）本项目研究成果《复杂环境介质中类固醇类 EDCs 的分析方法》已经在云南省环境监测中心站、云南水务产业投资发展有限公司和昆明滇池投资有限责任公司得到了成功应用，将类固醇类 EDCs 污染调查研究由滇池推广到了云南省的其他高原湖泊及河流，研究结果对提高人们对环境内分泌干扰物危害性的认识，保障城市饮用水安全和人们生活健康具有重要意义。

2）本项目向环境保护部提交的《地表水、沉积物和生物样品中类固醇雌激素的监测方法标准文本建议稿》和《地表水、沉积物和生物样品中类固醇雄激素和孕激素的监测方法标准文本建议稿》，为环境介质中类固醇类 EDCs 标准分析方法的建立提供了很好的理论和技术支撑作用。

5 管理建议

（1）建立城市污水处理厂内分泌干扰物排放标准

污水处理厂出水是环境中内分泌干扰物的主要来源，控制环境中内分泌干扰物应从污水处理厂入手。一直以来，由于缺乏有效可行的分析方法及相关控制制度，污水处理厂进水经处理后，污水中内分泌干扰物的去除率及出水排放量无法计算，对于污水处理厂出水中内分泌干扰物是否会对环境造成危害、造成多大危害并无定论。因此，建立相关排放标准，在污水处理厂设置相应监测指标，将其与悬浮颗粒物（SS）、化学需氧量（COD）、生物需氧量（BOD）等指标一起进入到污水处理厂进出水的常规监测管理中去。

（2）改进当前污水处理工艺

从工艺类型上看，活性污泥法是我国现有城市污水处理厂的主要工艺类型，占到八成以上；其余的工艺类型包括一级处理、强化一级处理、人工湿地等。然而，这些污水处理工艺并不能满足去除污水中内分泌干扰物的要求。因此，有必要对传统的污水处理工艺进行改良，使其对城市污水中内分泌干扰物有良好的去除效果，从源头上控制内分泌干扰物的排放。目前，这方面的研究开始得到国内外研究者越来越广泛的关注。已有研究表明，臭氧、紫外等深度处理技术能够不同程度去除出水中内分泌干扰物。

（3）开展典型内分泌干扰物的生物效应及环境健康风险研究

将网式放养、城市污水处理厂出水网箱暴露和实验室长期低剂量复合暴露三种模式相结合，获得不同环境下生物效应指示终点的变化及其规律，从个体、组织、细胞及分子水平阐明典型内分泌干扰物的潜在生长发育毒性和长期慢性毒性机理，为生物效应的综合评估提供基础数据和理论指导。将环境分析化学与污染物暴露引起的生物效应相结合，阐明暴露鱼类重要基因表达及自身激素的合成、分泌与鱼类生长发育的关系，建立剂量—生物效应关系，综合评估水体中典型内分泌干扰物的环境风险。

6 专家点评

该项目发展了适用于环境样品分析的类固醇类 EDCs 的羟基、酮基分步或同步衍生化技术，初步解决了应用气相色谱 - 质谱联用（GC-MS）检测此类物质的瓶颈问题；在此基础上，建立了较为完善的复杂环境介质中（地表水、沉积物、污水、污泥和生物样品）痕量类固醇类 EDCs 的分析方法，并将其应用到滇池水系类固醇类 EDCs 污染特征和生物效应研究，初步研究了污染物暴露引起的生物效应相结合，综合评估了滇池水体中类固醇类 EDCs 的环境影响。项目研究成果在云南省多家单位得到了应用，推动了水环境中类固醇类 EDCs 的污染调查研究。提交的《类固醇类 EDCs 监测方法标准文本建议稿》，对环境介质中类固醇类 EDCs 标准分析方法的建立具有重要的参考价值和技术支撑。

项目承担单位：昆明理工大学、昆明市环境监测中心
项目负责人：潘学军、高建培

污染源自动监控信息交换机制与技术研究

1 研究背景

国控重点污染源自动监控能力建设项目（以下简称"国控污染源项目"）是污染减排"三大体系"[1]四个能力建设项目之一，而建立高效的信息存储、传输和共享交换机制是"三大体系"建设能否达到国际一流水平的重要标志和实现手段。

国控重点污染源自动监控系统对占全国主要污染物（二氧化硫排放量、化学需氧量排放量）负荷65%的国家重点监控企业的污染物排放情况实施自动监控，掌握重点污染源的主要污染物排放数据、污染治理设施运行情况等各类信息，是监督重点污染源是否完成污染物减排指标的有效手段。各级环保管理部门目前已陆续建立了一批污染源自动监控系统，由于各地系统建设时间不同，采用了不同的监控、传输和软件技术，缺乏统一的数据标准，形成了各自独立的系统，省内不同地、市的系统数据难以交换，省级环保管理部门无法通过各地市的系统获取全省的污染源监控数据，国家级的数据就更是面临多种系统、多种软件、不同数据格式的局面，难以实现全国污染源监控信息的交换和集成，无法全面、系统地掌握全国的污染源监控信息，对于基于基础信息做出宏观管理决策有很大的影响。

开展"污染源自动监控信息交换机制"研究，集成各级各地环境保护部门已经或即将建立的污染源自动监控能力，是当前迫切需要展开的工作。需要在已有的工作基础上，基于现有的环保管理体系和机构现状，研究全国污染源自动监控信息的交换机制，设计合理的数据交换技术模式，梳理建立相关数据标准，建立污染源自动监控信息交换原型系统进行试点，与"国控污染源项目"同步推进，并配合该项目为各省与国家之间的数据交换提供技术支持。

---

1 污染减排三大体系：科学的污染减排指标体系、准确的减排监测体系和严格的减排考核体系。科学的污染减排指标体系：为顺利完成主要污染物减排任务，而建立的一套科学的、系统的和符合国情的主要污染物排放总量统计分析、数据核定、信息传输体系。其显著标志是"方法科学、交叉印证、数据准确、可比性强"，能够做到及时、准确、全面反映主要污染物排放状况和变化的趋势。准确的减排监测体系：为顺利完成主要污染物减排任务，而建立的一套污染源监督性监测和重点污染源自动监测相结合的环境监测体系。其显著标志是"装备先进、标准规范、手段多样、运转高效"，能够及时跟踪各地区和重点企业主要污染物排放变化情况。严格的减排考核体系：为顺利完成主要污染物减排任务，而建立的一套严格的、操作性强和符合实际的污染减排成效考核和责任追究体系。其显著标志是"权责明确、监督有力、程序适当、奖罚分明"。

2 研究内容

1）污染源自动监控信息的交换机制研究，研究从地方到中央的污染源信息交换业务工作流程，包括数据的上传、确认机制等方面的工作内容，从业务层面，明确污染源信息逐级汇总交换的工作模式。

2） 数据交换技术模式设计，针对不同软硬件平台、不同开发语言、不同的架构形成的复杂异构系统，要实现它们之间的数据交换，又不能相互开放数据库。只能通过服务的方式，将需要共享的数据，通过"数据访问服务"打包发布的形式进行相互利用。

3）建立污染源数据交换标准体系，通过对已有标准的梳理，包括国家环境保护总局2007 年颁布的《环境污染源自动监控信息传输、交换规范》（HJ/T 352—2007），形成满足全国污染源信息自动监控数据整合的数据标准体系。

4）污染源自动监控信息交换原型系统开发，根据污染源数据交换技术模式，遵循污染源自动监控相关数据标准，设计开发污染源自动监控信息交换原型系统，支持分布式污染源数据的逐级共享和交换。

5）污染源自动监控信息交换原型系统试点示范，选择辽宁、江苏、青海、宁夏试点省份（区），开展污染源自动监控信息交换原型系统试点示范工作。

3 研究成果

1）标准规范建议稿：环保数据元编制原则和方法（建议稿）、环境保护部污染源自动监控信息交换平台接口规范（建议稿）；

2）政策建议：关于在环境保护管理中使用组织机构代码建议的请示（环信函 [2012]03号）、关于《环境污染源自动监控信息传输、交换技术规范（试行）》（HJ/T 352—2007）的修订建议；

3）软件著作权：软著登字 新 0400646 污染源自动监控信息交换原型 DEMP；

4）论文发表 6 篇：环境保护基础信息资源建设中的交换模式研究、污染源自动监控信息交换机制研究、污染源自动监控信息交换标准体系研究、基于 ESB 的染源污染源自动监控信息交换原型系统、污染源自动监控信息交换试点示范、基于 ODI 数据传输系统的设计与实现；

5）专著：污染源自动监控信息交换机制与技术研究；

6）研究报告 7 份：污染源自动监控信息交换机制与技术研究总报告、国内外案例及现状调研报告、污染源自动监控信息交换机制研究报告、污染源自动监控信息交换技术模式设计、污染源自动监控信息交换标准规范体系、污染源自动监控信息交换原型系统、试点示范；

7）试点示范：分别在辽宁、江苏、青海、宁夏部署了 MQ 版和 ESB 版原型系统开展试点工作；

8）人才培养：项目研究过程中联合培养 5 名硕士生。

4　成果应用

1）课题提出的技术路线已经应用于"国家环境信息与统计能力建设项目"（5.8 亿元资金）中"数据传输与交换平台"的设计和开发，为选定"数据传输与交换平台"的交换模式提供了理论依据和实践经验，有效解决大规模部署中关键技术问题；"数据传输与交换平台"目前已在环境保护部、32 个省、446 个地市部署运行；基于这种技术模式和平台，传输环境统计数据 2011 年 113 条，116.39Mbit；2012 年 2 518 条，13 171.37Mbit；传输建设项目管理数据 2012 年 7 221 条，3 326.99Mbit；传输自动监控数据 2011 年 689 015 499 条，98.1Gbit；2012 年 265 805 719 条，180.22Gbit。

2）课题提出的"三位一体"交换机制框架，为环境监察管理工作的深化，提供了理论支撑；还提出了修订"污染源自动监控管理办法"（国家环保总局令第 28 号）的建议，增加关于污染源自动监控信息交换方面的条款，使"污染源自动监控管理办法"更加完善；此项建议已得到管理部门的初步认同；对于新增污染物（氨氮、氮氧化物）自动监控工作也有较好的借鉴作用。

3）建设原型系统，支撑了江苏、辽宁、青海、宁夏四省污染源自动监控数据交换，辽宁省传输数据 14 969 226 条、2.13Gbit；江苏省传输数据 66 060 253 条、9.41Gbit；青海省传输数据 8 187 700 条、1.17Gbit；宁夏传输数据 6 977 763 条、0.99Gbit。

4）基于本课题研究成果，江苏省、四川省实现省、地市、县的交换体系。

5）发现并解决了三类交换问题：数据被截取、数据类型不统一、数据存在关联关系问题。

6）支持 HJ/T 352—2007 标准修订，污染源自动监控信息交换原型系统的设计与开发基于"HJ/T 352—2007 规范"。原型系统的成功从技术上验证了"HJ/T 352—2007 规范"的可实现性，另一方面可以解决分布式污染源自动监控信息在同构、异构数据库之间的数据共享和交换问题。通过原型系统验证，提出了关于《环境污染源自动监控信息传输、交换技术规范（试行）》的修订建议，具体为：合并污水处理厂和污染源自动监控信息 Schema；统一污染物代码；调整数据类型。

7）丰富和完善环境信息化标准体系，《环境信息交换技术规范》（报批稿）中采纳了本课题建议的交换体系、交换模式；提出了"环境保护信息数据元编制原则和方法"建议稿，并编制国家环境保护标准制修订项目建议书上报环境保护部科技标准司。

5 管理建议

1）建立专门的政务信息资源交换机构，解决了因部门利益而产生的政务信息资源交换障碍，便于政务信息资源交换工作的组织协调，有力地促进了政务信息资源共享。

2）通过政务信息资源相关法律、法规和政策的建立和完善，形成了政务信息资源交换机制，促进了政务信息资源交换工作的有序开展。

3）推动电子政务的关键是要搞好整体规划，规范化的业务流程有利于政务信息资源交换和业务协同。

4）标准化和政务信息资源交换基础设施建设解决了传统政务信息资源交换工作中存在的无序交换、重复交换问题，政务信息资源交换从无序走向有序。

5）我国污染源信息交换机制建设过程中仍存在诸多问题需要解决，主要包括，第一，污染源自动监控和环境管理相关工作等在相关法律法规中的地位仍有待明确；第二，污染源自动监控信息采集的相关管理要求基本完善，但仍需结合实际应用进行修订；第三，污染源自动监控信息在线传输标准已经制订，但配套的法律地位、管理体系仍需确定；第四，污染源自动监控信息的应用领域等相关问题仍未明确；第五，国家、省、市、县四级数据信息传输网络的相关管理制度和技术规范仍需加强。

6）为完善我国污染源信息交换机制，第一，要建立和完善污染源自动监控和环境管理相关工作等方面的法律法规，明确法律地位，规范管理行为；第二，要研究制定有利于污染减排的环境经济政策，从国家宏观战略层面解决环境污染问题；第三，建立污染源自动监控信息"三位一体"的交换机制，管理层面提供制度保障，业务层面提供指导，技术层面提供交换技术支撑；第四，要按照统一规划设计、统一标准规范的要求，制定、修订污染源自动监控、环境信息传输等有关标准和技术规范，在全国形成整体能力。

6 专家点评

通过全国污染源自动监控信息的交换机制研究、数据交换技术模式设计，建立污染源数据交换标准体系，开展了污染源自动监控信息交换原型系统开发及试点示范，从污染源自动监控管理需求出发实现了国家、省两级污染源自动监控数据的传输与交换。项目提出了"环境保护信息数据元编制原则和方法"（建议稿）和"污染源自动监控信息交换平台接口规范"（建议稿）。项目完成了任务书规定的各项研究任务，全面实现各项考核指标。

项目提出的污染源自动监控信息交换机制研究框架、技术模式、原型系统试点示范，对三大体系的能力建设项目"国家重点监控企业污染源自动监控项目"、"国家环境信息与统计能力建设项目"提供了理论、实践上的支撑，从技术上验证了《环境污染源自动监控信息传输、交换规范》（HJ/T 352—2007）的可实现性，为《环境信息交换技术规范》（报批稿）（HJ ××××—201×）编制奠定了基础。项目部分研究成果在国家和地方环境管理中得到推广应用。

项目承担单位：环境保护部信息中心、江苏省环境信息中心、辽宁省环境监控中心、
青海省环境信息中心、宁夏自治区环保局信息中心、宁夏自治区环境
监察总队
项目负责人：徐富春

洋河水库异味物质产生机制与监控系统研究

1 研究背景

  洋河水库是我国北方典型的面源污染型水库，自 20 世纪 90 年代开始，洋河水库富营养化逐年加剧，并时常暴发鱼腥藻水华，并散发浓烈异味，严重影响秦皇岛市及北戴河区的饮用水供应。鱼腥藻水华暴发、异味灾害形成机理及其防控在受到国内外受到众多关注，而我国相关研究及应急管理技术等尤为缺乏。为了有效监控洋河水库异味蓝藻水华，保障饮用水源地安全，"洋河水库异味物质产生机制与监控系统研究"项目设置了洋河水库集水区污染源特征与水库氮磷收支特征、洋河水库蓝藻水华暴发机理与模型研究、洋河水库异味物质产生机制、洋河水库异味物质的监控系统研究与示范 4 个研究内容。采用野外调查、自动在线监测、实验室模拟研究以及数值模型模拟相结合，现代化学分析与生理学手段相结合等方法，研究洋河水库鱼腥藻水华的成灾机理，洋河水库异味物质的种类、空间分布格局及季节变化规律，以阐明洋河水库异味物质产生机制，提出洋河水库异味物质的监控系统的原理与技术，构建洋河水库异味物质监控系统并进行技术示范，同时为类似湖泊鱼腥藻水华的防控提供借鉴。项目由中国环境科学研究院、秦皇岛环境保护监测站、中科院水生生物研究所、南京大学、中科院生态环境研究中心 5 家单位承担。

2 研究内容

  项目从洋河水库流域污染特征、水华暴发机理与模型、水体异味产生机制以及监控系统研究和示范 4 方面设置专题研究。

  1）洋河水库集水区污染源特征与水库氮、磷收支特征。调查洋河水库集水区各种污染源的发生量，解析洋河水库氮、磷、碳的入库通量及沉积物氮、磷释放与吸附特征。

  2）洋河水库蓝藻水华暴发机理与模型研究。研究洋河水库水体氮、磷、碳与浮游植物时空变化规律，结合洋河水库蓝藻水华暴发的关键控制因子的研究，建立洋河水库藻华暴发模型，分析洋河水库水华暴发机理。

  3）洋河水库异味物质产生机制。分析洋河水库藻源异味物质的种类，异味物质的时空变化及其在藻细胞内外的分布规律，结合藻细胞产异味特征研究，阐明洋河水库异味物质产生机制。

4）洋河水库异味物质的监控系统研究与示范。研究针对鱼腥藻生物量及环境条件指标对异味物质进行监控的技术和方法；建立不同等级的预警方案及其启动机制，提出防止洋河水库异味灾害的调控技术方案；构建洋河水库异味物质监控系统，并进行技术示范。

3　研究成果

本项目以北方面源污染型水库——河北洋河水库为研究对象，研究了流域污染源特征、蓝藻水华暴发机理与模型、水体异味物质产生特征及机制，并以此为基础，建立了异味蓝藻水华的监控体系，提出了异味灾害防控方案。课题共申请专利 3 项，发表文章 12 篇。课题主要获得以下 3 个研究成果。

（1）阐释了洋河水库鱼腥藻水华暴发原因及异味物质的产生特征

流域污染压力过大，库区水质未达到饮用水水源地要求，且恶化趋势未得到控制是洋河水库鱼腥藻水华暴发的主要原因。污染源主要有淀粉加工、畜禽养殖、生活污染、农田面源及水土流失等。通过对流域内总氮、总磷及 COD 排放量的统计，目前超出洋河水库水环境承载力约 60%。其中淀粉加工业污染排放比例最高，是洋河水库污染主要来源，畜禽养殖污染也占有较高的比例。

洋河水库蓝藻水华种类由鱼腥藻向微囊藻转变，藻类暴发由双峰型向单峰型转变。洋河水库浮游植物种类演替由于受温度影响具有明显的季节性，春、夏、秋、冬的优势种呈现绿藻、蓝藻、硅藻演替的特征；洋河水库蓝藻具有明显的空间分布特征，生物量表现为由西北向东南逐渐降低的趋势，这一分布特征主要受营养盐和风场作用影响。随着洋河水库污染水平的加重，夏季的优势种群由鱼腥藻向微囊藻转变；磷是限制洋河水库蓝藻生物量的关键因子，氮是水华优势种由微囊藻向鱼腥藻转变的关键控制因子。

水体中 geosmin（土嗅素）主要由鱼腥藻产生，温度、光照、氮和磷均显著影响鱼腥藻产 geosmin。洋河水库水体中异味物质主要是 geosmin 和 2-MIB（2-甲基异莰醇），geosmin 主要由鱼腥藻产生，2-MIB 来源较复杂，主要来源于外源性污染物。洋河水库 geosmin 季节性变化呈现 2 个峰值，一个出现在春季，一个出现在夏季，夏季主要由鱼腥藻产生。geosmin 主要分布在细胞内（90%），温度、光照、氮、磷含量均显著影响鱼腥藻产 geosmin 水平。随温度升高，细胞内 geosmin 含量降低，胞外 geosmin 升高。当光照低于 2 000Lux 时，随着光照的增强，geosmin 细胞内含量增高，胞外变化不大；但光照高于 2 000Lux 时，随着光照的增强，细胞内 geosmin 含量降低，胞外 geosmin 升高；随着氮、磷水平的降低，细胞内外 geosmin 含量均显著降低，且磷的影响要高于氮。

（2）建立了 1 套异味蓝藻水华监控系统

在洋河水库建立了 1 套异味蓝藻监控系统，并运行了 2 年。洋河水库异味蓝藻监控系统通过产异味鱼腥藻生物量（叶绿素 a、藻蓝蛋白等）、水环境条件（pH、DO、温度、水下光照）、气象条件（气温、降雨、光辐射、风速、风向）的远程在线监测获取异味蓝藻现存量及蓝藻生长相关信息，以洋河水库鱼腥藻水华暴发模型及鱼腥藻产异味参数为基础对异味蓝藻水华灾害进行综合分析，提出预警方案。监控系统主要包括浮标监测系统和数据综合分析与预警系统两部分。

（3）提出了洋河水库异味灾害防控方案

项目提出了污染源系统控制、库区生境修复以及水华灾害应急控制为一体的异味灾害防控方案。污染源系统控制目标是削减污染排放量 60%，重点削减淀粉加工废水污染排放和畜禽养殖污染排放。库区生境修复以围网养殖控制为重点，加强北部库区的生态修复。异味灾害控制方案以水华灾害监控—调水—扬水筒控藻—取水口保护—水厂应急为主线进行系统控制。

4 成果应用

（1）异味蓝藻水华监控系统的应用

洋河水库是我国典型的以鱼腥藻水华暴发，产生水体异味，影响供水的水库。项目组建立的异味蓝藻水华监控系统在洋河水库中得到应用，并已经成功运行了 2 年。提高了秦皇岛市环境保护局对洋河水库异味蓝藻的监控能力和综合判断能力，为保障洋河水库饮用水水源地安全提供了重要支撑。

（2）洋河水库异味灾害防控方案的应用

本项目所提出的"洋河水库异味灾害防控方案"从污染源系统控制、库区生境修复及异味灾害应急控制等方面提出了技术方案，为秦皇岛市环境保护局防控洋河水库异味灾害提供了技术支撑，部分工程项目已经纳入"十二五"环境保护工程中。

5 管理建议

1）污染源系统控制，大幅削减流域污染源。大幅削减流域污染是水库异味灾害防控的关键。流域污染负荷削减 60% 以上，其中淀粉加工业、畜禽养殖、农村生活污水、农田面源、水土流失等污染负荷分别比现状削减 75%、50%、30%、20%、20% 以上。

2）加强水体生境修复，优化渔业结构。在污染源系统控制的基础上，要加强水体生态修复，优化渔业结构。水体生境修复是关键，取缔网箱养殖是基础，水体植被修复及渔业结构持续优化是重点。

3）建立洋河水库异味藻华监控系统。建议建立洋河水库异味蓝藻水华监控系统。监控系统包括在线监测浮标系统、数据综合分析与模型预警系统。

4）建立洋河水库异味灾害应急控制方案。根据异味蓝藻水华的监控情况及预警级别，分级启动异味灾害应急控制方案。应急控制方案以库区扬水筒控藻、取水口保护、水厂异味应急控制（颗粒活性炭＋除藻工艺）为主要手段。

6 专家点评

该项目系统地分析了洋河水库污染特征、蓝藻水华暴发机理，阐述了洋河水库异味物质产生特征和机制，建立了异味蓝藻水华暴发模型和监控系统，提出了异味蓝藻水华的监测方法和洋河水库异味灾害防控方案和对策建议。项目所建立的异味蓝藻水华暴发模型和监控系统在我国北方典型以鱼腥藻暴发为主的水库得到较好的应用，对异味蓝藻水华暴发预测起到良好的示范作用。该项目研究成果提高了地方环境保护管理部门的监管能力，可为洋河水库水质安全保障提供技术支撑。

项目承担单位：中国环境科学研究院、皇岛市环境保护监测站、中国科学院水生生物研究所、南京大学、中国科学院生态环境研究中心
项目负责人：储昭升

化工行业密集区域有毒污染物生物预警与化学监控技术研究

1 研究背景

精细化工原料及中间体的加工生产与出口已经成为我国国民经济的主要支柱产业。化工行业排放的毒污染物种类多、数量大，相当部分具有致癌、致畸、致突变和慢性毒性。除经常性排放有毒物质外，化工行业也是突发性污染事故的主要风险源。随着化学工业的发展，化工装置已趋向大型化，化学危险品运输量也相应大幅增加，化学危险品生产、储存及运输中发生的突发性污染事故也随之增多。产生的突发性污染事故概率大、污染速度快、影响范围大，对人类健康与生态环境造成影响严重，是各地环境保护部门和政府的重点关注问题。尤其是在"松花江事件"之后，发生的多起重大化工行业环境污染事故，引起全社会的极大关注。

国内外一直十分重视化工行业污染物排放监控和突发性污染事故应急防范管理。但针对有毒污染物监管监测技术方法体系建设、应急监测技术和突发性污染事故管理等多方面还需完善。

针对化工行业有毒污染物排放监管和突发性污染事故管理的需求，迫切需要综合不同国家科技计划中研发的监测预警新技术，围绕环境监测部门业务运行的需求，建立有毒污染物排放监管和应急监测技术方法体系。因此本项目选择化工行业密集的宁波市为研究示范区，研究突破现有的单一理化监测技术方法，发展一套对有毒污染物具备敏感、综合特点的、可远程实时预警的生物有毒污染物预警系统，形成有毒污染物的实验室和现场快速的化学监控监测技术，进一步完善我国有毒污染物监管、污染预警及应急监测业务运行体系，进一步提升环境管理部门对有毒污染物质日常监管和污染事故应急管理水平。

2 研究内容

1）根据宁波市化工行业密集区的产业结构与空间分布及污染物特点系统筛查，形成宁波市化工行业产生的对生态环境和人体健康危害较大的特征污染物清单。

2）开发特征污染物的监管监测分析方法，编制20种以上特征污染物的监测分析技术方法规范。

3）通过将 6 个预警站位的单系列在线生物安全预警仪器与无线网络的整合，构建在线生物安全预警仪器以及多点数据查阅系统的生物预警平台。

4）开发事故发生时的现场快速应急监测方法，编制应急监测技术规范及运行管理制度，初步建立一套针对 20 种以上特征污染物的应急监测方法。

5）结合宁波市基于 GIS 平台的化工产品危险源库、化学品库、大气与水体的有毒污染物扩散模型，构建能够集成有毒污染物生物预警和化学监控技术的应急决策系统。

3　研究成果

1）特征污染物的筛查排序。项目对宁波市 200 多家化工企业生产、储存与运输的主要原料与产品类型，环境归趋、毒理学特征进行系统筛查，筛选工作主要以考虑以下几个方面的因素：①化工区化学品的用量；②化学品的致癌性；③化学品的生物累积性；④化学品的急性毒性；⑤化学品的持久性。最终筛选出宁波市化工区应急事故特征污染物共 59 种，监管特征污染物 70 种。

2）20 种以上特征污染物的监测分析方法。在筛选确定 70 种污染物基础上，通过文献调研，结合国内外的监测技术，采用实验室 GC、GC-MS/MS、LC-MS/MS 及其附属设备，开发了包括水中的正丙苯等挥发性有机物、邻苯二甲酸二甲酯等半挥发性有机物、氯丹等有机氯农药、酚类化合物、甲醇、乙酸、卤代烃等 46 种污染物的监测分析方法，通过其他单位的验证后，编制了监测分析方法的标准化文件建议稿。部分监测方法已经用于宁波市的环境监测业务工作中。

3）20 种以上的特征污染物应急监测方法开发，应急监测设备配置与管理制度。根据筛选出来的 59 种应急特征污染物，项目组结合现有的标准物质情况，开发完成便携式气相色谱质谱仪器、气相色谱仪、气相色谱质谱联用仪和液相色谱 - 四极杆串联质谱等仪器等先进仪器设备的气中挥发性有机污染物、乙酸酯类化合物、丙酮和丁酮、有机硫化合物、三氯乙烯、乙烯、四氢噻吩，水中的阿特拉津等 24 种现场和实验室快速应急监测技术和方法。按照有效、节约、合理的原则配置出相应的特征污染物应急监测设备，并编制了应急监测技术规范的建议稿。项目组通过对应急仪器性能和污染事故特点的分析，结合应急实战的经验，编制应急监测运行管理制度。

4）10 种以上特征污染物的毒性特征曲线。为了能够及时预警常规污染物以外的有毒污染物引起的水质变化，项目组筛选并完成了 11 种特征污染物的毒性特征曲线，包括有机磷农药 3 种：敌百虫、敌敌畏、对硫磷；氨基甲酸酯农药 4 种：残杀威、克百威、杀线威、灭多威；除草剂类 2 种：阿特拉津、百草枯；挥发性有机污染物 1 种：2,4,6-TCP（2,4,6- 三氯酚）；以及重金属化学品 1 种：氯化镉。选择日本青鳉作为受试鱼类，研究基于这些污染压力下的受试生物行为生态学变化规律，用于 BEWs(水质在线生物安全预警系统) 的水环境水质变化预警，确定 11 种特征污染物对受试动物的压力阈值，建立受试动物行为响应时间与环境内污染物浓度之间的关系，建立特征污染物对受试动物的毒性响应曲线，将环境压力下受试动物行为变化模型结合到已经开发的在线生物安全预警仪器中，进一步发展突发性污染事故的生物预警技术。

5）一套包含 6 台 BEWs 的预警网络。为了解不同类型水体对生物预警系统的适应性同时兼顾区域敏感度或代表性，项目组在宁波市选择了 2 个饮用水源取水口（白溪水库和肖镇取水口）、2 个行政区交接断面（奉化方桥和姚江城山渡）、2 个企业排污口（宁波江东北区污水处理厂和雅戈尔印染分厂）作为生物预警实验试点，并在宁波市环境监测中心安装综合控制平台。

单台 BEWs 可以通过监测指示生物的行为实现对检测地点水体的在线生物预警，多台 BEWs 的网络连接可以实现多个站点水质变化的在线生物预警，通过信号的同步传输，实现生物预警网络。

6）一套监管和应急决策系统。以宁波为示范，基于 GIS 平台上污染源、生物预警网络，以现代空间信息技术为支撑，整合、集成基础地理、资源、应急、环境、灾害与社会经济等数据，完成危险品、专家库、分析方法库、应急预案与处置等应急信息数据、空间数据、社会经济统计数据的管理，污染物扩散分析、应急向导等功能，提供应急扩散分析、预警预测与多源异构数据的共享功能，促进各部门应急信息数据的共享共用，提升对突发性应急事故决策分析能力，实现对突发性环境事故的科学、快速处置。

7）产出成果。项目同时也产出了一批成果：在中国环境科学出版社出版一部专著《快速检测技术及在环境污染与应急事故监测中的应用》，发表 6 篇核心期刊论文，获得一项软件著作权，向环境保护部提交 4 项标准制定的建议，还培养了一批学术带头人、学术骨干和硕士研究生。

4 成果应用

1）"20 种以上特征污染物的监管监测技术"弥补了化工行业密集区的特征污染物监管盲点；目前课题组开发的部分监测分析技术方法已经多次在各类环保治理项目竣工验收、委托监测、环评监测以及突发性环境应急事故中应用，均取得了较好的效果。有 4 种方法正在申请国标修制定。

2）"环境事故应急监测方法、应急监测规范及应急决策系统"均已在监测实践中应用，并在浙江省监测系统中推广应用。并在 2009—2012 年的环境事故应急监测中已经发挥作用。为环境污染事故的有效处置，保护人民生命健康和财产安全提供技术支撑。该技术成果已经编制成专著《快速检测技术及在环境污染与应急事故监测中的应用》，已经由中国环境科学出版社出版。

3）"构建的一套生物预警监测网络"已经正常运行，并在环境应急中发挥重要作用，例如，2009 年 8 月 8 日，莫拉克台风时期，萧镇取水口仪器报警后，自来水公司及时排空了吸入的含毒水，并停止了该取水口的供水，避免了可能发生的事故。目前装置运行稳定，为宁波市的饮用水源水质安全提供预警保障。

5　管理建议

1）建立全国化工密集区域有毒污染物名录及产生特性、污染特性和管理特性动态数据库。针对我国化工密集区目前有毒有害污染物污染底数不清，以及管理针对性不强的现状，建议依据每年有毒有害污染物申报登记情况，建立有毒有害污染物名录库，对其种类、产生量、产生源、有害组分和浓度、贮存运输和处置情况以及应急处置对策措施等信息进行动态管理，全面掌握有毒有害污染物各管理环节主要潜在的环境问题，识别风险源，为风险评价和风险管理决策提供指导。

2）完善我国有毒污染物监测方法和排放标准体系。目前，我国针对有毒污染物监管监测技术规范覆盖面少而零散，监测质量保证和质量控制（包括标准样品）体系尚未建立，很多指标监测技术方法体系的不完善，限制了我国有毒污染物环境标准的制定及评价能力的发展。由于有毒污染物在环境中含量极微，对常规指标 COD 或非甲烷总烃的贡献很小，致使相当多的化工厂虽然正在排放着对生态环境和人体健康构成危害的有毒污染物，却能够在日常监管中达标排放，也造成事实上的监管缺失。因此建议通过开展相关监测方法及排放标准如《大气污染物综合排放标准》（GB 16297—1996）的制修订，制定更为严格的污染物排放准入条件，特别是有毒污染物排放限制标准，为开展化工企业有毒有害物质监测和监督执法提供法律依据。

3）进一步完善我国化工密集区域应急监测技术体系。目前我国现场应急监测技术方法体系缺乏，各地应对污染事故应急监测能力普遍薄弱，严重制约了突发性污染事故管理能力的提升。根据环境化学污染事故扩散快、危害大等特性，一旦发生环境化学污染事故就要求应急监测人员快速赶赴现场，根据事故现场的具体情况布点采样，利用快速监测手段判断污染物的种类，给出定性、半定量和定量的监测结果，确认污染物的范围，为后续应急措施的实施提供基础依据。因此建立完善的能适应化工密集区域特色的优先控制污染物应急监测方法显得尤为重要，同时加快推进应急监测方法技术体系建设工作，将极大提升环境应急监测数据的快速性、准确性、可靠性、代表性和时效性，进一步提高环境污染事故的处理技术水平，有效保障人民生命和财产安全。

4）开展有毒污染物生物综合监控技术网络化能力建设。我国有毒污染物监测技术手段单一。现行的监测技术主要以理化分析为主，这种传统的理化分析技术方法往往只能反映某一种污染物的理化性状，而多种污染物共存表现联合作用时，就难以说清复杂的有毒污染物生态与健康效应问题。同时，进入环境、具有潜在健康影响的污染物数以万计，仅依靠传统的理化分析技术难以对污染物进行有效监控。目前，我国监测部门生物监控技术非常薄弱，亟待在各级环境监管监测能力建设中予以支持。

6　专家点评

该项目以化工行业密集的宁波市为研究示范区，建立并编制了 46 种污染物的监测分析方法和 24 种污染物快速应急监测技术方法，构建了一套基于鱼类行为学的生物预警监测网络和环境应急决策系统，初步形成了一套有毒污染物的应急监测技术规范和应急监测运行管理制度。开发的特征污染物监测分析方法对有毒污染物科学监管是一个重要的方法补充；项目探索研究的现场快速监测技术方法和复合型污染物的生物毒性响应模型，不仅在方法上进行了探索创新，而且为环境应急监测与管理决策提供高效科学支撑作用，对于完善我国有毒污染物监管监测和应急监测决策技术规范、推动相关技术和规范的应用和推广，具有十分重要的意义。

项目承担单位：宁波市环境监测中心、中国科学院生态环境研究中心
项目负责人：胡杰

跨国流域环境污染突发事件预测预警（信息）系统研究

1 研究背景

近年来，由于跨国流域水体所处地区及其上游区域经济发展，城市人口增加、工（矿）农业生产规模增大，导致跨国流域水环境污染问题日益突出，发生水污染事故的风险显著加剧。许多突发水污染事故，对当地的生产、生活产生很大的影响，甚至引起相邻国严重关注。这些环境问题将极大地阻碍经济发展，进而导致社会的不稳定和国家的不安全。

跨国流域区一般十分偏远，不属于水环境污染控制的重点流域，环境监测与管理能力不足，水环境状况以及污染事件的可能突发点没有细账，无法对其发生概率、污染强度、影响范围作预警预测。迫切希望对跨国流域水污染事故做好预警、应急和灾害修复工作。采用空间信息技术建立我国主要跨国流域环境突发事件预测预警信息系统，可为国家环境安全管理提供基础信息，为跨国河流规划和可持续管理提供先进的技术支撑。项目的实施对于维护国家安全以及区域资源可持续利用等方面有着重要的现实意义。

本项目研究符合规划纲要的优先领域，是贯彻落实规划纲要"环境"重点领域的发展思路中"积极开发生态和环境监测与预警技术，大幅度提高改善环境质量的科技支撑能力"的重要体现。符合 2008 年度国家环境保护公益性行业科研专项指南的"环境监测技术与环境管理政策研究"的重点方向，即"研究环境优先污染物的污染事故应急监测设备和技术"。

根据国家和环境保护部优先资助方向和项目组研究基础及优势，项目组申请了 2008 年度国家环境保护公益性行业科研专项，该项目采用先进的空间信息技术，构建了跨国流域水环境污染突发事件预测预警信息系统，有效地增强了对突发性事件的敏锐性，提高了应急管理能力。

2 研究内容

1）针对跨国流域的水环境问题和跨国流域特殊的地理位置，首先研究基于空间信息技术的水环境状况综合监测技术及快速传输手段，在此基础上建立跨国流域河流水环境综合数据库和维护管理系统。

2）开发基于 3S 技术的跨国流域水环境查询系统，建立水量和水质模型，搭建基于 3S 技术的跨国流域水污染计算机仿真系统，对跨国水环境污染突发事件进行预报预警，建立跨国流域水污染突发事件应急反应系统，并进行集成和示范。

3 研究成果

1）总结了我国跨国流域区国际河流特点和问题，为跨国流域区开展工作提供了基础数据支撑。

分析了我国跨国流域区国际河流的特点，资源丰富，分布复杂，一般经济发展落后，基础工作薄弱，不同区域有着不同侧重的问题。东北国际河流以边界河为主，西北国际河流以跨界河流为主，兼有出、入境，西南国际河流以出境河流为主。总结了东北、西北和西南国际河流区的现状，包括水系、降雨、径流、水资源量和开发利用情况等。论述了开发利用中关注的问题，包括水资源利用及权益分享、建设工程所引起的国家权益保护问题、国土流失的防护和整治等。

2）建立了跨国流域水环境突发事件国际应急协调框架体系，为跨国流域突发水污染事件的多国协调管理提供了指导。

总结了跨国流域水环境突发事件的国际经验，在应急体系、预防和应急响应关键要素、制度、风险评估预防和计划、应急准备和协调响应、化学品信息管理、公共信息系统、处罚激励等方面的经验。针对不同的应急分级预案，提出了应急预案方法和应急预案体系总体框架。结合松花江水污染突发事件的处理模式，建立了跨国流域水环境突发事件应急国际协调框架体系，该框架体系由应急指挥协调、现场应急协调、支持保障和信息保障等部分组成。以松花江突发水污染事件为例，说明了发生特大石油泄漏事件时，我国的应急行动方案应该如何展开。

3）完善了跨国流域水环境信息综合监测与传输技术，为跨国流域缺资料区提供了数据获取和传输的重要手段。

提出了跨国流域水质监测站的建设方案。采用多源遥感数据，对松花江水污染状态进行了遥感监测，根据波谱变化定性半定量反演了污染物。针对跨国流域水环境突发事件信息传输和准确定位的需求，解决了跨国流域等偏远地区应急监测车的准确定位等问题，获得了一种复杂环境下的导航方法国家发明专利。开发了多频多星座信号接收软件。初步提出了跨国流域流水环境突发事件和污染源的分类指标和分级体系。针对跨国流域水环境污染突发事件，建立了跨国流域水污染事件的数据库系统。包括空间、水文、水质、污染源、突发事件、社会经济数据、方案和成果数据库等。开发了数据库维护管理系统。

4）构建了跨国流域水环境污染突发事件预测预警和应急辅助决策系统，为跨国流域突发水污染事件处理提供了技术支撑。

建立了跨国流域典型河段水动力模型和水质模型，模型能够描述水质时空变化的特征和规律，并用于水质的预测和预报。开发了基于 GIS 的跨国流域水环境数据查询系统、水环境实时监测系统、水质评价系统、应急预案管理系统。开发了跨国流域水环境突发事件仿真和决策支持系统，可对水污染进行情景模拟，来直观展示水污染的扩散过程，模拟不同方案下水污染突发事件应急情况，并对水污染情况进行预报预警和应急辅助决策。开发了跨国流域水环境污染突发事件预测预警网络发布系统，系统集成了高精度地图数据与跨国流域水污染突发事件数据。获得了两项软件著作权。

5）完成了跨国流域水环境突发事件预报预警和辅助决策系统集成和应用，为实际应用提供了平台。

对跨国流域水环境数据库及其管理系统、实时监测系统、水质评价系统、突发事件预案管理系统、水污染模拟仿真系统和应急处理应用系统进行了集成。集成包括数据集成、模型集成和应用集成。集成的系统在松花江流域进行了示范应用。并将项目成果应用于环境保护部门和水利部门等，对于加强和改善跨国流域水环境测报与应急处理突发事件科技水平提供了重要支撑。

4　成果应用

本项目成果已成功应用于环境保护部门和水利部门，如环境保护部环境规划院、昆明市环境科学研究院、辽宁省环境科学研究院、北京市测绘设计研究院和航天科工系统仿真科技有限公司等。在环境政策制订、环境数据管理、水环境突发事件预测预警系统建设、模型仿真、流域水环境综合管理工作和制定突发事件政策和协调机制等方面得到实际应用，取得了很好的成果。本项目的研究成果对于加强和改善跨国流域水环境测报与应急处理突发事件科技水平具有重要示范作用。

5　管理建议

1）跨境河流中，我国大部分位于上游，在涉及水资源水环境的谈判中，急需对相邻国家加强进一步了解，增强主动性。建议加大对其他国家，尤其是邻国水资源水环境管理方式、应急突发事件处理模式的深入研究，掌握其特点，为突发水环境污染事件提供有效技术支持。

2）针对跨国流域水环境污染突发事件发生时，应急监测手段不足，建议加强天地一体化的立体监测，如高分辨率的环境监测卫星、无人机等的应用。并加强国产化卫星的应用工作。

3）建议应用现代通讯手段和最新技术，对环境问题进行研究。在物联网时代，充分应用污染源自动监控、环境在线监控、无人机监控和卫星遥感等技术手段，加强对水环境突发事件的综合监测，改变传统的"废气靠看，废水靠闻，噪声靠听"的落后监管局面。

4）在应对跨国流域水环境突发事件中，建议按照设计的应急国际协调框架体系，加强应急指挥协调、现场应急协调、支持保障和信息保障等，有序开展应急行动方案。

6 专家点评

该项目综合运用空间信息技术、通信技术、模型技术和环境管理等多学科交叉的研究手段，针对跨国流域的水环境问题和跨国流域特殊的地理位置，建立了跨国流域水环境突发事件国际应急协调框架体系，完善了水环境综合监测与传输技术，开发了跨国流域水环境突发事件数据库系统和预测预警网络发布系统，搭建了基于 3S 技术的跨国流域水污染计算机仿真系统和跨国流域水污染突发事件应急反应系统，并进行集成和示范。项目研究成果在环境保护部门和水利部门的成功应用，对于加强和改善跨国流域水环境测报与应急处理突发事件具有重要示范作用。项目成果增强了对突发性事件的敏锐性，为国家环境安全管理提供了信息技术支撑。

项目承担单位：北京大学、中国水利水电科学研究院、环境保护部环境规划院
项目负责人：张飞舟

第五篇
重点行业污染减排领域

2008 NIANDU HUANBAO GONGYIXING
HANGYE KEYAN ZHUANXIANG XIANGMU
CHENGGUO HUIBIAN

冶金行业污染源达标评估和动态管理技术研究

1 研究背景

工业污染防治是我国环境保护工作的重点，也是国务院《节能减排综合性工作方案》的重点工作之一。铜、铅、锌等有色工业污染源控制是重金属污染综合防治的重要方面。控制工业污染的排放，是节能减排成败和重金属污染防治的首要环节。针对我国工业污染防治，迫切需要对全国工业污染源连续、稳定达标状况进行分析评估，提出合理而经济可行的达标技术和管理对策。《国家环境保护"十一五"科技发展规划》提出，"基本建立完整的、覆盖各类主要污染物的动态源排放清单及数据库系统"的要求。

对冶金行业污染的防治仍是现阶段环境保护的重点内容。冶金行业作为污染相对严重的行业，加强对其污染源的管理，识别冶金行业污染源达标排放的关键制约因素，有针对性地采取强而有效的措施并强化实施，是保障环保目标实现的重要途径。根据国家"十一五"环境保护规划目标，"十一五"期间，我国要初步建立以环境执法、社会监督和企业自律三大部分为内容的完备的环境执法监督体系，力争使全国工业企业污染物排放稳定达标率达到80%以上。

本项目充分利用第一次全国污染源普查及产排污系数研究成果，进行产排污规律的深化研究，通过在东中西不同区域的实证研究，揭示铜铅锌冶炼工业污染源污染物排放特征，建立我国铜铅锌冶炼工业污染源污染物排放核算技术体系和排放模型，建立铜铅锌冶炼工业污染源达标评估方法学与模型、达标技术评估方法及动态管理机制，为铜铅锌冶炼工业污染源达标管理提供技术手段。

2 研究内容

选择我国东部（广东韶关市）、中部（安徽铜陵市）和西部（内蒙古赤峰市）地区三个典型区域，在示范研究基础上，进行下述研究：

1）铜铅锌冶炼工业污染源污染物排放特征及排放模型研究；

2）铜铅锌冶炼工业污染源达标技术评估；

3）铜铅锌冶炼工业污染源达标状况评估方法和动态管理机制研究。

3　研究成果

（1）铜铅炼工业污染源污染物排放预测模型

本项目在产排污系数研究基础上，深入分析四同（同一产品、同一原料、同一工艺、同一规模）组合条件下，不同技术水平、管理水平条件下，污染源污染物排放的差异，细化技术水平、管理水平对污染源污染物排放影响因素的影响程度，建立铜铅锌冶炼工业污染源污染物排放的定量预测模型。以不同的四同组合条件为参照系，制定技术水平、管理水平、末端治理技术的量化评分规范，设计不同生产工艺冶炼污染源污染物考核指标，计算出技术水平、管理水平综合作用下，各污染源污染物的排放浓度。应用相关模型，可以进行污染物达标排放预测分析，通过与行业的污染物排放标准和清洁生产标准进行比较，评估和分析污染物达标排放潜力，预测提升技术、管理水平对污染物减排的影响潜力。

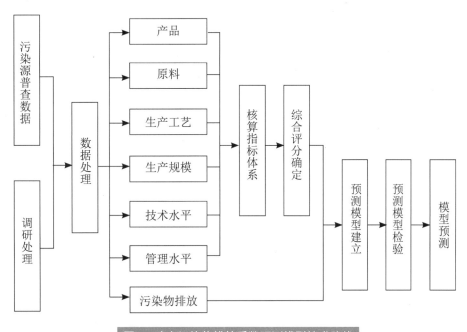

图1　建立污染物排放系数预测模型技术路线

（2）铅冶炼污染防治最佳可行技术指南（发布稿）

针对铅冶炼生产、生活过程中产生的各种环境问题，为减少污染物排放，从源头控制和末端治理两个角度，提出实现高水平环境保护所采用的一系列先进、可行的污染防治工艺和技术。该指南（HJ-BAT-7）已于 2012 年 1 月 17 日，由环境保护部正式发布实施（环境保护部公告 2012 年 第 4 号）。

针对铜铅锌冶炼行业污染防治技术评估，提出了模糊层次分析法和 LCA 框架法两种方法，并进行了案例研究。采用模糊层次分析法对铅冶炼技术中的 ISP 密闭鼓风炉炼铅、富氧顶吹炼铅以及氧气底吹炼铅三种技术进行了评估比较。运用 LCA 框架法对 ISP 密闭鼓风炉炼铅技术进行了定量评价。

（3）锌冶炼行业污染防治最佳可行技术指南（初稿）

针对锌冶炼生产、生活过程中产生的各种环境问题，为减少污染物排放，从源头控制和末端治理两个角度，提出实现高水平环境保护所采用的一系列先进、可行的污染防治工艺和技术。适用于锌冶炼行业炼锌厂或具有锌冶炼工艺和制酸工艺的企业。该指南初稿经修改完善，可提交环境保护部研究发布，拟作为锌冶炼项目环境影响评价、工程设计、工程验收以及运营管理等环节的技术依据，是供各级环境保护部门、规划和设计单位以及用户使用的指导性技术文件。

（4）铜铅锌冶炼行业污染源排放达标可行性评估方法及决策支持系统

冶金行业的污染源达标评估可简单归纳为预测的污染物排放浓度与工业污染物排放标准的对比，从而评估和分析污染物达标排放的潜力。根据污染物排放预测方法的不同，本研究提出了两种评估方法，一是基于产排污系数法的污染源达标评估方法，二是排放模型法的污染源达标评估方法。在此基础上，研发了冶金行业污染源达标评估和动态管理系统》。该系统运行于 Windows 平台，基于 .Net 2.0 的 C/S 架构，实现的单机版数据库管理系统。系统主要功能是用户根据其评价的特定目标及目的，选择不同的污染源排放达标可行性评估方法，在输入或者选择不同评估评估需确定的污染物达标排放影响因子相关信息后，预测污染源排放污染物的浓度，并与我国现有的标准进行比较，从而评估和分析污染物达标排放的潜力。

4 成果应用

1）本项目研究制定的《铅冶炼污染防治最佳可行技术指南》已经环境保护部正式发布实施。该指南将作为铅冶炼项目环境影响评价、工程设计、工程验收以及运营管理等环节的技术依据，是供各级环境保护部门、规划和设计单位以及用户使用的指导性技术文件。据测算，到 2015 年，如能全面淘汰烧结锅—鼓风炉炼铅工艺，推广先进的富氧熔炼工艺，尽管铅冶炼行业的产量增加较大，SO_2 排放量仍能有很大幅度的削减，削减量可达 20 万 t。同时，到 2015 年，镉、铅、砷分别削减 1.44t、16.76t、3.59t。

2）为提高我国铅污染防治技术水平，项目组协助环保部科技标准司承办了"2010年铅污染防治技术及政策研讨会"，与会专家就铅污染源解析、铅污染防治政策及管理对策、铅矿采选污染防治技术、铅冶炼污染防治技术、再生铅污染防治技术等领域，进行交流和讨论，并形成了"我国铅污染防治政策建议"，积极推进了重金属污染防治工作。

5 管理建议

1）铅冶炼污染防治最佳可行技术指南（HJ-BAT-7）已由环境保护部正式发布实施。从行业反馈来讲，总体执行是好的，对于推动行业的技术进步和污染治理水平发挥了很大作用。为了充分发挥技术指南的潜力，建议加强政策间的协调性，特别是做好与建设项目环评、上市企业环保核查、排污许可证以及环境排放标准等的协调。

2）要加强最佳可行技术的推广应用。一是从冶炼工艺的源头着手选用节能减排的短流程的炼铅工艺，加速淘汰高能耗、高排放量的落后工艺。引进消化吸收国外先进的直接炼铅技术，鼓励和推广具有自主知识产权的短流程强化富氧或纯氧冶炼技术与装备。二是加强污染物治理。在废气治理方面，鼓励和推广高效烟气除尘脱硫技术，如撞击流及涡施分离技术、双碱法脱硫技术、半干法高效脱硫除尘一体化技术、高效雾化旋流脱硫除尘技术等；鼓励新型环保烟气罩的开发和应用等。在废水治理方面，大力推广废水深度处理技术，鼓励开发的新的重金属废水高效低成本处理回用技术和开发新型水处理剂、生物净化回收重金属技术等。在固体废弃物治理方面，鼓励全量资源化利用技术，开发固体废物综合回收利用的技术和途径；在回收废渣中有价金属的基础上，进一步对残渣加以资源化技术，如重金属废渣硫固定回收金属硫化物及制备硫黄建材新技术等。

3）组织开展工业污染源排放系数的深化研究。第一次全国污染源普查中，提出了一整套工业污染源排放系数，相关系数主要是在一定产品、原料、工艺、规模（简称四同）下的行业平均水平。本研究表明，各企业间产排污系数存在差异，还受到技术水平、管理水平等的综合影响。在今后产排污系数更新中，建议进一步组织开展相关规律研究。

6 专家点评

该项目在对我国典型企业调研的基础上，主要分析了铜铅锌冶炼行业环境污染特征，构建了铜铅锌冶炼典型工艺污染源的污染物排放模型，提出了污染防治最佳可行技术评估方法，编制了《铅冶炼污染防治最佳可行技术指南（试行）》、《锌冶炼污染防治最佳可行技术指南》（初稿）和《冶炼行业污染源达标可行性技术评估指南》（初稿），开发了铜铅锌冶炼污染排放达标评估决策支持系统。该项目研究成果对完善我国铜铅锌产排污系数提供了基础数据，对我国铜铅锌行业污染防治管理工作提供了技术支持。

项目承担单位：中国环境科学研究院、北京矿冶研究总院
项目负责人：孙启宏

焦化行业苯并 [a] 芘排放总量控制方法和模型研究

1 研究背景

我国是世界主要的焦碳生产和出口国，焦炭产量和出口量分别占世界的 40% 和 60% 以上。除火力发电外，炼焦作为主要的能源转化形式每年占我国总耗煤量的 13% 左右。由于炼焦工艺整体相对落后，焦化生产过程造成大量污染物排放，其中，苯并 [a] 芘是炼焦过程排放的特征污染物。据世界卫生组织研究报告，大气中苯并 [a] 芘含量 $2ng/m^3$，即为诱发癌变的极限含量，而产焦区苯并 [a] 芘含量高于极限值 60 ～ 100 倍，对焦炉工人及厂区周围居民健康造成极大危害。

针对我国目前工业污染源有机污染物排放控制中存在的技术问题和污染减排目标的严峻形势，开展工业污染源有机物生成机理和排放特征的研究是实现污染物削减的关键。然而目前关于炼焦生产过程苯并 [a] 芘排放行为的研究较少，缺少对不同规模、类型及生产工艺下苯并 [a] 芘排放水平及排放特征的准确认识，针对性的环境管理措施不明确。因此，迫切需要开展炼焦过程多环芳烃排放特征的研究。

本项目采集了机械炼焦生产过程排放包括苯并 [a] 芘在内的 16 种多环芳烃样品，系统分析不同类型机械炼焦炉不同工序多环芳烃浓度水平、排放特征，并与实验室煤热解试验相结合，提出炼焦过程从煤利用前控制、焦化生产中控制和焦化生产后控制的系统的多环芳烃污染控制措施。研究成果为我国炼焦生产排放包括苯并 [a] 芘在内的多环芳烃的有效控制提供有力的技术支撑，为焦化行业产业政策及炼焦炉大气污染物排放标准制定和完善奠定了基础。

2 研究内容

1）收集、调研我国焦化行业生产规模、焦炉类型、生产工艺及焦炭年产量等资料，同时还对炼焦大气污染物的来源与特点以及我国焦炉烟尘控制的发展历程、现状和技术水平进行了分析与评价。

2）分析和研究不同规模、类型机焦炉有组织排放和无组织排放包括苯并 [a] 芘在内的 16 种多环芳烃的排放水平及分布特征（气固分布特征、粒径分布和毒性参数特征）。

3）探讨了不同变质程度的 16 种煤样热解过程中多环芳烃的生成机理，分析了原煤热解过程中工艺条件对多环芳烃生成的影响。

4）计算了不同类型机焦炉不同工序 16 种多环芳烃的排放因子，并根据焦炉类型权重确定了苯并 [a] 芘和多环芳烃的综合排放因子。

5）提出了系统的焦化行业多环芳烃污染控制政策和措施。

3　研究成果

（1）炼焦过程多环芳烃排放特征研究

装煤烟气及除尘器收集飞灰中多环芳烃含量均明显高于出焦过程，为有效降低炼焦污染，应进一步加强对装煤过程的污染控制。另外，炼焦无组织排放多环芳烃浓度较高且总体毒性大于炼焦烟气，对焦炉工人健康危害较大。

炼焦有组织排放及无组织排放多环芳烃以低分子量所占比例最大，分别占装煤、推焦烟气、燃烧室废气及无组织排放多环芳烃总和的 95.91%、91.78%、96.61% 和 75.29%；炼焦飞灰中多环芳烃以 4 环和 5 环为主，二者之和占多环芳烃总量的 80.00% 以上。从多环芳烃的气固分布来看，炼焦过程排放多环芳烃主要以气态形式存在，且不同环数多环芳烃气固分布特征不同。2 环和 3 环多环芳烃几乎全部以气态形式存在，而 5～6 环多环芳烃主要以颗粒态形式存在。

炼焦排放的颗粒态多环芳烃和苯并 [a] 芘主要分布在粒径小于 1.4μm 的细颗粒物上，且分子量越大的多环芳烃越趋向于富集在更细的颗粒物上，炼焦排放细颗粒物是携带各种致癌多环芳烃进入人体的主要载体。另外，采用捣固装煤方式的焦化厂装煤和出焦烟气中多环芳烃的粒径明显小于采用顶装装煤方式的焦化厂。

机焦生产过程装煤和出焦烟气中总多环芳烃排放因子分别为 346.13mg/t 和 93.17 mg/t 煤，其中苯并 [a] 芘的排放因子分别为 1.68mg/t 煤和 0.55mg/t 煤；炭化室高 6m 焦炉烟气中总体多环芳烃和苯并芘的排放因子明显小于 3.2m 和 4.3m 焦炉。

（2）煤热解过程多环芳烃生成机理研究

通过对小分子结构、煤大分子骨架结构、原煤在热解过程中多环芳烃排放特性的研究发现煤热解过程产生多环芳烃的量远高于原煤所含的自由多环芳烃，表明热解过程中多环芳烃的产生主要来自煤热解反应。同时，原煤热解过程中工艺条件如热解温度及升温速率等对多环芳烃的生成和排放具有重要影响。

（3）煤利用前控制、焦化生产中控制和焦化生产后控制的全方位的多环芳烃污染控制措施。

4 成果应用

研究成果为国家制定《炼焦化学工业污染物排放标准》提供了重要参考依据。同时，项目中提出的炼焦过程多环芳烃污染控制措施及政策建议，为山西省各地市制定相应的焦炭生产有关法规条例，深入推进焦化企业清洁生产建设，提供科学依据。

5 管理建议

（1）发展具有完善治理设施的大型机焦炉

为了减少焦化生产中多环芳烃及苯并 [a] 芘的污染排放，相关部门进一步深化相应的产业政策，规范炼焦生产，实现焦炉大型化和规模化。

（2）推广实施焦化行业无组织排放苯并 [a] 芘在线监控系统，建立相关监控示范企业

为了有效控制炼焦无组织排放苯并 [a] 芘污染，建议国家相关部门制定相应政策，尽快在全国范围内推动焦化行业无组织排放苯并 [a] 芘在线监控系统典型应用。另外，完善焦化项目环保审批内容，建议新、改、扩建项目除了在各点源（有组织排放源）要求安装自动在线监控设施外，建议在焦炉炉顶安装无组织排放在线监控设备，并与环境保护部门联网。

（3）完善现有焦炭生产污染物排放标准

2012 年 6 月，环境保护部发布了《炼焦化学工业污染物排放标准》，并于 2012 年 10 月 1 日起实施。新的排放标准涵盖了国内所有焦炉及生产过程的排污环节，增加了机械化焦炉大气污染物有组织排放源的控制要求。然而，新公布的《炼焦化学工业污染物排放标准》仍存在一些在控制多环芳烃排放方面的问题。建议相关部门应在经济、技术条件更加完善的情况下，进一步细化和完善该标准的有关条款，以实现对炼焦过程包括苯并 [a] 芘在内的多环芳烃的有效控制。

（4）鼓励重点地区率先建立健全焦炭生产有关法规条例，深入推进焦化企业清洁生产建设，发展焦化配套产业

建议相关部门应建立健全焦炭生产有关法规条例，全面推行清洁生产，推进企业节能减排，充分利用市场资源约束的倒逼机制，发挥行政、法律手段的强制作用，大力推行焦炭行业清洁生产，努力降低单位产品能耗；推行循环经济，延伸产业链，回收利用炼焦生产过程副产物和废弃物，提高资源、能源综合利用率。

建议在炼焦污染排放问题较突出的区域，如山西，制定炼焦行业清洁生产推行年度计划，并完善促进焦化行业实施清洁生产的政策措施。在重点区域，要加大资金支持力度，对经审核确定的重点焦化企业清洁生产改造项目，各级环保专项资金和节能减排专项资

金应予以支持。

6　专家点评

该项目系统分析不同类型机焦炉有组织排放和无组织排放包括苯并 [a] 芘在内的 16 种多环芳烃浓度水平、排放特征，并对不同类型机焦炉不同工序多环芳烃的排放因子进行计算；在焦化厂现场实际监测与实验室煤热解试验相结合的基础上，提出炼焦过程从煤利用前控制、焦化生产中控制和焦化生产后控制的全方位的多环芳烃污染控制措施。研究成果为环境管理部门及其他政府部门制定焦化行业产业政策提供科学依据，对于实现炼焦生产排放多环芳烃的有效控制具有重要意义。

项目承担单位：太原理工大学、山西科灵环境工程设计技术有限公司
项目负责人：彭林

工业（化工）COD 减排潜力分析及技术选择研究

1 研究背景

技术进步不仅是长期产业结构变化的基础，也是短期带动管理方式改变的重要因素，也是新时期我国工业污染防治和产业升级的重要突破口。以美国、欧盟为代表的发达国家目前大多结合技术进步和技术可得性，通过对行业清洁生产工艺和污染治理技术的经济可行性分析，推荐清洁生产技术（如 BAT 技术导则），并在技术可行性基础上制定行业排放标准、构建排污许可证制度和污染防治技术政策体系，从而促进行业整体技术进步和污染防治措施的科学性和可操作性。

煤制甲醇行业是我国石油资源替代的重要途径，长期以来粗放型发展，产业发展缺乏统筹规划，投入产出比较低。许多企业由于原料路线不合理，技术和装备水平较低，资源能源消耗较大，特别是水资源负荷较大，环境污染排放多且管理不够规范。针对当前企业污染防治技术选择和污染防治措施的难题，本研究以煤制甲醇行业为例，从清洁生产与污染控制系统的全流程出发，通过大样本的污染防治技术调研，研究并构建污染物减排技术评估指标和技术选择方法，以环境、经济效益多目标整体优化为原则，开展技术筛选形成污染防治最佳可行技术指南，通过潜力分析等支撑煤制甲醇行业污染物减排、环境管理和技术政策制定。

2 研究内容

以煤化工行业为对象，研究行业技术现状；建立煤化工主要产品生产全过程的污染物减排技术评估指标体系；并集成了成本效益分析和系统优化算法，构建自底向上模型开展污染物减排的潜力分析，研究煤化工行业污染物排放趋势，提出污染物减排技术优选清单和总量控制途径；建立煤化工环境技术管理信息系统。主要研究内容包括：

1）污染物减排技术评估指标体系及技术选择方法学开发；
2）煤化工行业的技术发展、污染物排放的现状分析与数据采集；
3）煤化工行业环境技术管理信息系统开发；
4）煤化工行业环境技术管理政策和污染物排放控制途径分析。

3　研究成果

（1）构建了适合于工业污染防治的最佳可行技术评估指标体系

项目参考了国际 BAT 技术评估指标的进展，根据我国当前工业化阶段技术评估的特点和污染物减排的实际政策需求，设计了包括资源消耗、能源消耗、污染排放、技术经济以及技术特性 5 个一级指标，共计 34 个二级指标。

表 1　最佳可行技术评估指标（环境部分）

一级指标	二级指标	单位	指标类别	备注
资源消耗指标	新水耗	t/t 产品	必选	新鲜水消耗
	主要原料消耗	t/t 产品	可选	转化为最终产品的主要原料
	辅料、助剂消耗	kg/t 产品	可选	各类化学品、助剂、辅助材料
	占地面积	m^2/t 产品	可选	
能源消耗指标	电耗	kWh/t 产品	必选	
	煤耗	t/t 产品	可选	作为供能燃料的煤耗
	油耗	t/t 产品	可选	
	气耗	t/t 产品	可选	
	综合能耗	t 标准煤 /t 产品；kJ/t 产品	必选	通过能源平衡汇总计算得到
水污染指标	废水总量	t/t 产品	必选	可用单位产品排放强度指标或浓度指标分别表示。COD、氨氮对绝大多数行业为必选，其他指标视行业特点而定
	COD	kg/t 产品；mg/L	必选	
	BOD	kg/t 产品；mg/L	可选	
	SS	kg/t 产品；mg/L	可选	
	氨氮	kg/t 产品；mg/L	可选	
	总氮	kg/t 产品；mg/L	可选	
	总磷	kg/t 产品；mg/L	可选	
	其他特征水污染物	kg/t 产品；g/t 产品；mg/L	可选	重金属、POPs 等，需根据行业和生产工艺特点确定
大气污染物指标	SO_2	kg/t 产品；mg/m^3	必选	
	NO_x	kg/t 产品；mg/m^3	可选	
	颗粒物（TSP、PM）	kg/t 产品；mg/m^3	可选	
	粉尘	kg/t 产品；mg/m^3	可选	
	其他特征大气污染物		可选	
固体废弃物指标	炉渣	kg/t 产品	可选	需要对固体废弃物的具体成分、特性进行说明
	污泥	kg/t 产品	可选	
	其他固体废物	kg/t 产品	可选	
噪声指标	噪声水平		可选	对于多数行业为可选指标

（2）设计形成污染防治最佳可行技术调研流程及方法学

项目设计了企业技术调研共性表格（分为详表、简表与扩展表），提出了规范化的技术调研流程、方法和数据处理技术等。项目创新性地提出了企业现场调研实测、企业函调、专家咨询、行业技术研讨会、文献调研等多种途径相结合的技术调研方法，解决了过去我国环境技术评估工作过度依赖企业自主申报和专家判断带来主观性偏差的问题。

（3）构建了污染防治最佳可行技术评估方法

项目组结合当前国外先进的多属性决策方法（MCDM），依托技术综合评估指标体系和 ELECTRE 多属性评估方法，综合考虑技术环境效益和经济效益，实现了分阶段、多步骤、定性评估与定量计算相结合的最佳可行技术评估方法。在技术环境效益的考虑中，充分体现了最佳可行技术跨介质污染防治的基本理念和技术经济可行性原则，形成了一整套工业污染防治最佳可行技术评估方法。

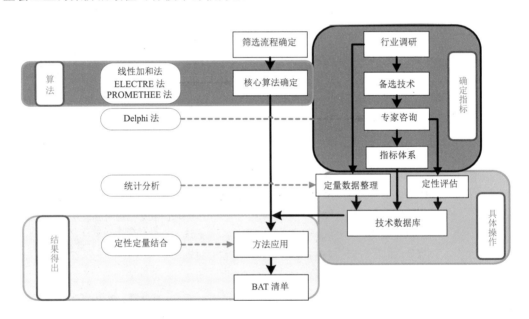

图 1　污染防治最佳可行技术定性定量相结合评估方法学

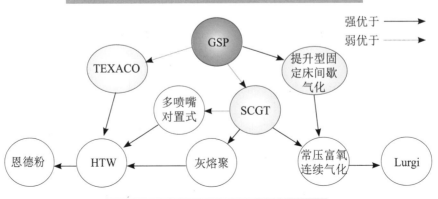

图 2　煤气化 BAT 筛选 ELECTRE 关系图

（4）设计开发了煤化工污染防治技术管理信息系统

项目在通过文献调研、企业抽样调查、验证性监测等多种途径获得的企业资料和技术信息收集的基础上，按照"产品—工艺—技术"匹配关系采集煤化工行业污染物减排参数，建立了行业污染物减排技术数据库，开发了集企业信息和技术信息查询、技术指标统计分析、技术初步筛选、虚拟工厂设计等多种实用功能于一体的管理信息系统，可以为环境技术管理工作提供翔实、准确、可视化的决策支持。项目设计完成的煤化工BAT信息管理系统，可为煤化工企业开展技术改造、选择先进适用清洁生产方案提供支撑。

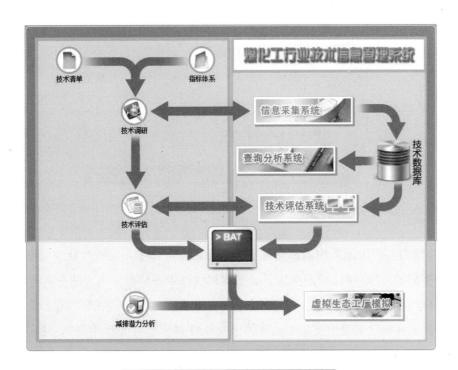

图3　煤化工污染防治技术管理信息系统

（5）初步探索污染防治最佳可行技术在环境管理中的应用

项目研发的基于技术成本效益的BAT优选清单、自底向上的减排潜力分析模型，为污染防治最佳可行技术与污染减排总量控制、污染物排放标准修订等环境管理措施的方法论提供了有益尝试和有力支撑。同时，项目集成终端分析、成本效益分析、情景分析、目标优化等方法，全面考虑了技术的整体环境影响和技术环境、经济等综合效益，实现了对工业污染物减排潜力及政策分析、技术趋势预测、产业调整政策（鼓励、限制或淘汰）以及污染物排放标准可达性分析等。

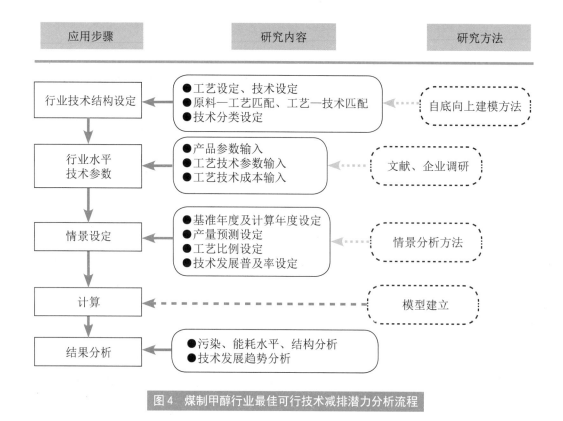

图4 煤制甲醇行业最佳可行技术减排潜力分析流程

4 成果应用

1）构建的工业污染防治的最佳可行技术评估指标体系不仅在煤化工 BAT 选择与评估研究中得到了实际应用，并且开发设计的多属性技术评估与筛选方法在科技标准司《污染防治最佳可行技术评价通则（试行）》文件中得到采用应用，在环境保护部的近 20 个行业以及国家环境技术管理工程中心有关行业 BAT 体系建设工作中得到了推广。

2）形成的 BAT 技术调研方法在"十一五"水专项的纺织、稀土、乙烯、水泥、电解锰、氮肥等 15 个子行业的 BAT 研究，以及环境保护部环境技术管理工程中心组织的其他行业污染防治最佳可行技术研究中得到了采用和推广，并在环境保护部近三年多来污染防治最佳可行技术管理工作中作为培训教材。

3）项目组完成的《污染防治最佳可行技术评估方法及煤化工案例研究》中的部分成果在环境保护部《污染防治最佳可行技术评价通则（试行）》中得到直接引用，并 10 多次为其他行业的 BAT 研究提供技术培训。其次，基于 BAT 筛选评估结果编制完成的《煤化工行业污染防治最佳可行技术指南（建议稿）》及《编制说明》被纳入我司 2011—2012 年度环境保护技术管理体系的工作中，拟在近期组织论证完成后正式发布。

4）设计开发的煤化工污染防治技术管理信息系统被应用于环境保护部"环境技术管理技术申报及数据分析系统"的建立及完善，支撑了"国家鼓励和先进污染防治技术申报系统"的信息化平台建设；为水专项中的"流域水污染防治技术信息资源共享中心建设"的多行业 BAT 调研及成果数据库设计提供了技术支撑。

5）项目研发的基于技术成本效益的技术优选清单、减排潜力分析模型，为污染防治最佳可行技术与减排总量控制、污染物排放标准修订等环境管理措施的方法论提供了有益尝试和有力支撑。

5　管理建议

1）我国污染物减排技术管理应逐渐形成基于定量化分析的政策制定理念，以污染防治最佳可行技术为核心，统筹考虑技术应用的污染物减排、资源能源节约和经济效益等综合效益，提高环境技术管理措施的科学性和可操作性。

2）加强环境技术基础数据建设，形成并完善清洁生产工艺、节能减排技术、污染治理技术的科学评估体系，规范环境技术参数的调研过程从而真实全面地反映当前工业行业减污技术的应用情况，为环境管理政策的制定提供有力支撑。

3）环境管理工作在从末端治理出发的基础上，应注重全过程管理，产业污染物减排政策应从工业企业的需求侧管理出发。

6　专家点评

该项目主要针对煤制甲醇行业减排潜力及污染防治最佳可行技术选择的问题，构建了污染防治技术评估指标体系和技术管理信息系统，研发了基于技术成本效益—系统目标优化的工业减排潜力分析模型，提出了污染物减排技术清单、总量控制途径和污染防治技术政策等建议，为环境技术管理提供了有力的科技支撑。

项目承担单位：清华大学、石油和化学工业规划院、北京思路创新科技有限公司
项目负责人：温宗国

合成氨工业污染综合防治和污染减排关键技术研究

1 研究背景

合成氨是氮肥生产的中间产品。世界上约有 85% 的合成氨装置以天然气为原料，我国由于原料的限制，以煤为原料的合成氨厂大量存在，且规模普遍偏小。2010 年我国合成氨总产量 5 321 万 t，其中以煤为原料的合成氨装置产量占全国总产量的 76.4%。

以煤为原料的合成氨生产工序复杂，原料和能源消耗量都很大，同时产生大量的废水、废气和废渣。2009 年，合成氨工业煤炭消耗总量 7 382 万 t，占全国煤炭产量的 2.49%，其中消耗无烟块煤 6 379 万 t，占全国无烟煤总产量的 12.6%；以煤为原料的合成氨生产废水中氨氮排放量 5.82 万 t，占全国工业氨氮排放量的 21.4%，COD 排放量 11.78 万 t，占全国工业排放量的 2.7%。因此，合成氨工业的节能减排刻不容缓。

环境保护部在 2007 年 9 月 29 日印发的《国家环境技术管理体系建设规划》中要求建立环境技术管理体系，包括为环境污染防治与管理的各环节提供系统技术支持和保障相配套的污染防治技术政策、污染防治最佳可行技术导则和环境工程技术规范，以及相应的环境技术评价制度和示范推广机制。

该项目通过文献和行业实地调研，构建以煤为原料的合成氨工业污染防治综合技术的数据库系统，在此基础上建立有效的合成氨工业污染综合防治及减排关键技术筛选与评估方法，筛选出先进适用的合成氨工业污染综合防治及减排关键技术，建立可视化的合成氨工业全程污染综合防治技术咨询服务平台，提出我国合成氨工业污染综合防治技术导则和对策建议，为环保行政主管部门提供技术支撑及决策依据。

2 研究内容

（1）建立调查数据库

1）以煤为原料合成氨工业清洁生产和污染控制技术及相应装备的"三废"排放和单位产品能源消耗数据库。

2）企业及相关机构污染物监测方法数据库。

（2）提交合成氨行业能源利用效率、清洁生产工艺和污染防治技术的评估方

法和筛选指标体系，评估筛选出的先进适用的合成氨工业污染综合防治
及减排关键技术，提交能源利用效率、清洁生产工艺和污染防治技术导则，
包括：

1）生产工艺清洁生产技术评估方法、指标体系和技术导则；

2）"三废"治理技术评估方法、指标体系和技术导则；

3）能源利用效率评估方法、指标体系和技术导则。

（3）建立可视化的合成氨工业全程污染综合防治技术咨询服务平台，编制行
业污染防治综合技术培训教材

3　研究成果

（1）通过对以煤为原料的合成氨工业的系统调研，建立了以煤为原料的合成
氨工艺技术参数和污染物排放数据库

通过对合成氨工业的系统调研结合实测，取得了多套固定层间歇式煤气化、水煤浆
气化、鲁奇煤气化、粉煤气化、恩德煤气化装置，原料气制备、一氧化碳变换、原料气
脱硫脱碳和精制、氨合成装置的工艺技术参数，以及固废、废弃和污水末端治理测定数据，
建立了以煤为原料的合成氨工艺技术参数和污染物排放数据库，能够实时为环境管理工
作提供技术和数据参考。项目还对以煤为原料合成氨企业"三废"污染物监测方法进行
了筛选和汇总研究，以确保调查和监测数据的科学性。数据库的建立为保证污染综合防
治及污染减排技术评估打下了良好基础。

（2）项目组以多目标衡量分析法为主要方法，结合专家咨询法，评估筛选出
合成氨行业污染综合防治及污染减排关键技术

项目组以多目标衡量分析法为主要方法，并尝试应用数据包络分析法进行分析，结
合专家咨询法，确立了技术评估的基本原则，即综合防治技术与末端治理技术兼顾、定
性与定量相结合、主观评价与客观评价相结合的综合评估。以合成氨工业污染减排及治
理关键技术研究方案为总目标，综合考虑污染物削减技术特点和评估涉及的要素，在征
求专家意见的基础上，建立了本研究的技术综合评估指标体系。指标体系根据合成氨行
业的特点，反映了行业技术的资源消耗、能源消耗、污染物排放、经济成本情况和技术
可靠性，指标包括定量指标与定性指标、正向指标和逆向指标。根据各项指标的优先序
和权重，按权重综合叠加后，按照权重总和的大小进行排序，评估和筛选出优先推荐的
技术清单。

（3）根据调查和评估结论，编制了"合成氨生产（以煤为原料）污染防治最
佳可行技术导则（建议稿）"

项目组根据调查和评估结论，编制提出了"合成氨生产（以煤为原料）污染综合防

治最佳可行技术导则（建议稿）"，推荐了各工序最佳可行技术。按整体性原则，从设计时段的源头污染预防到生产时段的污染防治，依据生产工序的产污节点和环境、技术、经济适宜性，确定了最佳可行技术组合。

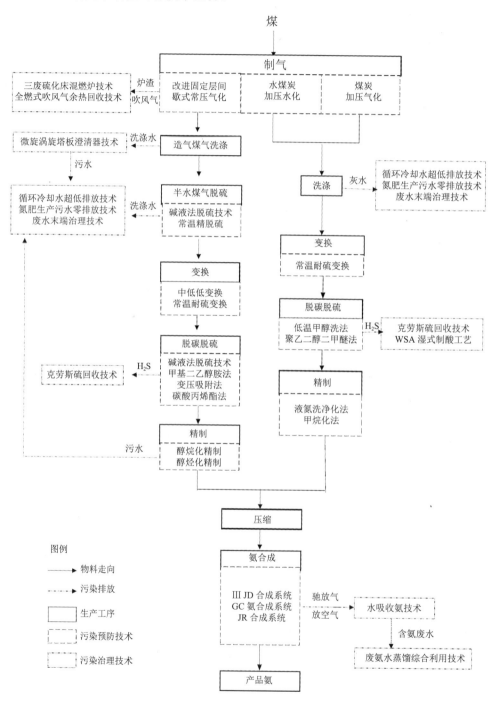

图1 合成氨生产工艺污染防治最佳可行技术组合

（4）在行业污染防治技术调研和技术评估指标体系设计的基础上，面向环境
技术管理部门的需求，开发了可视化的合成氨工业技术信息服务平台

该平台作为不同合成氨工艺路线的技术、环境、经济指标参数的存储平台，同时提供技术评估系统，在采集信息及专家资源的基础上，实现对备选技术的定性评估，并面向环境技术管理部门提供统计查询和计算分析功能。配套的相关培训教材，作为内部资料提供给各企业，有效指导了企业技术骨干开展技术创新和提升，推动了行业污染减排工作的实施。

（5）开展了合成氨污染防治新技术研究开发

项目组还开展了相关的新技术研究开发，如以高硫烟煤和高硫石油焦为原料，制备了可应用于气流床气化的水煤焦浆新型燃料，研究了水煤焦浆的气化特性，并分别在金陵石化化肥厂水煤浆装置和淮南化工集团德士古装置上，通过为期 144h 和 60h 的连续化工业试验。根据膜吸收技术的特点，研究了起始浓度、pH、流速等各项因素对氨的膜吸收传质系数的影响，为膜吸收法处理合成氨行业中含氨废水的工业应用做必要的理论准备。

4　成果应用

1）在此项研究工作开展之前，环境保护部门尚未对合成氨工业（以煤为原料）污染物排放现状进行系统的调研工作，项目实施后获得的行业调查数据和技术评估结论可以为制订或修订合成氨工业污染物排放标准提供重要的参考依据。

2）项目组编制的"合成氨生产（以煤为原料）污染防治最佳可行技术导则（建议稿）"已经递交环境保护部科技标准司技术处初审。根据环境技术管理体系的新要求，项目组在导则的基础上，完成了"合成氨生产工艺（煤为原料）污染防治最佳可行技术指南（建议稿）"，该指南已列入 2012 年度技术指南的编制目录。

3）项目组建立的可视化合成氨工业技术信息服务平台，内容涵盖行业调查、评估数据，实现在线统计分析与技术评估，为管理部门决策提供参考。

4）项目提出的合成氨工业污染防治关键技术清单和 BAT 工艺流程，如全燃式吹风气余热回收技术、"三废"流化混燃炉、微涡旋塔板澄清器，在行业的节能减排中起到了非常重要的作用。

5　管理建议

1）新修订的合成氨工业污染物排放标准由于各方面的原因，迟迟未能发布实施，对合成氨工业的污染控制和减排目标造成了一定影响。本项目调查获得大量的工艺技术参数和污染物排放数据，基本能够反映近年来合成氨工业污染控制的实际状况，应在合成

氨工业污染物排放标准的修订中予以考虑。

2）尽快对项目成果"合成氨生产（以煤为原料）污染防治最佳可行技术导则（建议稿）"和"合成氨生产工艺（煤为原料）污染防治最佳可行技术指南（建议稿）"广泛征求意见，修订完善并发布实施，丰富国家环境技术管理体系，促进合成氨工业的污染防治和污染减排工作。

3）全面了解国内外最新的工艺技术，如循环流化床气化工艺的调查与研究、变换、氨合成等方面的新型催化剂等研究，开发水煤焦浆新型原料、膜吸收法处理含氨废水等污染防治新技术，进一步指导企业开展技术升级改造，从源头削减污染物排放。

4）进一步开展以其他原料生产合成氨的工艺的筛选和评估，提出污染综合防治技术导则，指导行业全面健康发展。

6 专家点评

该项目通过文献调研、实地调查和测试，开展了系统扎实的调查工作，获得了大量不同工艺技术路线的合成氨（煤为原料）工业清洁生产和污染控制技术及相应装备的技术参数、"三废"排放和单位产品能源消耗数据，采用多目标衡量分析法等数学模型和专家评估方法，建立了合成氨污染综合防治技术评估指标体系及方法，提出了合成氨生产（煤为原料）污染防治最佳可行技术及最佳技术组合，研究结论可靠，研究成果已在部分合成氨生产企业得到应用，效果良好，对合成氨行业污染防治具有指导作用。项目开发的可视化合成氨工业技术信息服务平台、"合成氨生产企业（煤为原料）污染防治最佳可行技术导则（建议稿）"对环境管理具有技术支撑作用。

项目承担单位：环境保护部南京环境科学研究所、中国氮肥工业协会
项目负责人：汪云岗

基于 SD 模型的电镀行业清洁生产动态仿真模拟与优化管理研究

1. 研究背景

随我国经济社会的高速发展，资源、环境的瓶颈问题日益严峻。面对这一重大挑战，国家环境保护"十一五"科技发展规划以科学发展观为指导，提出到 2010 年全国主要污染物排放总量比 2005 年减少 10% 的目标计划。电镀行业由于其生产过程中会排放大量有害环境和人体健康的强酸、碱、重金属等污染物，目前已成为重污染性行业之一受到全社会的广泛关注。而电镀行业清洁生产的实施，是实现其节能减排的主要途径。

虽然现有的新技术已经能够在一定程度上实现电镀行业的清洁生产，但由于投资较高和政策管理存在滞后性等问题导致了电镀行业污染问题依然严重。实际上，政府在出台管理政策时，应当考虑到制约政策执行的各种因素的影响，保证政策执行的可行性，使其对清洁生产真正起到推动作用。同时，企业在政策的引导下，也要了解所采用的处理工艺对企业的经济效益和长远发展的影响。如何优化各因素之间的相互关系，使决策者可以及时调整管理方案使其发挥最佳的调控作用，同时使执行者合理选择最佳的处理工艺，最终使政府和企业达到双赢，是解决当前电镀行业清洁生产问题的一个具有重大社会、经济价值的研究方向，也是电镀行业清洁生产的迫切需要。

本项目一方面从决策者角度对影响我国电镀行业清洁生产的技术成本、排放标准、能源价格等政策因素进行全面的分析和优化，为政府减排政策的制定提供参考。另一方面对单个企业建立回用处理中试系统和清洁生产 SD 仿真模拟，实现企业在其现有政策下经济效益的优化，从而为企业在处理技术上的选择提供依据。最终，提出一套电镀行业清洁生产相关指导政策和技术依据，促进国家污染物减排目标的顺利实施。

2. 研究内容

项目通过对当前我国电镀行业污染现状的调查，对电镀污染进行环境风险定量评价。针对我国现有清洁生产执行困难的问题，对当前国内外电镀行业减排政策剖析，分析我国减排政策中存在的不足。同时，对当前我国现有清洁生产技术发展及效益进行研究，为地方政府和企业开展清洁生产树立信心，并针对现有政策从微观和宏观角度进行评价和分析，分析现行政策存在的问题。根据以上政策建议和问题，运用 SD 模型进行政策的模拟和提出方案，并通过示范工程实现新政策的验证和优化。通过电镀行业清洁生产可持续保障体制研究，保证政策的可行性和可持续性，实现污染减排目标。

3 研究成果

本项目运用系统动力学、博弈论、成本效益法等方法结合中试工程对电镀行业清洁生产进行了研究，提出了一系列政策建议，为促进我国电镀行业清洁生产提供参考。其中，《关于在环境管理执法过程中采用分组监管方法的建议》和《关于在清洁生产推行中对中小企业特别补贴的建议》两个政策建议报告已经上交至环境保护部。建立了两套示范工程，并编制了《电镀企业清洁生产运行指南》。主要的研究成果如下：

（1）重金属风险评价模型的建立不仅为政府环保政策实施效果提供了一个科学的评价依据，对于政府环保政策、法律法规的制定也有重要指导意义

它一方面通过典型案例证实了重金属污染企业从沿海迁往内地会导致土壤污染加剧，因此存在一定的不合理性问题；另一方面通过主要因素分析，提出将污染路径和水资源丰富程度作为主要政策制定考虑因素，对内陆或水资源匮乏地区建议制定更加严格的排放标准或其他污染控制政策，从而可以避免重金属行业内迁造成的我国土壤污染的加剧。

（2）结合企业调研和电镀企业 SD 模型分析进一步完善了现有清洁生产标准法规

通过在电镀行业清洁生产标准的制定中考虑如何促进有害原材料替代技术的推广，可以减少电镀造成的人体健康和环境危害。此外，金属利用率标准和金属排放浓度标准的指标过高，会导致企业不必采用清洁生产技术一样可以满足相关规定，过低，超出了现有技术水平，又会导致政策的失效。而根据现有技术水平合理制定标准，可以拉大企业执行清洁生产前后收益的差距，推动电镀行业清洁生产的实施，从而减少重金属超标而引起农业土壤污染，提高作物产量，保证人类食品的安全性。

（3）通过行业清洁生产仿真分析，提出在清洁生产推行中对中小电镀企业进行重点补贴的建议

针对我国的实际经济情况，如果依靠传统的统一补贴方法，不但需要巨额费用，并且对于那些无法带来明显经济收益的中小企业清洁生产起不到明显的促进作用。而对中小企业清洁生产采取特别的扶持政策，可以使政府将更多的资金投入到清洁生产执行经济实力较弱、真正存在困难的企业，不仅从总体上提高了企业清洁生产执行率，保障了行业的良性发展，还为政府节约了不必要的投资，最低程度地减少对政府收入的影响。

（4）建议对不同类型清洁生产技术的补贴要有区别的对待

对于对目前可以实现水和金属回用的清洁生产工艺可以取消补贴，以价格机制作为

其主要激励方式；而对无法带来水或金属等回用的成本较高、难以推行的技术，即某些环境危害大、经济效益差的技术，尤其是原材料替代技术进行特别补贴和惩罚，既可以降低政府财政支出，又可以对企业清洁生产起到促进作用。通过这种使政府将主要资金投入到难以推广的技术上去的办法，不仅减少了政府的补贴支出，还促进了清洁生产的实施，从而节省了政府在环保治理以及水体、土壤净化方面的投资。

（5）根据博弈分析结果，建议根据目前企业的规模、清洁生产违规情况将企业分成监查频率高、低两组或者低、中、高三组进行区别监管

通过采用分组监管机制，对偷排或超标排放的企业加强监管，而对表现良好的企业放松监管，可以使政府将更多的监管资源投入到对更易违法的污染企业监督中。分组监管不仅解决了我国环境执法中监管资源有限导致执法效率低的问题，而且使其在不增加政府监管成本的基础上大大提高了政策执行效率，对推进我国节能减排和可持续发展、全面完成"十一五"减排任务具有重要的借鉴意义。

（6）在技术推广上充分发挥电镀行业协会等机构的作用

行业协会是连接政府与企业之间的桥梁。一方面，行业协会可在如何应对政府环保政策上协助企业，通过对现有环保政策、先进环保技术以及成功环保经验的交流入手，引导企业主动采取清洁生产技术，避免政府硬性制裁。另一方面，在环保政策实施的广度和深度上协助政府，为企业提供培训、技术服务和指导，从而降低政府和行业之间的硬性环保政策摩擦，既保证行业发展环境的有序过渡，又保证政府环保政策能够落到实处。

4　成果应用

1）重金属风险评价模型的案例分析得出对内地水资源匮乏地区需要制定更加严格的排放标准或其他污染控制政策，从而避免由于企业转移造成的重金属污染的加剧。这对于重金属污染企业如皮革、电池、矿物加工和冶炼、塑料等行业污染转移也可以进行科学评价，对于政府环保政策、法律法规的制定同样也有重要指导意义。

2）UV-CWOP（紫外催化湿式氧化）中试工程不仅对 COD 高达数万 mg/L 的电镀废水经此设备处理后出水可以降至 100mg/L 以下，达到国家《污水综合排放标准》（GB 8978—1996）一级标准。对其他工业产生的高浓度有机废水如油墨废水、表面活性剂废水、含油及乳化液废水、印染废水、焦化废水、制药废水、含酚废水等也具有很好的处理效果，具有良好的环境效益和社会效益。

3）分组监管机制，对偷排或超标排放的电镀企业加强监管，而对表现良好的企业放松监管，可以使政府将更多的监管资源投入到对更易违法的污染企业监督中，优化了资源配置，不仅为政府节约了监管开支，同时也提高了环保执法效率，解决了我国环境执

法中监管资源有限导致执法效率低的问题。这个机制对于其他排污企业同样也能取得较好的环境监管和执法效率的效果。

5 管理建议

（1）对中小企业进行特别的补贴

现有我国清洁生产采用的是统一的补贴政策，大企业本身由于自身优势可以实施清洁生产，从而获得优惠，而中小企业本身由于经济实力较弱实施清洁生产困难，所以根本无法享受此类优惠，最终对于承受力不如大型企业的中小企业，更增添了经济上的困难。因此，若以补贴机制为促进企业清洁生产执行的主要手段，建议对中小企业重点补贴，不仅可以提高企业执行率，还可以为政府节约投资，最低程度地减少对政府收入的影响。

（2）实施分组监管机制

由于目前我国经济发展水平的限制，无法短期内继续投入大量的财政投资和执法人员去提高监管概率；而过高的罚款不仅会给企业造成过重的经济负担，更容易导致环保执法人员与违法企业的互谋私利，最终导致监管政策的失效。采用分组监管后，即对环境表现较差的企业降级到目标组进行重点监督和罚款，表现良好的企业升级到非目标组放松监管，从而优化政府监管资源配置，使其在不增加政府监管成本的基础上大大提高了政策执行效率。

（3）对水资源匮乏地区或下游城市较多的内陆地区更应注重污染控制

水资源总量和污染路径是影响 SAF（重金属土壤吸入因子模型）最重要的两个因素，因此，国家在制定企业排污标准及惩罚机制时应考虑到 SAF 在不同区域的差异，通过对各城市地理位置及经济发达程度的综合考虑，制定合理的排污标准和惩罚机制。

（4）制定合理的金属利用率标准和金属排放浓度

指标过高，会导致企业不必采用清洁生产技术一样可以满足相关规定，过低，超出了现有技术水平，又会导致政策的失效。比如，以锌为例，结合现有技术模拟结果表明，排放标准在 $1 \sim 2.5mg/L$，对 Zn 利用率的要求为 85% 比较合适（目前我国这个两个标准分别为 2.0 mg/L 和 75%）。此类标准的制定要根据现有技术水平及时调整，不能太高或太低，太高会导致企业消极执行，太低对企业减排起不到激励作用。

（5）对于目前热议的行业水价激励政策，只有当其提高到一定程度才会对电镀企业采用清洁生产起到推动作用

比如，在案例分析中，当水价从 2/t 提高到 6 元 /t，起不到激励效果，只有增加到 8 元 / t 后，才发挥了作用，从 8 元 /t 提高到 16 元 /t 后，才能进一步提高效果。因此，考虑到水价提高给企业利润带来的负面影响，要么不轻易提高；若想通过水价来促进清洁生产，建议尽可能提高到一定程度，以免起不到激励作用还对行业发展造成影响。

（6）政府对不同类型清洁生产技术的补贴要区别对待

针对我国的实际经济情况，如果依靠传统的发达国家政府统一补贴方法，不但需要巨额费用，并且对于那些无法带来明显经济收益的原材料替代技术等起不到明显的促进作用。建议对于对目前可以实现水和金属回用的清洁生产工艺取消补贴，而对无法带来水或金属回用效益的难以推行的技术，尤其是原材料替代技术进行特别补贴和罚款，既可以降低政府财政支出，又可以对企业清洁生产起到促进作用。

（7）确定合理的罚款强度

罚款依然是提高政策执行效率的可靠手段，但罚款额度过高，会加剧寻租现象的发生。目前我国罚款远远低于国外，对违法企业的惩罚力度不足。因此，建议适当增加罚款，比如采取"以日计罚"的政策，即对企业连续性违法的每一天都予以处罚，并将这个处罚额叠加，直到企业违法行为结束，以便发挥对企业的监管作用。

（8）技术淘汰要考虑新技术的成熟度

我国已经颁布了氰化电镀的淘汰令，但这种淘汰不能采用"一刀切"的方式。例如，无氰镀锌工艺成熟，其产品质量已经可以替代有氰镀锌，因此淘汰令之后企业已经逐步采用；但现有无氰镀铜技术由于工艺成本过高、稳定性差限制了其应用和推广，因此，对此类不成熟的清洁生产技术，除了要加强技术创新外，更重要的是从末端上严格控制污染物对环境的危害。

（9）对环保公司进行资质审核

建议各地区成立环保协会，由环保协会对入会企业进行资质审核，以保证环保市场的秩序和质量。环保工艺的不同导致成本价格不同，即使同一工艺，由于设备厂家不同价格也不一样。大部分电镀企业欠缺对环保技术知识的了解，无法把握环保投资所需的真实价格。某些环保公司为了追求高利润，过分夸大环保投资价格，使电镀企业无法忍受高价的环保投资；有些环保公司以低价获得了项目的实施权，但项目实施后却不能达到国家排放标准要求，电镀企业依然要缴纳环保罚款。通过环保协会的管理，保证环保公司的质量，为企业选择可靠可信的环保公司提供保障。

（10）发挥电镀行业协会等机构的作用

行业协会是连接政府与企业之间的桥梁。一方面，在如何应对政府环保政策上协助企业，通过对现有环保政策、先进环保技术以及成功环保经验的交流入手，引导企业主动采取清洁生产技术，避免政府硬性制裁。另一方面，在环保政策实施的广度和深度上协助政府，为企业提供培训、技术服务和指导，从而降低政府和行业之间的硬性环保政策摩擦，既保证行业发展环境的有序过渡，又保证政府环保政策能够落到实处。

（11）明确清洁生产补贴或税收优惠支出的出处或方式

尽管增大税收优惠和设备补贴有利于企业的清洁生产，但若采用由地方政府支出的方式，可能会降低电镀企业执行清洁生产的可能性。这是因为当前我国依然采用 GDP 的考核方式，尚未将环境效益纳入考核体系，执行清洁生产的企业越多，耗费的政府补贴或税收优惠越多，从而减少了地方政府的财政收入，企业考虑到对政府的影响，也会质疑政策的实际可操作性产生，从而导致政策失效。

（12）为企业发放清洁生产技术指南

电镀清洁生产包括源削减、末端处理及回用等一系列过程，政府应据此编制一套切实可行的清洁生产技术指南，即每一阶段通常采用何种方法、如何处理、如何回用、投资价位等，为企业树立投资清洁生产的信心。此外，在新工艺在开发和推广的同时要考虑如何处理产生的"三废"，最终将新工艺和处理方法一起发行。

6 专家点评

该项目结合采用了重金属土壤吸入因子模型（SAF），分析了电镀行业对不同地区土壤的环境风险；通过对电镀企业和行业的 SD 模型研究，提出兼顾企业经济效益和政府环境效益的最佳组合政策方案，并从现有补贴机制、价格机制、惩罚机制三方面分析了影响电镀行业清洁生产执行的主要因素，并运用博弈分析提出采用分组监管管理方案和对中小企业重点补贴的建议，结合示范工程编制了《电镀企业清洁生产运行指南》，为电镀行业清洁生产提供了技术支持。项目针对电镀行业清洁生产困难的问题最终形成多条政策建议，其中编写的两个政策建议报告已经上交给环境保护部。项目主要研究成果对于电镀行业清洁生产和节能减排的推动具有十分重要的意义。

项目承担单位：哈尔滨工业大学、浙江工业大学
项目负责人：李朝林

基于技术评估的电镀行业特征污染物排放限值研究

1 研究背景

电镀工业是我国国民经济重要的基础性行业之一，但是由于电镀生产使用了大量强酸、强碱、重金属溶液，甚至包括镉、氰化物、铬酐等有毒有害化学品，排放了大量污染环境和危害人类健康的废水、废气和废渣，已成为不可忽视的重污染行业之一。2008年，环境保护部发布《电镀污染物排放标准》（GB 21900—2008），规定了现有企业、新建企业的排放要求，以及特殊敏感区的特别排放限值，对电镀行业污染防治提出了更高的要求，企业环保技术需求较大。同时，根据《国家环境技术管理体系建设规划》的要求，我国急需建立科学、系统、可行的环境技术评估方法和指标体系，筛选确定各行业，尤其是电镀等重污染行业的污染防治最佳可行技术，为企业技术选择以及排放标准制修订提供技术依据。在此情况下，迫切需要通过开展电镀行业的整体调研和建立科学、全面的污染防治技术评估指标体系和评估方法，筛选出电镀行业污染防治最佳可行技术，并提出排放限值建议。

该项目旨在广泛调研和大量测试的基础上，科学分析我国电镀工业的发展现状、产污环节和排污特征，建立电镀污染防治技术数据库，提出电镀行业污染防治技术的评估指标体系和综合评估方法，评估确定我国电镀工业污染防治最佳可行技术，形成关于完善我国电镀污染物排放标准的建议。这对我国电镀行业乃至重金属的污染防治和环境管理体系与环保标准体系的完善具有重要意义。

2 研究内容

1）通过文献和现场调研等形式，对电镀生产重点地区、主要镀种和典型企业进行调研，掌握电镀行业污染特征和关键控制环节，分析清洁生产工艺、末端治理技术和环境管理措施的基本特征信息；

2）借鉴欧美污染防治技术评估指标体系经验，采用层次分析法选择确定评估指标，应用德尔菲法征询专家意见，确定最终的评估指标体系；

3）调研国内外技术评估方法，结合电镀行业污染特征和污染防治技术特点，结合专家咨询，建立我国电镀行业污染防治技术评估方法体系，包括评估原则、评估程序、评估指标体系、评估方法等；

4）定性与定量相结合，主观与客观相结合，评估筛选电镀行业污染防治最佳可行技术，提出排放限值建议。

3 研究成果

（1）我国电镀工业发展现状与污染特征

对我国四个区域（珠三角、长三角、西部和中北部）的共 24 个电镀较发达城市的 55 个代表性电镀工业园区和企业进行调研的结果表明，我国电镀行业具有规模大、地区发展不平衡、电子电镀产品迅速增加等特点。调研电镀企业平均水耗约 0.83 t/m²，电耗约 1.95 kWh/m²，蒸汽消耗约 2.8 m³/m²，主要金属原料的利用率为：锌 78%，铜 80%，镍 93%，装饰铬 10%，硬铬 75%。清洁生产程度基本处于《清洁生产标准　电镀行业》（HJ/T 314—2006）的二级水平。与国际先进水平相比，水耗约为 10 倍，电耗约为 5 倍，蒸汽消耗约为 30 倍，同时装饰铬和硬铬的金属原料利用偏低。

调研表明，电镀废水排放的达标率较低，主要超标污染物依次为镍、COD、pH、氟化物、总铝、总锌、总铬、总铜和总氰化物。电镀废气的主要超标污染物有依次为铬酸雾、氰化氢、氟化氢。镀件清洗废水占废水总排放量的 80% 以上，是电镀废水的关键控制点位。电镀槽是气体污染物防治的关键控制点位，而电镀槽和污水处理单元是固体废物和电镀污泥的关键控制点位。

（2）我国电镀工业污染防治技术

电镀工业清洁生产技术可归纳为两大类型，即材料与工艺替代、电镀过程中的污染物削减与回收利用。前者主要集中在无氰电镀、三价铬代替六价铬以及代镉电镀等工艺。后者包括减少镀件带出液技术、加强镀件带出液回收、清洗水和废电镀液回用、镀件清洗技术等。按照电镀废水、电镀废气和电镀污泥（固体废物）中的污染物种类分别给出了电镀污染末端治理技术特点分析（技术性能、经济性能、环保性能、能源消耗、稳定可靠性、运行维护便易性、适用范围、工程实例）。还给出了利于污染防治的环境管理措施，包括：原辅材料管理、用能与节能管理、镀液管理、员工岗位培训等。编写了《电镀行业特征污染物削减技术发展状况和技术需求研究报告》，建立了电镀行业污染特征和特征污染物削减技术数据库。

（3）电镀工业污染防治技术评估方法和指标体系

根据评估指标具有模糊性的特点，模型应易于理解、相对简便易行，以及方法已有良好的应用等原则，选择模糊综合评估法和属性综合评估法为评估方法。对于前者，采用主观评价与客观评价相结合的形式，分别采用熵值法、层次分析法和专家判断法计算权重。对于后者，采用属性层次分析法计算权重。建立了一套涵盖技术性能、经济性能、环保性能、资源利用性能和区域协调性能的三级评估指标体系。其中，区域经济社会发展的协调性能为在国内首次提出将其作为综合评估指标之一，为因地制宜选择电镀行业污染防治技术提供保障。为使计算更加准确、便捷，开发了电镀污染防治技术综合评估系统，并建立了系统使用手册。系统包括三个功能模块：建立评估对象和评估指标体系模块、权重计算模块和综合评估模块。该系统现已申请专利，并初审通过（申请号为201010611481.1）。

（4）电镀工业污染防治最佳可行技术指南

通过北京、上海、深圳等 5 地 60 余位专家共同参与，以电镀工艺及污染治理全过程为主线，以清洁生产技术、末端治理技术和环境管理措施为主要内容，依托项目调研得到的技术信息和专家咨询，并通过项目开发的环境技术综合评估系统进行计算，评估确定了电镀行业特征污染物削减最佳可行技术，并参与编写完成我国《电镀工业污染防治最佳可行技术指南》（报批稿）。

（5）关于完善电镀工业污染物排放标准的建议

提出修正现行标准适用范围，即将化学镀纳入标准适用对象；提出修正单位产品基准排气量要求，以产品面积和电镀层厚度为基数，使该指标更科学、合理、可行；提出增加全氟化合物指标，使标准控制项目更全面，同时满足履行国际公约的需求。

4　成果应用

1）编制《电镀行业特征污染物削减技术发展状况与技术需求》研究报告，建立相关数据库，为我国环境管理提供电镀行业总体发展及其产排污情况的基础信息和电镀行业污染防治技术信息。

2）建立电镀污染防治技术评估方法和指标体系，开发环境污染防治技术综合评估系统一套，有利于推动我国环境技术管理体系的建设。

3）参与编写环境保护部《电镀工业污染防治最佳可行技术指南》（报批稿），为电镀行业企业技术选择提供指导。

4）组织编译出版《欧盟金属和塑料表面处理污染综合防治最佳可行技术》，为我国电镀环保管理提供参考。

5　管理建议

1）在环境技术管理方面，建议加强各类相关项目提出的评估方法与系统应用实践，给出具有指导性的评估方法选择和应用指南，进一步完善环境污染防治技术评估方法体系。

2）目前，我国部分省市已经开展了电镀园区的建设工作，在集中管理的同时，污染源集中排污的风险也相应提高。为减小重金属污染风险，应加强电镀污染物排放标准的实施监督，尤其是间接排放标准的实施。

3）"十二五"期间，我国将进一步开展电镀园区建设，应加强园区管理模式和污染防治技术整体方案研究，形成园区污染防治技术路线和最佳可行技术指南。

6 专家点评

该项目较系统地对我国电镀行业现状、污染特征和污染防治技术进行了调研，完成了《电镀行业特征污染物削减技术发展状况与技术需求研究报告》；提出了电镀行业综合污染防治技术评估方法和评估指标体系，建立了电镀污染特征与特征污染物削减技术数据库，筛选确定了电镀行业特征污染物削减最佳可行技术；形成关于完善我国电镀污染物排放标准的建议。完成了项目任务书中规定的各项研究任务，达到了考核指标的要求。项目研究成果为《电镀工业污染防治最佳可行技术指南》、环境技术管理和标准制修订提供了有力的支持，也支持了我国重金属污染防治工作的开展。

项目承担单位：中国环境科学研究院
项目负责人：王海燕

制浆造纸工业全程降污减排技术评价指标体系与技术途径研究

1 研究背景

造纸行业是环境污染的大户，新鲜水用量居电力、热力的生产和供应行业之后排第二位，废水排放量和 COD 排放量均居各行业之首。同时，造纸工业中废气、烟尘和固体废物的排放同时也不可忽视。我国造纸工业面临的资源压力、环保压力依然很大，污染防治任务十分艰巨。由此可见，造纸行业是环保治理的重要对象，也是实现节能减排目标的重要着手点。

与国外不同，我国造纸原料结构以非木质纤维造纸为主，草浆造纸仍占有较大比重，草类制浆 COD 排放量占整个造纸工业排放量的 60% 以上，是造成污染的重要原因。经过多年的努力，我国部分非木纤维制浆技术及装备已具备国际先进水平，但由于我国制浆造纸工业原料结构复杂，造纸行业污染控制技术模式库尚未建立，对造纸行业降污减排技术的评估缺少一套合理的指标体系和评估方法，造成先进的污染控制技术得不到推广。

为此，按照"十一五"科技发展规划纲要的总体要求和完善环境技术管理体系的需要，针对造纸行业存在问题进行深入调研和分析，建立科学的降污减排技术评价指标体系和方法，构建造纸行业"三废"污染物控制技术模式库和咨询服务平台，这对促进造纸行业工艺改进和污染防治技术进步具有重要作用，对于"十一五"节能减排总体目标的实现具有积极的推动意义。

2 研究内容

1）进行国内外造纸行业生产工艺与污染防治现状调研，给出造纸行业污染防治技术发展状况与技术需求调研报告；

2）从技术、经济、环境、管理等方面进行综合考虑，构建造纸行业降污减排评估指标体系及评估方法；

3）筛选污染物控制技术，构建造纸行业"三废"污染物控制模式库；

4）构建包括我国造纸行业有关法规、政策、标准、污染物产生与排放数据库、"三废"污染物控制技术模式库、降污减排评估指标体系和方法在内的专家系统，给出不同类型造纸行业全程降污减排集成技术方案，进而基于计算机编程建立造纸行业全程降污减排咨询服务信息系统。

3 研究成果

（1）核证了造纸行业污染控制关键位点和产排放清单

在对山东、河南、广西等 10 余个省份的 130 余家企业调研、实测和深入分析、研究的基础上，核证了制浆造纸产排污清单，确定了水污染物产生和排放的关键控制位点，掌握了生产过程污染防治技术现状和技术需求。

（2）构建了制浆造纸工业降污减排技术评价指标体系，逐一筛选出每一工段
的污染防治最佳可行技术

确定了技术评估的流程，分技术初筛阶段和技术评估阶段。技术初筛阶段用于筛选污染防治可行技术，技术评估阶段用于筛选最佳可行技术。采用调查研究及专家咨询法和目标分解法。其中指标体系整体框架的搭建采用目标分解法，具体指标的选取综合采用目标分解法和专家咨询法。

一级指标分为可行技术和最佳可行技术两类。二级指标：生产过程分为工艺技术、社会经济效益、资源能源消耗和环境污染控制 4 项；末端治理分为工艺技术、社会经济效益、资源能源消耗和环境污染治理 4 项。三级指标：生产过程评价指标 14 项，末端治理过程评价指标 15 项。在此基础上，建立了基于层次分析法和专家决策打分相结合的技术评估方法，筛选出了制浆造纸工业生产和末端治理的每一最佳可行技术及技术组合。

（3）构建了造纸行业"三废"污染物控制模式库

在国内外资料调研和现场考察的基础上，针对造纸行业污染物产生的关键控制位点和污染物末端治理技术，筛选并建立了适用于具有一定规模、不同原料、不同生产工艺的造纸行业的"三废"污染物控制技术模式库。该库概括归纳了各种技术的原理及特点，列出了使用该技术下的消耗及污染物排放，对可能造成的二次污染进行分析，并给出了相应的防治措施，对使用该技术的经济性、适用性进行分析，为该技术的推广提供依据。

（4）构建了制浆造纸行业全程降污减排咨询服务平台

构建包括我国造纸行业有关法规、政策、标准、污染物产生与排放数据库、"三废"污染物控制技术模式库、降污减排评估指标体系和方法在内的专家系统，利用已建立的"造纸行业降污减排评估指标体系"对现有的生产工艺和污染控制技术进行综合评估，给出不同类型造纸行业全程降污减排集成技术方案。进而构建造纸行业全程降污减排咨询服务信息系统，为我国政府环境管理部门、造纸行业主管部门，以及造纸企业提供技术支撑和咨询服务，为今后造纸行业排放标准、清洁生产标准、工程技术规范、污染防治最佳可行技术导则的制修订提供基础依据和理论支持。

4　成果应用

成果应用之一：制浆造纸工业水污染物排放标准（GB 3544—2008）。该成果已于 2008 年 6 月 25 日由环境保护部与国家质检总局联合发布，同年 8 月 1 日起作为国家强制性标准正式实施。

成果应用之二：制浆造纸废水治理工程技术规范（HJ 2011—2012）。该成果 2012 年 3 月 19 日由环境保护部发布，2012 年 6 月 1 日起实施。

成果应用之三：造纸行业非木材制浆工艺污染防治最佳可行技术指南（征求意见稿）。该成果已在全国范围内公开征求意见，近期将作为国家推荐性标准发布实施。

成果应用之四：制浆造纸污染防治技术政策（建议稿）。该成果已被环境保护部科技标准司应用，近期将在全国范围内公开征求各方意见，并最终作为国家推荐性标准实施。

成果应用之五：环境标志产品技术要求　生活用纸（建议稿）。目前，已召开完标准的课题论证会，形成了标准文本建议稿。

5　管理建议

1）尽快发布造纸行业污染防治最佳可行技术指南、制浆造纸污染防治技术政策等技术文件，形成完备的造纸污染防治技术体系，为强化造纸行业环境管理提供依据。

2）加强造纸污染防治技术的研究与推广，特别要鼓励低能耗、少污染的非木材制浆造纸新工艺、新技术、新设备的研发和高效、低成本的废水深度处理技术的推广应用。

3）根据制浆造纸工业污染防治技术发展，适时调整行业产业政策，合理利用农业废弃物进行制浆造纸；进一步修订纸产品白度指标，引导绿色生产和绿色消费。

6　专家点评

该项目系统地对我国造纸业现状、污染特征和污染防治技术进行了调研，完成了制浆造纸工业污染防治技术调查报告，提出了造纸行业全程降污评估指标体系和评估方法，筛选确定了造纸行业污染防治最佳可行技术，建立了造纸行业降污减排技术模式库，构建了造纸行业全程降污减排咨询服务信息系统。研究成果支撑了《制浆造纸工业水污染物排放标准》的修订，《造纸废水工程技术规范》、《制浆造纸污染防治最佳可行技术指南》和《制浆造纸污染防治技术政策》等一系列国家标准、规范、指南、政策的编制和出台，为环境管理工作提供了重要保障。

项目承担单位：山东省环境保护科学研究设计院、北京林业大学
项目负责人：张波

第六篇
环境综合管理领域

2008 NIANDU HUANBAO GONGYIXING
HANGYE KEYAN ZHUANXIANG XIANGMU
CHENGGUO HUIBIAN

基于资源环境承载能力的
全国重点行业类型区划及其准入方案研究

1 研究背景

当前，我国正处于工业化和城镇化加速发展阶段，资源相对匮乏、环境形势日益严峻、生态条件整体脆弱的基本国情短期内不会改变。煤炭、电力（火电和水电）、钢铁、电解铝、造纸和水泥等高耗能、高污染和资源消耗型（以下简称"两高一资"）行业的规模、布局和产业结构等，在一定程度上决定了我国资源供需和环境质量的整体变化趋势。在资源环境和产业发展相互交织的矛盾中，各项管理政策扮演着重要的角色。长期以来，由于管理体制方面的原因，我国的管理政策存在着"条块分割"、"一刀切"、"政出多门"和"管理缺位"等弊端，这在环境保护领域同样存在。主要表现为各类针对"两高一资"行业的环境管理政策对资源支撑、环境容量和生态承载力等考虑不足，既没有充分考虑到不同行业发展对资源环境影响的差异性，也没有提出不同区域建设项目差别化的准入要求，不能有效协调产业发展与区域资源环境承载力不相匹配等矛盾。为此，基于资源环境承载力划分行业环境管理类型区，进而提出不同区域的环境管理准入原则和技术方案，成为解决当前资源环境制约瓶颈的重要途径。

目前国内的区划研究主要有全国及省级生态功能区划、全国乡镇企业环境管理区划、主体功能区区划等，其中生态功能区划是根据区域生态环境现状、生态环境敏感性与生态服务功能的空间差异，将全国及各省划分成了不同的生态功能区；全国乡镇企业环境管区划是针对乡镇企业的发展特点和环境管理需求，把全国30个省（市、区）划分成了4个区7个亚区的乡镇企业环境管理区；主体功能区区划是根据不同区域的现有开发密度和发展潜力、资源环境承载能力，研究统筹人口分布、经济布局、国土利用、城镇化发展的区域开发格局，其功能区划分指标体系包含了资源和环境承载能力的通用指标，提出的政策体系包括财政政策、投资政策、产业政策、土地政策、人口管理政策、环境保护政策等。以上区划研究形成的各类功能区与本项目研究的重点行业环境管理类型区在内涵、划分目的、划分的指标体系、划分方法等方面有着本质区别，不能作为与资源环境承载力相匹配的某一重点行业差别化环境管理政策的载体。

本项目依据区域资源、生态环境承载能力和行业发展的地域差异，开展了针对我国不同重点行业的环境管理类型区划分及其准入方案的研究。研究共设置 6 个专题：重点行业环境管理类型区及其准入方案研究的理论与方法；全国资源环境承载能力评价与空间特征分析；重点行业发展资源环境条件分析；重点行业现有环境政策梳理与症结诊断；重点行业环境管理类型区划分及分区准入方案；重点行业整合发展模式优化方案研究——以白色市为例。

2 研究内容

本项目以可持续发展和复合生态系统理论为指导，在深入剖析行业、资源和生态环境三个子系统特征的基础上，构建了基于资源环境承载力的行业发展概念模型，创建了环境管理类型分区的理论，提出了 7 个行业的环境管理类型分区指标体系及其评价标准；采用 GIS 空间分析、关联分析、DPSIR 模式（驱动→压力→状态→影响→响应）、层次分析、灰色聚类等方法，创建了环境管理类型分区的技术方法体系，在我国地图上实现了图示化的环境管理类型区划分；在全面梳理和诊断各行业环境管理政策的基础上，构建了行业环境准入政策体系，并结合各行业环境影响特征和国家战略需求，综合考虑不同行业产业布局、规模现状、发展趋势和环境保护技术装备水平等因素，提出了 7 个行业在不同环境管理类型区的环境准入方案。

3 研究成果

（1）理论和技术方法创新

1）以复合生态系统与可持续发展理论为基础，结合重点行业的资源环境影响特征，创立了基于资源环境承载能力的行业环境管理类型区划分的理论与方法，明确了类型区划分的原则与技术方法体系。

首先定义了行业环境管理类型区的含义。即环境管理类型区是适应新时期"分区管理"、"分类指导"的要求，根据不同行业的主导环境影响和不同区域对特定影响的承载能力，在国土空间范围内划分的行业环境管理政策单元。行业环境管理类型区在形式上是一种空间分区，内容上是行业与资源环境条件相结合的政策单元。

提出了类型区划分的原则，包括相似性与差异性原则、主导性与综合性原则、理论研究性与可操作性原则。

提出了行业环境管理类型区划分的技术流程，包括指标体系构建、指标标准化与权重确定、类型区划分与修正。其中，类型区划分集成了指标计算、数据处理、类型区判别与归并、专题制图等方法。

项目从宏观维度构建了资源—环境—行业复合生态系统，从中观维度确定了类型区划分技术流程，从微观维度建立了技术方法体系，为实现行业环境管理类型区划分奠定了理论基础，提供了方法学原理与技术手段。在此基础上，完成了全国七个重点行业的类型区划分与典型区验证。

2）构建了行业环境管理类型区准入政策体系

首先明确了行业环境管理准入的内涵，即以解决特定行业发展引起的区域性环境问题为目标，从区域资源环境承载能力的要求出发，根据区域行业发展特点，从管理层面提出特定区域行业发展的环境保护政策建议，优化特定行业在特定区域发展的布局、结构和规模等，为有效防范布局性环境风险和结构性环境隐患，促进我国经济结构的战略转型和经济发展方式的转变提供决策参考。

兼顾行业环境管理要求、行业准入门槛和环境要素控制条件，从产业结构、规模、布局、工艺选择、污染控制要求、生态保护要求等方面，构建了行业环境管理类型区的准入政策框架体系。

提出了行业环境管理类型区准入方案的制定原则，即继承与延伸相结合原则；差别化原则；系统性原则。

依托本项目的行业环境管理类型区划分成果，遵循行业环境管理类型区准入政策的制定原则，结合国家战略需求，提出了针对七个重点行业不同环境管理类型区的环境准入技术要点。

（2）项目产出

1）项目提出的 "依据资源环境承载能力，实行分区域、差别化的行业环境管理准入政策" 的建议，已经成为《国家环境保护"十二五"规划》的基本原则和重要内容之一，在国家环境管理中发挥作用。

2）项目上报的宏观研究报告被环境保护部、国办、中办采纳，煤炭行业报告得到了李克强总理的亲笔批示。

3）建立的基础资料数据库，经定期扩展和更新，可成为环境科学领域相关研究和战略环评的信息库。

4）建立的研究区域产业发展模式与资源环境的关系模型，已经为制订不同层级的产业发展战略规划提供了技术支撑。

5）提出的行业环境管理类型区划分及其准入方案的理论与方法体系，为我国环境功能区划等研究项目提供了实用技术。

6）全国资源环境承载能力评价与空间特征分析的研究，为各类区域与行业发展战略和规划的制订提供了决策依据。

7）重点行业环境政策梳理与症结诊断，对今后我国行业准入和环境管理政策的修

（制）订有重要的参考价值。

8）重点行业环境管理类型区划分及其准入政策，为制订分区域、差别化的各项环境影响评价管理政策提供了依据。

9）典型区行业协调发展模式研究，为构建资源环境条件制约下的区域产业结构体系提供了宝贵经验。

10）完成研究论文 16 篇，项目成果实现广泛共享。

（3）成果汇总

项目共提交研究报告 2 部，专题研究报告 10 部，调研报告 7 份，研究论文 16 篇，出版专著 1 部，培养研究生 8 名（1 名博士后和 7 名硕士研究生）。

4　成果应用

项目提出的"依据资源环境承载能力，实行分区域、差别化的行业环境管理准入政策"的建议，已经上升为国家战略，成为《国家环境保护"十二五"规划》的基本原则和重要内容，基于项目研究成果完成的《探索分区域环境管理政策　促进煤炭工业可持续发展》、《铝工业环境管理类型区划分及准入政策研究》报告被国务院办公厅采纳，并得到李克强总理的亲笔批示。同时，项目的研究成果已经在国家制订的各项环境影响评价管理政策、相关行业发展战略和部分省、市产业规划、城市总体规划中得到应用，在我国环境功能区划研究、国家水污染重点源排放许可证管理制度研究子课题——造纸行业水污染物排污许可证试点研究、水泥行业多污染物协同控制技术与管理方案研究、造纸工业污染防治管理规范编制等项目中得到应用，并具体指导了造纸行业污染源现场监察执法指南研究、规划环境影响评价相关技术导则（如：总纲、城市总体规划、土地利用总体规划等）的制（修）订和区域、流域开发建设规划环评的开展。

5　管理建议

本项目依托行业环境管理类型区划分成果，遵循行业环境管理类型区准入政策的制定原则，结合国家战略需求，提出了针对七个重点行业（包括煤炭、火电、钢铁、铝工业、水泥、造纸、水电）不同环境管理类型区的环境管理政策建议。下面以煤炭行业和铝工业为例，分别介绍行业环境管理类型区划分结果及各环境管理类型区环境管理及准入政策建议。

（1）煤炭行业

项目从煤炭开发的生态影响、水资源影响和耕地影响三类主导影响出发，根据不同区域对这三类影响的承载能力，将全国共划分为 6 类煤炭工业环境管理类型区，各区域的环境管理政策建议如下。

类型区一：分布于新疆大部，西藏、青海、甘肃西北部及内蒙古北部，煤炭资源主要集中在内蒙古东部和新疆西部。由于储量大，地质条件简单，近年来开发强度明显加大，今后很有可能成为我国的主要煤炭、煤电及煤化工基地。类型区的环境管理政策和准入要求建议：

①鼓励在资源条件优越的蒙东和新疆集中建设若干大型煤炭基地，新建井工矿规模应在 120 万 t/a 以上，露天矿应在 300 万 t/a 以上；其他地区新建煤矿规模应至少在 60 万 t/a 以上。

②在布局上严格坚持"点上开发、面上保护"的策略。对于资源条件一般、配套条件相对较差且生态敏感的区域，应考虑设置为后备区，暂不开发。

③露天矿应实现剥离—采矿—排土—复垦一体化，井工矿应及时充填沉陷裂缝、平整沉陷台阶、恢复受损植被，土地复垦率应达到 100%，扰动土地整治率应达到 90%。

④煤炭开发及下游产业须采用世界最先进的节水工艺；矿区工业项目应优先使用矿井水、矿坑水和疏干水，不足部分方可外取。

⑤积极利用煤矸石充填露天矿坑、填沟造地或制作建材，其利用率应达到 100%。

类型区二：主要分布于晋陕蒙接壤区，新疆西部，宁夏、甘肃南部，内蒙古东部赤峰、通辽、兴安盟等地。煤炭资源主要集中于晋陕蒙接壤区，其保有储量占全国煤炭保有储量的 65% 以上，目前是我国最大的煤炭资源调出区，将来在我国能源供应体系中的地位将进一步提升。类型区的环境管理政策和准入要求建议：

①通过资源整合和结构调整提升煤炭开发整体水平，新建井工矿的规模应至少为 120 万 t/a，新建露天矿的规模应至少为 300 万 t/a。

②煤炭开发布局应重点避让自然保护区、风景名胜区、地质公园等国家法定的禁止开发区域，并防止对泉域和居民饮用水源产生影响。

③井工矿应及时修复地表沉陷裂缝，平整沉陷台阶，进行植被恢复，露天矿应实现剥离—采矿—排土—复垦一体化，防止水土流失，土地复垦率应达到 100%，扰动土地整治率应达到 95% 以上。

④根据"以水定产"的原则来确定生产规模，并采用世界最先进的节水工艺。矿区工业项目应优先使用矿井水、矿坑水和疏干水，确保不挤占生态用水和生活用水。矿井水和生活污水利用率均应达到 100%。

⑤煤矸石应全部综合利用，禁止设置露天储煤场，尽量做到原煤"不露天，不落地"。

⑥结合矿业开发，实现生态移民，提高资源采出率。

类型区三：主要分布于东三省东部，华北平原西部，汾渭平原及青海南部，湖南中部，广西西北部等地。煤炭资源主要集中在我国东北地区东部以及山西和河北交界一带。该区煤炭开发历史较长，小煤矿数量较多，目前普遍面临资源枯竭的问题。类型区的环境管理政策和准入要求建议：

①加大资源整合力度，提高煤炭回采率，重点开发动力煤，适度开发炼焦煤；新建和改扩建煤矿规模应在 60 万 t/a 以上。

②妥善解决村庄压煤与提高优质炼焦用煤采出率之间的矛盾；在统筹考虑煤炭开采的社会效益、经济效益和环境效益关系的基础上，安排好煤炭开发布局和开发时序。

③逐步消灭矸石山，实现生态环境综合整治和产业转型的有机结合。

④新建和改扩建项目应通过"以新带老"，加快解决历史遗留的生态破坏和环境污染问题，特别应加强针对沉陷区和挖损区的治理。新建项目土地复垦率应达到 100%，扰动土地整治率达到 90%。

⑤编制市矿统筹规划，统一考虑矿区产业转型、生态治理、棚户区改造、移民搬迁安置等问题，促进矿区可持续发展。

类型区四：主要分布于四川盆地周边的四川、贵州、重庆、云南等地。该区煤质以炼焦煤和无烟煤等稀缺煤种为主，但煤层赋存条件复杂，开采难度人。现有煤矿主要集中在贵州西部，规模以中型以下为主，小煤矿数量众多，近年来开发力度明显加大，已成为"西电东送"南部通道的主要煤电基地。类型区的环境管理政策和准入要求建议：

①对优质炼焦煤和无烟煤实行限制性和保护性开发，严禁降低用途。新建、改扩建及资源整合煤矿的规模均应在 15 万 t/a 以上。

②煤炭开发布局应注意避让生物多样性敏感区域，防止对具有重要供水意义的井、泉、水库等产生明显影响；禁止在地质灾害危险区、限制在地质灾害高（易）发区内采煤；禁止占用基本农田保护区，工业设施选址应尽量少占耕地。

③严禁开采高硫煤、高含砷煤及含有其他有毒有害元素的煤炭资源，防止对人群健康产生严重影响。

④采矿剥离和占用区域须注意保存地表植被及土壤，加强对矿区地质灾害的监测，对其造成的生态破坏应及时治理。土地复垦率应达到 85% 以上，扰动土地整治率应达到 90%。

⑤高瓦斯矿井应配套建设瓦斯利用设施，其抽采利用率应达到 60% 以上。

⑥对于煤炭矿区内零星分布的村镇，尽量结合煤炭开发进行生态移民。

类型区五：主要分布于浙江、福建、广东、江西、海南及广西东部等地；区内煤炭资源贫乏，现有煤矿主要为小煤矿。类型区的环境管理政策和准入要求建议：

①加快整合、关闭现有小煤矿，资源整合矿井的规模应在 15 万 t/a 以上，新建矿井规模应在 30 万 t/a 以上。

②对于邻近生态敏感区和人口集中居住区的矿井，应逐步予以关闭或规范其环保行为。从长期来看，应通过严格的环保要求促进煤炭开发逐步退出市场，提升当地产业层次。

③对现有、新建和改扩建煤矿，要强化生态建设，土地复垦率和扰动土地整治率均

应达到 100%。

④煤矸石综合利用率应达到 100%，矿井水综合利用率应达到 70% 以上。

类型区六：主要分布于东北平原、黄淮海平原及四川盆地等农产品主产区；煤炭资源主要分布于河南、安徽、山东三省邻近区域及四川盆地外缘。现有煤矿以大中型为主。类型区的环境管理政策和准入要求建议：

①通过技术改造，提升现有煤矿的技术水平和生产能力，新建和改扩建煤矿的规模应在 60 万 t/a 以上。

②禁止在基本农田保护区内采矿；矿井工业场地应尽量依托现有城镇建设，减少耕地占用。

③沉陷区一旦稳定，应立即进行永久性治理。对于不能恢复耕种的永久积水区，应复垦为水产养殖用地或景观用地。土地复垦率和扰动土地整治率均应达到 100%。

④矿井水综合利用率应达到 75% 以上，外排部分尽量处理达到地表水三类水质标准。

⑤制定煤矸石综合利用规划，加快消灭原有矸石山，并不得新建矸石山。

⑥对于煤矿井田范围内的村镇，在开采之前应先行搬迁。搬迁安置点的选择，应结合本区域城镇体系规划和城市规划来进行，原则上应集中安置，并尽可能依托现有城镇。

（2）铝工业

项目根据区域资源赋存条件、铝工业环境影响和生态环境承载力特点，将全国划分为五个铝工业环境管理类型区，各区域的环境准入政策建议如下，未提及的环境准入政策按照《铝行业准入条件》（发改 [2007]64 号）执行。

类型区一：主要包括贵州大部分地区，陕西中部和北部及与山西交界地区、内蒙古与宁夏交界处。区域生态敏感性极高，水土流失、沙漠化严重；大气环境污染严重，陕西北部、贵州大部分地区 SO_2 环境质量严重超标，已无环境容量。区域对于新建、改建、扩建项目的准入要求建议：

①严格控制新建铝土矿，新建铝土矿必须充分论证生态环境可行性；明确划定禁止、限制开采区，限制开采生态环境敏感、开发区铝硅比低的铝土矿矿区。矿山土地复垦率达到 100% 以上，林草植被恢复率达到 100%。

②严格控制氧化铝新建项目，氧化铝准入规模不低于 100 万 t/a，自建铝土矿山比例应达到 100%，清洁生产水平达到《清洁生产标准　氧化铝业》（HJ 473—2009）一级水平，氧化铝回收率达到 83% 以上（拜耳法）、91% 以上（其他），尾矿综合利用率达到 50%，赤泥综合利用率达到 30% 以上。

③严格控制电解铝新建项目，新建企业需采用 300kA 及以上预焙槽，清洁生产水平达到《清洁生产标准　电解铝业》（HJ/ T 187）一级水平，全氟产生量低于 16kg/t 铝，最高排放限值 0.9kg/t 铝；电解铝项目工业废水零排放。

④对于没有环境容量及高氟地区严格实行区域限批。

类型区二：包括西藏东南部、四川中部和西部、云南中部和东部、重庆大部。区域生态环境敏感、脆弱，其中四川东部水蚀敏感性较高，云南和重庆大部存在水土流失，西藏东南部具有重要的水源涵养功能，云南大部和四川东部存在石漠化现象，环境质量较好。区域对于新建、改建、扩建项目的准入要求建议：

①严格控制铝土矿开发，现有民营矿、小型铝土矿应进行全面资源整合；加强已开发矿区的生态恢复工作，土地复垦率达到 100% 以上，林草植被恢复率达到 100%；减少区域水土流失、石漠化程度加剧，水土流失控制比达到 0.7。

②新建氧化铝企业尽量布局于类型区内的重庆、四川、云南和广西地区，依靠周边资源优势，鼓励发展大型氧化铝（200 万 t/a）。氧化铝回收率达到 83% 以上（拜耳法）、91% 以上（其他），尾矿综合利用率和赤泥综合利用率最低应达到 20%，生产工艺达到国内先进水平。

③发展大型电解铝工业，延伸铝工业产业链。布局于四川西部、云南西北部煤炭资源或水电资源丰富的地区，鼓励采用"铝电联营"的模式，大型电解铝企业应配备自备电厂，生产工艺达到国内先进水平，部分地区（如广西）达到国际先进水平，全氟产生量低于 18kg/t 铝、最高排放限值 0.9kg/t 铝。

④对甘肃和青海高氟地区新建电解铝项目实行区域限批。

类型区三：包括内蒙古中部、东部地区，陕西中部和北部、山西、河北大部分地区、河南中部和北部、青海中部、广西和贵州交界地区。区域生态环境较好，环境污染严重，其中内蒙古中部地区、山西中部、南部，河南北部 SO_2 超标，贵州部分地区及其与广西交界地区 COD 超标严重。区域对于新建、改建、扩建项目的准入要求建议：

①在做好移民安置、生态恢复工作的条件下，鼓励进行规模化、机械化铝土矿开采，回采率达到 75% 以上。在人地矛盾突出的山西、河南等地区，采后地区的耕地复垦率达到 100%。

②加快重点铝工业基地建设，延长铝工业产业链，形成具有国际先进水平的大型铝工业基地。

③严格控制新建氧化铝企业，以上大压小、淘汰落后、提高其准入要求和清洁生产水平，氧化铝规模不低于 100 万 t/a，自建铝土矿山比例应达到 100%，在铝土矿品质较好的部分地区（如广西、贵州等地）生产工艺采用拜耳法，氧化铝回收率达到 83% 以上（拜耳法）、91% 以上（其他），氧化铝二氧化硫产生量拜耳法为 0.15kg/t 铝、联合法或其他 0.25kg/t 铝。

④严格控制建电解铝企业。电解铝项目必须采用 300kA 及以上大型预焙槽工艺，水耗低于 6kg/t 铝，全氟产生量低于 16kg/t 铝、最高排放限值 0.9kg/t 铝，定期对氟化物进

行监测；以上企业清洁生产水平达到相应标准的一级水平。生产废水全部回用。

类型区四：包括黑龙江、吉林、山东、湖北、湖南、安徽、江西、甘肃的大部分地区，河南南部、内蒙古、新疆西北部部分地区，以及沿海的山东、江苏、浙江、福建、广东、海南大部分地区。内蒙古西部，新疆和西藏地区生态环境比较脆弱，有一定的制约，其余地区生态承载力较高，环境质量现状良好，适宜打造完整的铝工业产业链。区域对于新建、改建、扩建项目的准入要求建议：

①在研究论证确保生态环境可持续发展的基础上，合理确定铝工业的发展规模和产品类型。

②内陆地区应进一步探明区域内部铝土矿储量，发掘优质铝土矿资源，并借助周围铝土矿资源优势，在行业规划的基础上发展较为平衡的铝工业产业链。

③北方缺水地区新建电解铝厂整流机组应采用风冷技术，控制新水消耗量，西南水资源丰富地区电解铝生产充分利用水电资源，提高水电能源使用比例，新建、改扩建氧化铝、电解铝项目清洁生产水平达到相应标准的二级水平。

④沿海地区充分利用区域地理位置优势，进口铝土矿、氧化铝，适度发展电解铝，打造以铝深加工产品为目标的规模化铝工业。氧化铝项目清洁生产水平达到《清洁生产标准　氧化铝业》（HJ 473—2009）二级水平，电解铝项目清洁生产水平需达到《清洁生产标准　电解铝业》（HJ/T 187）一级水平。

类型区五：包括西藏北部、青海西部和新疆南部及东部地区。区域具有一定的生态环境承载力，但资源不丰富，地处内陆，交通不便，发展潜力很小。该类型区虽然生态环境良好，几乎没有环境污染，环境容量较大，但铝土矿资源贫乏，且周边没有可提供的资源支持，加之交通不便，市场前景不广阔，铝工业发展潜力较小。应在进一步探勘、确定资源储量的基础上，确定铝工业发展规模、布局和产业结构，暂不提出准入方案要求。

6　专家点评

该项目通过深入剖析行业、资源和生态环境三个子系统特征的基础上，构建了基于资源环境承载力的行业发展概念模型；在对我国重点行业（煤炭、火电、水电、钢铁、铝工业、造纸、水泥等行业）发展现状、发展趋势、污染状况和现有政策分析的基础上，构建了全国重点行业环境管理类型区划分的原理与方法，识别了重点行业资源环境制约因素，评估了我国资源环境承载能力，完成了类型区划分，提出了重点行业分区域、差别化的环境准入方案，并选择了典型区域进行了成果应用。项目提出的"依据资源环境承载能力，实行分区域、差别化的行业环境管理准入政策"的建议在国家环境保护"十二五"规划中得到应用，部分研究成果已在国家、地方和行业管理中被采纳。本项目基于资源环境承载力划分行业环境管理类型区，以及不同区域的环境管理准入原则和技术方案，是解决当前重点行业发展与资源环境制约矛盾的较好方法。

项目承担单位：环境保护部环境工程评估中心、中国科学院生态环境研究中心
项目负责人：陈帆

长三角区域环境一体化管理技术体系研究

1 研究背景

随着社会经济的快速发展，我国面临越来越严峻的环境压力，区域及流域性环境问题日益突出，如：区域环境质量整体退化、环境风险凸显，污染跨界纠纷不断等。区域内部产业政策和环境管理政策的差异也造成地区间不公平竞争。这些问题急需研究者提供成套管理技术，给出系统解决方案。本项目以长三角为研究对象，针对长三角地区面临的环境问题与环境管理面临的挑战，研究环境一体化管理技术体系，为我国其他地区的环境管理提供经验。

长三角地区自然资源匮乏，环境质量不容乐观。2007 年长三角两省一市废水、二氧化硫、工业固体废弃物产生量占当年国家的 19.22%、10.18% 和 7.48%，河湖水系污染与大气污染问题成为当前最突出的环境问题。通过加大污染防治力度和全力推进水环境综合整治工作，水环境质量局部得到改善，但总体不容乐观。大气污染主要以煤烟型污染为主，酸雨问题较严重，近年来随着机动车保有量增加，氮氧化物污染也呈增加趋势。

长三角地区环境管理面临如下挑战。区域生态工业园发展迅速且分布广泛，但未形成区域内部的互补与联动；区域环境风险管理处于起步阶段；在跨界环境问题上，职责界定、管理方式和技术方案缺乏共识；环境信息公开形式及内容不统一，缺乏可比性；公众参与有待开发新的有效的模式。由于区域内部存在利益冲突，环境管理一体化成为长三角一体化中最需要解决也最难解决的问题。

目前针对区域 / 流域环境管理，我国还缺乏系统的、一体化管理的思路、政策、方法和技术。如何实现区域资源环境有效配置、促进区域可持续发展、解决上下游地方政府之间，以及经济发展与公众日益提高的环境需求之间矛盾是本项目关注的重点。

2 研究内容

在长三角社会经济发展趋势、区域环境压力和区域环境合作必要性分析的基础上，针对该区域面临的主要环境问题，研究长三角区域环境一体化管理应包含的技术和模式，形成系统、创新的区域环境一体化管理技术体系，推动太湖流域和长三角区域环境管理的科学化，为我国其余区域环境管理提供备选技术和经验。

本项目剖析了区域环境管理中存在的问题及潜在对策，利用定性和定量分析手段，结合 GIS、仿真模拟等工具，构建了区域环境一体化管理的技术框架，形成区域环境信息公开与公众参与、跨界水污染一体化管理、区域环境风险全过程管理以及虚拟生态工业园构建四个核心管理技术。

3 研究成果

（1）长三角区域环境污染源和环境质量格局

研究通过对长三角地区两省一市社会经济发展、资源环境压力的描述与总结，客观展现长三角现有的环境污染和资源消耗状况，最后分析长三角区域存在的环境问题。同时，项目大量收集了环境污染及环境质量数据，利用 matlab 建模，构建长三角信息一体化指数，并通过模型得出了一体化指数提高对长三角污染减排和环境质量提高的显著作用。项目开发的"大规模曲线自动化建模系统 V1.0"获得了软件著作登记权。

（2）提出了环境风险全过程管理一体化技术方案

研究从环境风险事故的全过程管理、流域层面以及区域层面的环境风险管理三个方面，对长三角环境风险全过程一体化管理的内涵进行解析，建立起了符合长三角区域特征的环境风险管理与应急一体化管理体系，长三角环境风险源一体化管理系统，另外，不同尺度下的环境风险评估、风险阈值确定、风险预警和风险应急等研究，也有助于管理者更准确了解企业、区域、流域的环境风险，为管理者提供更为有效的管理策略和技术支持。开发的"环境风险源申报系统软件 1.0"获得了软件著作登记权。

表 1 环境风险源申报管理系统模块功能和实现依据的简要说明

模块名称	模块功能	实现依据
信息申报	风险源信息填写、插入、删除、修改、提交、查询、系统纠错功能以规范信息格式	加载各类环境风险源申报表单和相关数据库
信息审核	申报信息查询、排污申报登记和危险废物登记信息的调用和查询	申报信息暂存系统、按照字段名调用相关信息
信息评价	将各类环境风险源风险水平量化并分级	按照字段匹配的方式调用对应的环境风险源评价模型；《重大危险源辨识》数据库
信息输出（动态化、可视化）	环境风险源分类分级信息可视化、动态化输出	风险源空间矢量数据、区域 GIS 底图、风险评价信息

（3）提出了虚拟生态工业园构建与一体化管理技术方案

结合长三角区域工业园的特点，项目开发了长三角虚拟生态工业园构建管理技术，可以为长三角的工业废弃物交换提供平台，提高废弃物的利用效率。项目开发的"长三角虚拟生态工业园废物交换系统软件"获得了软件著作登记权。

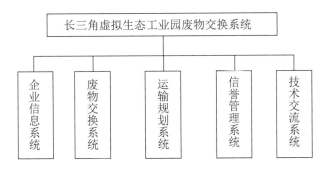

图1　长三角虚拟生态工业园废物交换系统

（4）提出了水污染跨界管理一体化技术方案

项目重点研究了跨界环境污染和区域环境事故应尽的协同处置机制所需的支撑技术体系，构建了长三角区域水污染跨界管理一体化技术方案。该技术方案基于法律保障，在构建流域协同管理体系过程中，首先确定水质目标，包括各区域水污染总量的确定和断面水质目标的确定。在给定水质目标条件下，水质超标或不合理规划会引起跨界纠纷，管理部门根据协同管理规划方案解决跨界纠纷。在这一过程中，通过组建区域环境质量信息网络和信息共享和监测预警系统使信息共享技术贯穿其中，一方面从区域层面上，对区域环境敏感点的环境质量情况与变化趋势进行及时跟踪、评估、通报、督促、检查，对环境风险源进行预警、管理，对污染事故及时做出响应；另一方面鼓励公众参与生态环境保护和建设，扩大公众对环境问题的知情权、参与权和决策权。

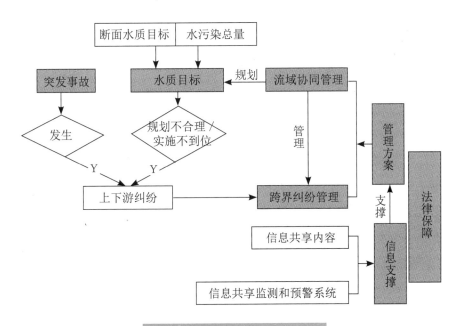

图2　水污染跨界一体化管理体系

（5）提出了信息公开与公众参与一体化技术方案

研究通过对长三角地区企业环境行为评级与公开、政府部门环境信息公开情况的调查，对企业和地区的环境信息公开状况进行简单评述，找出了长三角环境信息公开存在的问题，并提出了解决方法，通过统一并规范信息公开的流程、途径、模式，整合环境监测与信息公开网络，最后形成了适合长三角整体的环境信息公开方案。同时，研究综合考虑中国的具体社会、政治、经济和环境状况，重新定义了公众参与方案"环境圆桌会议"，构建了长三角区域环境圆桌会议的组织实施方式和技术路线。项目开发软件"长三角企业环境信息公开与共享软件"获得软件著作登记权。

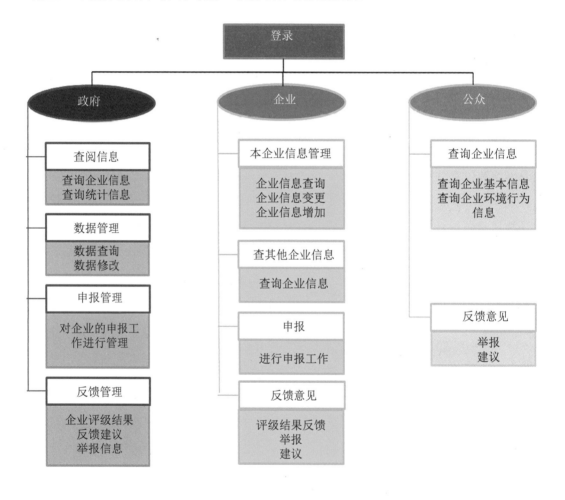

图 3　长三角企业环境信息公开与共享平台系统

4　成果应用

1）"环境风险源申报系统"已经开始在南京市化工园投入使用，并由江苏省环境风险应急与事故调查中心购买，计划在全省范围内投入使用。

2）环境圆桌会议制度进入深度社会实验阶段。从项目启动期开始，至今在江苏省宜兴市等地共进行了8场环境圆桌会议，分别在宜兴市广汇社区和宜兴经济开发区社漊港，参加人数近200人。

3）"长三角虚拟生态工业园废物交换系统"完成设计，进入应用阶段。本项目构建的虚拟生态工业园信息系统，可以为长三角的工业废弃物交换提供平台，提高废弃物的利用效率。

4）"长三角区域企业环境信息公开与共享系统"完成设计，进入应用阶段。该系统通知提取各项可获取、可信任的企业环境绩效信息，为不同性质的企业提供可比较的环境行为评级方案，并能对分级结果展开统计分析。

5　管理建议

本研究提出以下五方面的政策建议：

（1）建立有法律效力的长三角环保合作平台

区域经济的紧密合作，离不开环境保护的协同效应。通过区域环境一体化，管理并建立合作平台，开展与区域经济合作相适应的区域环境保护合作，整合区域环境资源，促进区域社会经济与生态环境的良性互动及协调发展，是区域合作的重要内容。建立区域环境一体化管理技术框架，共同研究处理区域环境问题，联手加强区域污染防治和生态保护，有利于推动区域产业结构的调整和经济增长方式的转变，有利于提高区域环境保护的整体水平，进一步改善区域生态环境状况，实现人与自然和谐发展，有利于构建优势互补、资源共享的互利共赢的格局。提高区域经济整体竞争力，实现区域环境与经济社会全面、协调与持续发展。

（2）建立基于GIS的长三角环境信息平台

长三角区域环境一体化管理是指在各类环境信息充分共享的基础上，长三角地区在污染控制、风险控制、环境服务等方面，形成有效的一体化管理方案。据此，长三角区域环境一体化管理的必要条件是构建长三角各类环境信息平台。目前，长三角地区各类环境信息数据库种类繁多，持有部门及信息组织形式纵横交错。而系统梳理与有效组织这些环境信息，有重点地重构或组织部分信息系统，对长三角环境管理一体化的信息基础构建非常重要。

在基于空间地理的长三角环境信息版图中，基础之基础是抓住污染源，尤其是工业污染源。污染源的布局与排放信息是所有信息组织的基础。污染源管理是现代环境管理的重要组成部分，主要包括对污染源的常规信息管理、污染源排污状况和基础污染数据的采集与记录等内容。随着信息化发展和办公自动化要求，建立污染源信息管理系统能够成为环境信息系统发展的重要组成。由于长三角地区宽广，而且环境问题是一个全方位、立体的问题。GIS 因其在空间操作和空间数据的存储、管理和表达方面的强大功能而成为环境信息系统使用和管理的有力工具。长三角两省一市很多市县已经建立了自己的污染源信息系统，但是因为各省市的数据采集标准、数据形式等有差异，因此长三角环境一体化需要整合构建一个污染源信息平台。

（3）实现风险源控制基础上的环境风险全过程管理

长三角地区经济发达，社会发展迅速，人口稠密。同时由于区域内区位优势明显，交通发达，长三角地区化工行业发展快速，化工企业数量和企业规模均呈现上涨趋势，区域已经步入由重化工业和高加工度化制造业为主导的工业化中后期发展阶段。

长三角地区环境风险的第一个特征是，环境风险源多，一旦发生事故，影响巨大。众多化工园区多位于长江沿岸，事故发生后污染物通过河网水系进入长江。长三角区域经济发展水平较高、人口密度大，这些因素决定了其受体易损性较高。因此，如果对区域内的水污染环境风险源没有协调的一体化管理技术，一旦发生环境事故而不同行政区域间不能有效地整合力量进行风险管理，那么区域内环境污染事故的发生将造成严重的社会、经济、环境影响。因此，形成一套完整的区域一体化风险源管理技术就显得尤为重要。

长三角地区环境风险第二个特征是大风险源集中，小风险源多而分散，防范风险发生任务繁重。一方面，各地纷纷建立化工园区对行政区域内化工企业进行集中管理，工园区内化工企业密集，危险化学品存量大，危险品贮罐、危险品库房等危险设备多，由于其生产工艺多为高温、高压下的剧烈反应，易发生火灾、爆炸等事故，多米诺风险突出；另一方面，由于大量企业规模小，资金少，污染物处理设备缺失，环境事故风险高。长三角流域风险管理的第三个特点是移动风险源多，由交通运输造成环境事故的风险高。

目前长三角区域环境风险管理工作主要以企业、工业园区及各级行政区域作为落脚点，研究行政区域内单一主体的环境污染事件规避以及事故发生的应急处理处置方法。由于人为设置的行政区域无法很好地处理跨行政区域的流域性环境问题，该类型环境风险管理存在成本高、管理对象片面，不能指导区域层面环境风险管理及优化布局等工作的开展等问题，已无法适应由于经济和社会发展造成的区域性环境风险问题。因此，在环境风险管理方面应当打破人为行政区域的划分，构建系统高效的多层次长三角区域环境风险源集成与管理体系。

（4）构建虚拟生态工业园，推动长三角产业共生

虚拟生态工业园能突破固定的地理界限，通过"废物资源"这条纽带将众多产业链上存在联系的中小企业通过现代信息技术手段连接起来，建立虚拟园区，注重企业间的相互合作，形成互利的网上共生关系，这种合作方式的灵活性很强，企业可以根据自身的发展需要选择最佳的合作伙伴，各企业通过各自废物资源的交换突破产品性质和生产

工艺的限制，整个虚拟园区以网络为依托，实现资源的高效利用。

（5）实现污染跨界管理一体化

目前我国跨界水污染问题在我国的行政管辖体制和不同区域的社会经济发展背景下呈现更多的复杂性：一是跨界水污染与各区域之间经济利益竞争密切相关；二是在国家条块结合的管理体制中，加上相关法律体系和治理规范的缺乏，跨界管理成为环境治理的难题；三是跨界水污染的治理必须与防洪工程的使用协调，使水污染的跨界矛盾更加复杂。必须从法律法规、规划和管理三个层面展开，再结合跨界断面水质确定技术和区域环境信息共享技术实现污染跨界管理一体化。

6 专家点评

该项目在长三角社会经济发展趋势、区域环境压力和区域环境一体化保护必要性分析的基础上，提出了长三角区域环境一体化管理应包含的技术和模式，围绕风险源管理、污染跨界管理、虚拟生态工业园、信息公开和公众参与等方面，构建了一体化的技术框架，开发了一体化管理的软件支持平台。该研究成果丰富和完善了我国流域及区域环境管理技术，创新了长三角区域环境一体化管理的相关政策，形成了具体可操作的技术方案，在地方环境管理中得到了应用，对区域环境管理具有支撑和借鉴作用。

项目承担单位：南京大学、环境保护部环境规划院、北京航空航天大学
项目负责人：毕军、刘蓓蓓

化学工业园区生态改造优化模式及规范化管理研究

1 研究背景

目前，我国已建和再建的开发区、高新区等各类工业园区 9 000 多个，其中国家级工业园区和高新技术开发区有 100 多个，但各类在建的生态工业园区仅 29 个，截至 2011 年 1 月，已建成的生态工业园仅 21 个。我国工业园区基本上是依靠廉价的土地和优惠的政策起步和发展的，经济发展粗犷，资源浪费严重、以牺牲环境为代价。经过多年建设，这些工业园区已初具规模，有些园区已经成为当地的工业基地。随着国家环境保护力度的加大，园区建设如果重复以前的老路，资源消耗大而且不利于环境管理，困难重重。在原有园区的基础上改造重构无疑是一种行之有效的方法，但由于各类工业园区的环境状况、工业基础和建设情况不尽相同，不同类型的园区生态效率也存在很大差距，如何利用原有园区的基础设施和开放的市场环境，按照循环经济的理念，积极推进现有工业园区的生态化改造，既是环境保护部门的重点工作，也是我们面临的巨大挑战。

项目针对我国工业园区规划和环境管理面临的主要问题，对典型化学工业园区按照企业内部生态化、企业之间生态化和园区生态化分三个层次进行改造，并根据循环经济理论，建立化学工业园区生态优化改造模式，提出推动参考优化模式发展的工业园区管理体系。项目的实施为我国建设资源节约型、环境友好型社会提供必要的科技支撑，对促进我国工业园区的生态优化发展，完善我国环境管理体系具有重要的指导意义。

2 研究内容

本项目系统地从理论研究、实践两个方面分析了生态工业园国内外研究进展，总结归纳出了我国工业园区生态化改造程序，提出园区生态化改造应包括企业内部、企业之间和园区三个层面，并分三个层次提出了工业园区生态化改造主要工作内容；借鉴层次分析法的思想，建立了基于生态化改造的层次及重点不同园区生态化评价指标体系与方法；提出了化学工业园区生态管理的框架；构建了基于 agent 的系统动力学模型的园区共生系统和基于系统动力学模型园区管理系统，并分别在中国精细化工（泰兴）开发园区和南通经济技术开发区开展了示范研究。

3 研究成果

（1）建立了基于物流、能流、水循环的化学工业园区动态模拟系统

基于系统动力学生态工业系统模型，依据各子系统的相互联系、相互制约及动态变化特征构建了基于物流、能流、水循环、经济、污染控制等为一体的化学工业园区动态模拟系统，模型包含状态变量、速率变量、辅助变量及常量。模型结构包括：经济产出模块、物质消耗模块、综合集成模块、污染控制模块。

各个模型结构如下图：

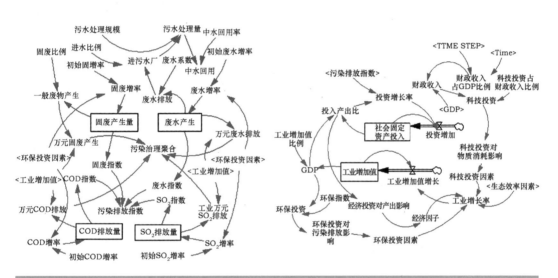

图1　污染控制系统流程图　　　　图2　经济产出系统流程图

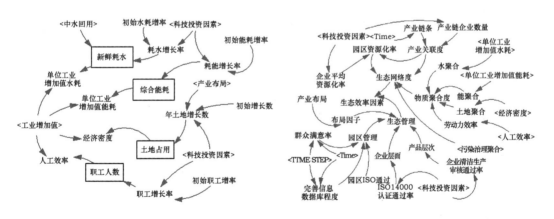

图3　物质消耗系统流程图　　　　图4　综合集成系统流程图

（2）构建了典型工业园区的环境管理评估模型

借鉴层次分析法的思想，基于生态化改造的层次及重点不同，把工业园区生态化分解成企业、企业间和园区不同的侧面，并在此基础上提出反映各个侧面的衡量指标。指

标体系由指标和标准组成，其中指标分为总目标层、子目标层、准则层、指标层 4 个层次。总目标层为行业性工业园区生态化综合评价指数；核心企业、企业间与园区为子目标层；准则层根据不同的子目标层的目标与侧重点进行细化，并进一步细化为 29 个指标，确定了指标体系的数据采集、指标解释、计算方法、指标权重确定、评分的方法和计算模型，并在此基础上，对典型化学工业园区开展了现状评价。

表 1 指标体系与框架表

总目标层	子目标层	准则层	指标层
A：生态工业园综合评价指数	B₁ 核心企业	C₁ 核心技术	D1 是否采用资源化技术
			D2 是否采用无害化技术
			D3 是否采用高新技术
		C₂ 污染物排放	D4 排放总量达标率
			D5 排放特征因子达标率
		C₃ 清洁生产	D6 清洁生产评价
	B₂ 企业间	C₄ 生态网络	D7 有无成熟的生态工业链
			D8 生态关联度
			D9 园区副产品、废品资源化率
		C₅ 柔性特征	D10 产品种类的可替代性
			D11 原材料的可替代性
	B₃ 园区	C₆ 经济发展	D12 工业增加值增长率
			D13 科技投入占 GDP 的比例
			D14 科技进步对 GDP 的贡献率
		C₇ 环境绩效指标	D15 万元 GDP 工业废水产生量
			D16 万元 GDP 有毒有害废物产生量
			D17 万元 GDP 工业废气产生量
			D18 万元 GDP 工业固体废弃物产生量
		C8 污染集中控制	D19 废水
			D20 集中供热
			D21 中水利用率
			D22 固体废弃物
		C₉ 园区管理	D23 职工对生态工业的认知率
			D24 风险污染控制体系
			D25 环境管理制度完善度
			D26 信息平台的完善度
		C₁₀ 区域环境	D27 周边社区对园区的满意度
			D28 园区环境质量达标率
			D29 园区绿化率

（3）建立了典型工业园区环境管理支持系统

在构建基于物流、能流、水循环的化学工业园区动态模拟仿真情景的基础上，进行南通经济技术开发区政策实验研究。设定不同发展策略的生态工业发展情景，运用构建模型进行仿真研究，分析系统的输入、输出。设定生态工业系统生态效率监测指标，研究其动态变化，用灰色关联度法进行相对效率评价实证研究。

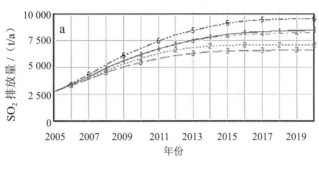

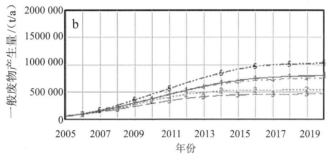

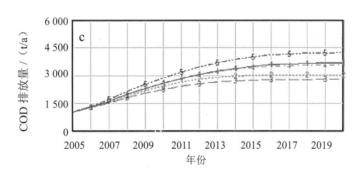

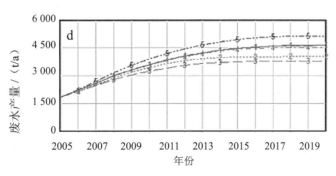

图 5　不同发展情景下污染排放的模拟结果

（4）提出了化学工业园生态化改造内容与模式

通过文献调查，在了解我国一般工业园区生态化改造的基础上，对我国化学工业园区主要类型、发展现状及特点，并分析了存在的主要问题和改造中存在的主要难点，在总结国外化学工业园区发展现状及改造有益实践经验的基础上，针对我国工业园区规划和环境管理面临的主要问题，归纳出工业园区生态化改造程序，提出园区生态化改造应包括企业内部生态化、企业之间生态化和园区生态化三个层面，并分三个层次提出了工业园区生态化改造主要工作内容。企业生态化改造是园生态化改造的基础，只有通过企业生态化改造的推进，才能从源头上达到资源及能源的高效利用，减轻环境压力。因此，园区生态化改造就包括企业内部生态化改造、企业之间生态化改造和园区生态化改造三个层面。其中企业内部生态化改造可以通过企业核心技术提升、绿色供应链、企业资源（能源）可持续利用、清洁生产等予以实现，是生态化改造的基础；企业之间生态化改造通过园区产业链生态化改造予以实施，企业之间产业链生态化改造是园区生态化改造的主体，通过企业之间生态网络的构建，消除单个企业生产难以消除的环境影响；园区生态化可通过风险防范、环境整治与景观生态建设予以推进，园区环保基础设施与景观生态建设是园区生态化改造的终端标志，它可从区域集中治理角度全面解决园区内部生态化中无法解决的问题，全面改善园区环境质量。并选择中国精细化工（泰兴）开发园区开展了典型案例研究。

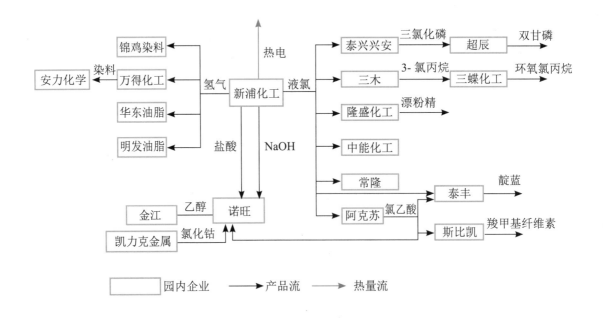

图 6 典型园区企业关联图

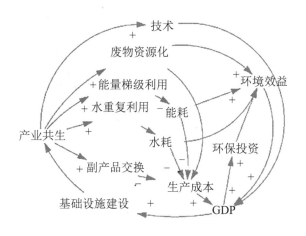

图7 产业共生因果反馈图

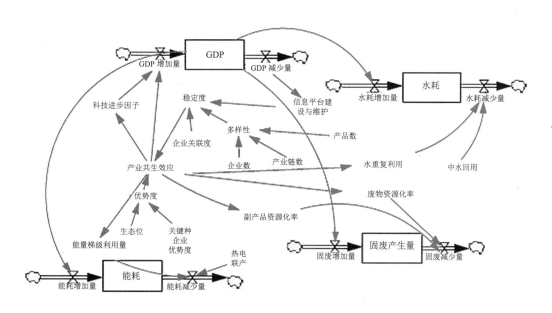

图8 产业链优化流程图

4 成果应用

本项目向环境保护部提交了《化学工业园区生态化改造对策与指南（建议稿）》和《化学工业类生态工业园区评估标准（建议稿）》等文件，是对工业园区生态化建设取得成果的总结与延伸，将会进一步规范我国现有工业园区的生态化改造，同时研究成果已经在两个示范园区生态化改造中进行了成功应用，指导了这两个园区的生态化建设。目前，南通经济技术开发区已编制了国家级生态工业园区创建规划，拟创建国家级生态工业园，中国精细化工（泰兴）开发园区也在开展江苏省生态工业园创建，取得到较好的社会效益和生态效益。

5 管理建议

1）尽快完善园区生态评价标准体系。在原有的三类工业园区的基础上，进一步分区域、分行业、分类别、分阶段提出园区生态评价标准体系与方法。构建我国生态工业园区评价标准体系。

2）制定并尽快发布园区生态化改造模式指南。在进一步修改完善的基础上，尽快发布园区生态化改造模式指南，明确园区生态化改造程序、方法、主要工作内容等要求，为地方实施园区生态创建工作提供具体指标指导。

6 专家点评

该项目系统总结了生态园区理论和实践，开展了化学工业园区生态化改造内容与模式、化学园区生态化评价、基于系统动力学模型的园区生态共生系统等相关研究，建立了化学工业园区生态化对策与改造模式、生态化评估指标体系以及典型工业园区的环境管理评估模型与方法，开发了基于物流、能流、水循环、经济和污染控制为一体的化学工业园区动态模拟系统。编制了《化学工业园区生态化改造对策与指南（建议稿）》和《化学工业类生态工业园区评估标准（建议稿）》，并在典型园区开展了示范研究。该项目成果对促进我国化学工业园区生态化发展，规范我国现有工业园区生态化改造具有指导作用。

项目承担单位：环境保护部南京环境科学研究所、南京大学
项目负责人：张永春、张龙江

生物废弃物风险识别、控制与管理技术研究

1 研究背景

近 20 年来，生命科学与生物技术的飞速发展，为医疗业、制药业、农业、环保业等行业开辟了广阔的发展前景。生物技术产业也成为上海的优势技术和支柱产业之一。目前拥有以张江生物医药基地为核心的生物医药科技园 3 个，以中科院生命科学院为龙头包括大学生命学院在内的研发机构近 40 家。具有规模化的生物技术公司约 250 家，资产规模达 70 亿元，2004 年实现产值 25.9 亿元，全国排名第三。上海的基因组学、生物信息学、干细胞生物学、认知神经科学等生命科学与生物技术领域，在生物芯片、组织器官克隆等生物和医药研究领域，在农业转基因技术与产品研究领域，在城市健康和生态安全等研究领域，已进入世界前沿。

生物技术作为未来高技术产业已成为国家战略发展重点之一，可以预见未来 15～20 年，我国的生物技术及其产业将得到更为迅猛的发展，然而其可能带来的环境问题需要得到清醒的认识和足够的重视。国家环境保护总局针对这一科技需求，于 2008 年批准由同济大学牵头、上海市环境科学研究院、复旦大学共同组织项目攻关团队开展科技攻关。项目以上海市生物技术研发及产业现状为对象，通过对不同类型的生物技术研发及其产业现状调查，确定生物废弃物排放规律、污染途径以及危害程度等污染特性，研究生物废弃物风险识别与分类的技术；建立生物废弃物风险防范与控制的管理技术体系，提出生物废弃物管理对策，为建立和完善生物废弃物的环境管理提供有效的技术支撑，促进生物技术及其产业可持续发展。

2 研究内容

本课题重点研究以下四个部分：

1）生物技术及其产业生物废弃物排放现状调查；

2）美国、欧洲生物废弃物管理体系的调研分析；

3）生物废弃物风险识别与分类技术研究；

4）生物废弃物风险防范与污染控制的管理对策研究；最终提出生物废弃物管理对策

的建议稿。

3 研究成果

1）通过对上海市生物技术及其产业的生产和废弃物排放现状的资料分析，同时针对生物废弃物排放的生物污染特性，明确了生物废弃物管理的范畴与管理的重点，重点分析了生物废弃物污染属性，提出了以生物活性和生物毒性作为识别生物废弃物污染特性的主要指标和管理依据。

2）通过分析和比较国内外相关的废弃物管理体系和管理制度，在重点分析国内现有的废弃物管理的法律法规体系和管理体系的基础上，提出了生物废弃物管理的框架，明确了生物废弃物主要的管理制度，初步探讨了生物废弃物全过程管理的流程。

3）通过整合现有的废弃物相关的管理制度和技术规范，制订了上海市生物废弃物污染环境防治管理办法的草案，在草案中明确了生物废弃物管理的目标、范畴以及相关的管理制度。

4）生物性废液毒性强，活性高。经检测，原废液毒性强，其次为处理后的废水，以上两类样品 100% 全部评价为有毒，下水道的废水有 20% 评价为有毒性、40% 样品为可疑，40% 为无毒。部分单位或实验室所在排口采集的样品生物活性和卫生学指标较高，活性在 3～4 个数量级，菌落在 4~5 个数量级，ATP 和 CFU 有相同的趋势性。

5）本课题根据生物废弃物的这种特性，选取了针对生物废弃物的生物活性和生物毒性检测技术方法，分别是 ATP 检测、细菌总数、鱼类急性毒性试验和发光菌抑制试验。前两种方法是检测生物活性，用来验证对生物性污染物的灭活效率；后两者方法是评价生物废弃物的生物毒性。从评价指标的选择角度来看，选取的指标反应灵敏，方法简单，鱼毒方法和发光菌方法有很好的匹配性，ATP 和 CFU 有较好的趋势性，应该是符合课题要求。

6）建议生物性污染废水处理的最佳工艺为：加酸杀菌＋强化混凝沉淀＋Fenton 法。建议最佳工艺条件为

①加硫酸调节 pH 至 2（根据水中碱度不同，酸的用量也不同），静置 1h，加碱调节为中性。

②强化混凝沉淀阶段：聚合铝铁混凝剂 70 mg/L，Ca^{2+}/LAS 摩尔比 0.75，PAM 投加量为 1.0mg/L。

③Fenton 法阶段：H_2O_2 投加量 1.5g/L；溶液 pH3.5；反应时间 5h（如果温度较低，考虑延长反应时间或采取保温措施）；H_2O_2/Fe^{2+}=20：1。如水温较低，考虑采取保温措施或延长反应时间。

7）在最佳工艺条件下，与城镇污水处理厂污染物排放标准（GB18918—2002）相比，

出水水质中 COD 达到二级标准，LAS 达到一级 B 标准，SS 达到三级标准，NH_4-N 达到一级 B 标准，T-N 达到一级 A 标准，T-P 达到一级 A 标准。生物活性指标 ATP 去除率100%，细菌数去除率 99%。

4 成果应用

1）向环境保护部提交《生物废弃物污染防治管理办法（征求意见稿）》、《生物废弃物风险识别与分类技术规范》（征求意见稿）等文件，为生物废弃物的管理工作提供了很好的理论支撑。

2）研究成果在我国生物废弃物管理办法的制定工作中起到了重要的技术支撑作用。

5 管理建议

1）开展生物废弃物污染环境防治管理办法草案的征求意见工作，进一步完善法规的制订。

2）建议在生物技术及其产业密集的张江生物技术产业园区开展生物废弃物的试点管理，针对含有生物污染物的废水的处理，参照医疗废物管理体系建设生物废弃物集中处理处置设施，加强以液体形态排放的生物废弃物的安全处置。

6 专家点评

该项目通过对上海市生物技术及其产业的生产和废弃物排放现状的资料分析，同时针对生物废弃物排放的生物污染特性，明确了生物废弃物管理的范畴与重点，提出了以生物活性和生物毒性作为识别生物废弃物污染特性的主要指标和管理依据。在重点分析国内现有的废弃物管理的法律法规体系和管理体系的基础上，提出了生物废弃物管理的框架和管理制度。课题设计了《生物废弃物污染防治管理办法》草案，以及我国关于生物废弃物的行业标准《生物废弃物风险识别与分类技术规范》草案，对于我国生物废弃物的管理具有一定的参考价值和技术支撑作用。

项目承担单位：同济大学、上海市环境科学研究院、复旦大学
项目负责人：徐祖信、金伟

典型工业行业固体废物生命周期管理技术研究

1 研究背景

我国工业固体废物产生量大，增长迅速，行业特征明显，资源综合利用潜力巨大，在处理处置和资源化利用过程中二次污染较为严重，是环境管理的重点与难点。国家陆续出台了《固体废物污染环境防治法》、《清洁生产促进法》、《循环经济促进法》等法律法规，提出了"减量化、资源化、无害化"的废物管理原则和要求。同时，环境保护部也陆续颁布了一批与工业固体废物管理有关的标准、技术规范和导则。尽管如此，我国工业固体废物管理工作仍存在责任不明晰，源头减量工作推进缓慢，综合利用产业化程度较低，经济激励政策缺乏等问题。

固体废物生命周期管理作为当前国际上先进的废物管理理念，可针对工业固体废物产生、贮存、运输、资源化到安全处置的全过程提供系统全面的管理思路和方法，对我国循环型社会和生态文明建设具有重要意义。通过剖析典型工业行业固体废物全生命周期中在实施减量化、资源化和无害化时存在的问题，识别物流特征，筛选关键技术，总结管理经验，可为我国工业固体废物环境管理工作提供前瞻性政策建议，创新工作思路。

本项目旨在以资源循环利用和环境保护为目的，运用生命周期管理的理论和方法，综合分析国内外固体废物处理与资源化管理模式与机制，并对我国典型行业开展实证研究，建立我国固体废物生命周期管理理论和技术框架，提出工业行业固废管理的模式与政策建议。

2 研究内容

1）系统梳理国内外工业固体废物管理现状，识别工业固废产生、迁移和转化特征，在此基础上提出我国工业固体废物生命周期管理的理论体系框架。

2）针对钢铁和有色金属铜两大典型工业行业，探索主要产废节点和固废产生量，建立固废生命周期清单数据库，并评估固废再生利用的资源潜力和资源化过程中的环境影响。

3）开展固体废物可持续管理技术评价理论与方法研究，并对典型行业开展可持续度分析，建立可持续技术优选数据库。

4）整合理论研究与典型行业的实证分析，开展我国工业固体废物可持续综合管理的模式与对策研究，从法律法规、管理制度建设、技术体系创新和管理模式构建等方面提出政策建议。

3　研究成果

1）提出了我国工业固体废物生命周期管理的理论框架和技术方法。按照工业固体废物综合管理的思想，构建了以工业固体废物生命周期子系统、综合评价子系统和管理决策子系统三个有机联系部分组成的工业固体废物生命周期管理理论框架（见图 1）。该框架采用生命周期评价和生命周期成本分析等综合评价方法，整合了固体废物从产生、贮存、运输、资源化到安全处置的全过程，综合运用法律、管理制度、技术、标准等手段强化废物可持续管理的要求，体现了"减量化、资源化、无害化"的管理思想和策略。

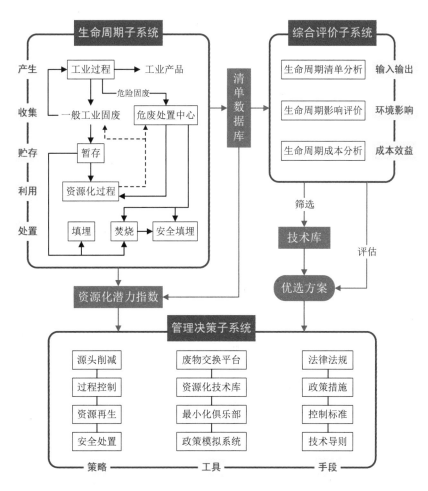

图 1　工业固体废物生命周期管理的系统框架

2）识别出我国工业固体废物管理存在的问题

①行政管理责任、义务不明晰。涉及管理部门多，各部门管理权限、范围、职责不明确，职责交叉、任务重叠等问题突出，难以形成合力。

②源头减量工作进展缓慢。多以原则指导和政策引导为主，缺乏强有力的政策支持和管理措施。

③综合利用产业化程度较低。技术创新不足、资金投入短缺、综合利用标准体系欠完善、体制机制不健全、思想观念陈旧等，制约了固体废物综合利用产业的发展。

④经济激励政策缺乏。工业固废综合利用政策配套不够，原则性多、操作性差。

3）提出了典型行业固体废物生命周期管理的优选方案。开展了钢铁和铜两个典型行业固废减量化机会识别和资源化环境影响评估，建立了典型行业工业固废生命周期清单数据库，改善了我国在行业固废基础数据方面的薄弱状况。针对典型行业固废资源化过程进行的方案模拟，诊断了资源化过程的环境风险，提出了典型行业固废管理的优化方案（表 1）。

表 1　铜渣资源化过程的优选方案

方案	方案 1	方案 2	方案 3	方案 4
方案描述	铜渣直接生产水泥	铜渣电炉贫化后生产水泥	铜渣选矿后生产水泥	铜渣选矿后生产免烧砖
环境影响	较高	最高	最低	较低
经济成本	最高	较高	最低	较低
评价结论	不推荐	不推荐	优先推荐	可行
备注	—	视生产规模和工艺而定	—	视运输距离和产品市场而定

4）开发了工业固体废物生命周期管理技术体系。应用生命周期理论，结合当前国内外工业固体废物可持续管理技术的实践，考虑资源再生效率和环境污染负荷，兼顾环境、经济和社会效益，建立工业固体废物管理技术筛选指标和评价标准体系，开发了涉及源头削减技术、过程优化技术、高效资源化利用技术和安全无害化处置技术的技术数据库。

5）提出了我国工业固废生命周期管理的对策建议，并完成了《工业固体废物生命周期管理评价方法、原则和要求》以及《有色金属工业固体废物管理技术导则　铜》，为我国工业固废管理的法律建设、管理制度和标准规范的完善提供了有力支持。《工业固体废物生命周期管理方法与实践》一书已交由中国环境出版社出版。

4　成果应用

项目研究成果为环境管理与行业实践提供理论和方法支持。项目所编制的《工业固体废物生命周期管理评价方法、原则和要求》和《有色金属工业固体废物管理技术导则　铜》，已提交环境保护部支持其开展技术管理。

项目成果在海南蓝岛环保产业有限公司固体废弃物资源化发展实践中得到了应用。研究成果一方面帮助企业获得了可观的经济效益和明显的环境效益，另一方面也为与该企业相关的废物产生企业减少了环境污染负担，起到了区域污染控制和减排的效果，提高了企业对废物资源化价值的认识，取得了一定的社会效益。

项目成果还将通过专著《工业固体废物生命周期管理方法与实践》进行推广。

5　管理建议

1）工业固体废物生命周期管理的对策建议。①进一步强化固体废物立法层面生命周期管理的理念。在立法思想上考虑整个生命周期全过程的环境影响。在管理制度完善方面，促进工业固废总量控制，推行分类分级管理，完善危废管理目录，健全废物交换制度。②完善工业固体废物管理技术体系。建立覆盖主要工业行业的生命周期清单数据库；完善重点行业工业固废综合管理最佳可行技术清单、固废综合管理技术导则、固废处理处置与综合利用工程技术规范；推进废物资源再生利用标准制定。③构建固体废物综合管理产业联盟。探索适合国情的废物交换模式；构建工业固体废物交换信息系统；推进废物交换及资源化平台建设。

2）工业固体废物生命周期管理模式因其明显的社会—经济—环境综合效益，具有良好的可复制性，在废物资源丰富的城市和地区具有极大的推广价值。国家应配套相应的政策措施，处理协调好政府废物管理职能和废物资源化产业发展的关系，确保工业固废可持续管理工作的有序推进。

3）工业固体废物可持续管理是环境领域科学研究的一个重要方向，尤其是目前针对固体废物减量化和资源化过程的研究多分散在不同研究领域。环保公益性行业科研专项可进一步聚焦于跨行业、跨部门的固废管理综合研究，鼓励研究单位和企业共同承担，提高研究成果的应用水平。

6　专家点评

项目提出了我国工业固废生命周期管理的理论框架和技术方法；以钢铁和铜行业为例开展了生命周期分析并建立了生命周期清单数据库，揭示了固体废物资源化过程的环境影响和风险，并据此提出了可持续管理的优选方案；提出了我国工业固废生命周期管理的对策建议；完成了《工业固体废物生命周期管理评价方法、原则和要求》（草案）以及《有色金属工业固体废物管理技术导则　铜》（草案）。项目研究成果在企业得到了初步应用，取得了显著的经济和环境效益。研究成果具有一定的创新性和实用性，对我国工业固体废物可持续管理具有重要的参考价值。

项目承担单位：中国环境科学研究院、中国科学院生态环境研究中心、国家城市给水
　　　　　　　排水工程技术研究中心
项目负责人：徐成

生物质能资源化利用的环境风险评价和管理技术研究

1 研究背景

生物质能是由植物的光合作用固定于地球上的太阳能，是最有可能成为 21 世纪主要的新能源之一。据生物学家估算，地球陆地每年生产 1 000 亿～ 1 250 亿 t 生物质，海洋年生产 500 亿 t 生物质，其能量相当于世界主要燃料消耗的 10 倍。其中，每年新生的生物质仅有 2% ～ 3% 作为生物质能的利用，仅占为全球能源总量的 14%。生物质能目前仅是煤炭、石油和天然气之后的第四能源，主要用于全球 15 亿以上人口的生活能源。生物质能源的开发利用早已引起世界各国政府和科学家的关注，有许多国家都制订了相应的开发研究计划。但是，生物质能作为一种新兴的可再生能源，在开发和利用中也暴露出热效率低、非碳中性、能量投入比高、水资源、土地资源竞争导致的粮食危机、生态安全破坏、环境污染等环境风险问题严重，并制约了生物质能的大规模利用。因此，近年来，生物质能产业也经历了由狂热到沉寂的发展历程。如何解决上述生物质能发展与环境保护矛盾的问题？答案是建立科学的环境风险管理制度，在充分发挥生物质能可再生、低污染性、总量十分丰富的优点的基础上，通过进行生物质能环境风险的科学评价，构建系统管理与政策扶植体系，生物质能必将成为 21 世纪主要的绿色能源。

2 研究内容

本项目系统诊断了生物质能源特征，系统阐明了典型环境风险，提出了具有生物质能特点的环境风险科学评价方法与指标体系，初步构建了生物质能原材料、资源化利用技术、毒害污染物数据库的框架图与基础数据，评价了现有生物质能资源化技术，提出了环境风险管理的咨询建议，编写了典型资源化利用技术的清洁生产导则（草案），提出了生物质能的发展战略与路径，初步确定了战略、产业与科技的发展方向与理想阈值，初步形成了生物质能资源化利用的环境风险评价和管理技术，为我国生物质能产业发展与环境管理提供科技支撑。

3 研究成果

该项目取得的主要研究成果包括如下几个方面：

（1）诊断了生物质能源特征，系统阐明了典型环境风险

生物质的能源特征为初级阶段（依据成煤过程 生物质—泥炭—褐煤—烟煤—无烟煤，生物质能是初级阶段），具有低热值、长周期、耗资源、高排放、低价值、强扰动等缺点，易产生化学污染物、温室气体、酸性气体、颗粒物等排放风险；水资源、土地资源、营养盐、植物多样性等生态稳定性风险；产品供给、生态调节、生命支持、社会文化等生态服务功能风险；经济效益、原料保障、能源消耗、政策支持等经济风险；粮食安全、能源安全、气候变化、灾害风险等社会风险。

（2）提出了具有生物质能特点的环境风险评价方法与指标体系

分析指出生物质能资源化利用的环境风险具有典型的生命周期特征，主要生命周期过程包括原料种植、原料（成品）收储运、预处理、生产转化、消费排放等。以生命周期全过程控制为基础，采用生态足迹的方法，引用美国 EPA 生态风险评价的理念与流程，按照村镇 - 地区 - 国家 - 全球四级管理目标，应用了胁迫风险、风险商等的最新研究成果，确定了化学污染物等 20 个风险因子的指标体系与计算模型，依据化石能源、农林牧、生态、经济、社会的客观参数确定了当量化基准，根据倍数法确定了各风险因子的级数与阈值，采用单因子加权迭加的方法计算了排放、生态稳定性、生态服务功能、经济、社会等风险指数，最终计算出生物质能资源化利用的环境风险指数。本方法依据胁迫风险的安全性归零与危险性当量化基准归一，具有数据客观、模型科学、减排明确、风险清晰、风险源分析准确、控制参数一目了然的特点，实现了生物质能规模化利用环境风险评价方法的可算、可加、可比、可依。

（3）初步构建了生物质能原材料、资源化利用技术、毒害污染物数据库的框架图与基础数据

针对生物质能环境风险评价为环境监管的新领域，存在数据缺乏、不完整、不系统的问题，对 20 多个省份、10 个生物质能行业、150 多种典型能源植物进行了调研与数据解析，初步构建了生物质能资源化利用生命周期全过程风险评价的基础数据库（包括生物质能原材料、资源化利用技术、毒害污染物数据库的框架图与基础数据），为生物质能资源化利用环境风险评价、模拟、预警提供数据支撑。生物质能原材料数据库中的麻风树见图 1。

67. 麻风树（膏桐、臭油桐、小桐子、芙蓉树）

Jatropha curcas L.

【科属】大戟科 麻风树属

【形态】灌木或小乔木，具水状液汁，树皮平滑，枝条苍灰色，无毛，叶纸质，近圆形至卵圆形，花序腋生，苞片披针形，花期 9-10 月，蒴果椭圆状或球形，黄色，种子椭圆状，黑色

【生境】较强的耐干旱瘠薄能力，耐火烧，可以在干旱、贫瘠、退化的土壤上生长，能耐 -50℃低温及轻霜，适宜在热带、亚热带以及雨量稀少，条件恶劣的干热河谷地区种植。

【分布】我国福建、台湾、广东、海南、广西、贵州、四川、云南等省区有栽培或少量逸为野生。

【土地利用】荒山、荒坡、田造地、林地

【现有种植方法】野生人工结合

【能源器官】果实

【采摘处理方法】秋季，发现园内有 70%-80% 的果实达到完全成熟时采摘，及时晒干。

【能源产出特性】果实的含油率为 60%-70%；每公顷可以产油 2700 公斤，残渣 4000 公斤，果实采摘期长达 50 年。

【理化性质】种子含粗蛋白 15.94%，粗纤维 21.59%，总糖 11.12%

【其他用途】全株可入药，是保水固土、防沙化、改良土壤的主要选择树种。

【风险评价】

1. 情景：以麻风树为原料，利用青岛福瑞斯公司的技术生擦河南生物柴油，运输距离为 150 公里，使用范围为 300 公里，废弃物以资源化利用为主。

2. 评价结果图：

3. 主要风险和级别、防范措施：风险指数为 0.61，四级危险，主要风险为酸性气体、水资源扰动、营养盐扰动、植物多样性、社会文化价值、原料风险、能源安全、温室气体、生态调节服务功能和粮食安全。

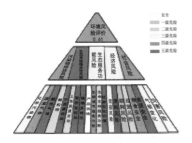

图 1　麻风树

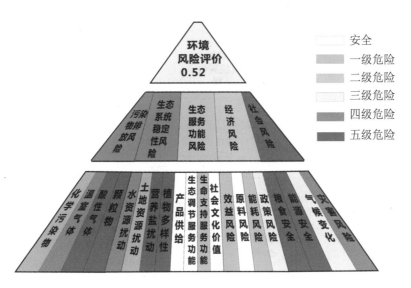

(a) 油菜籽

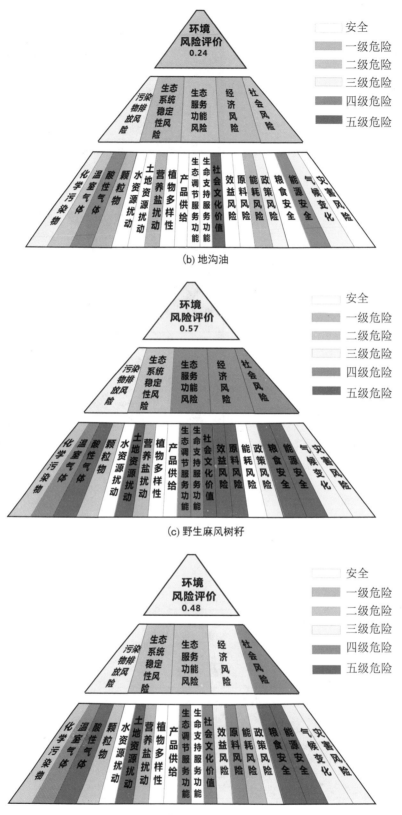

(b) 地沟油

(c) 野生麻风树籽

(d) 野生文冠果籽

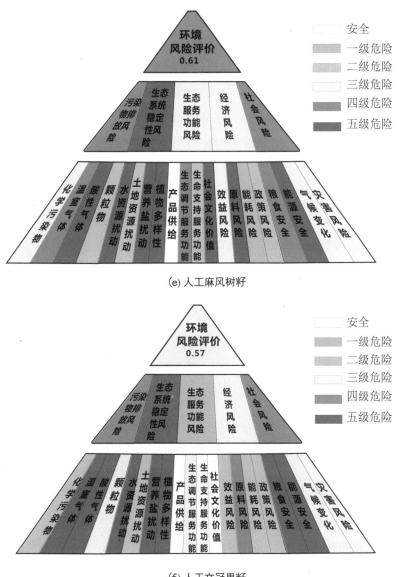

(e) 人工麻风树籽

(f) 人工文冠果籽

图2 典型原料制备生物柴油的环境风险评价

（4）评价了现有生物质能资源化技术，提出了环境风险管理的咨询建议

依据生物质能规模化利用环境风险评价方法、计算模型与指标体系，在现场研究示范、数据库数据采集的基础上，实际与情景评价了生物柴油（包括油菜籽、地沟油、麻风树、文冠果为原料）、秸秆直燃发电、秸秆热裂解汽化、污泥沼气、燃料乙醇、蓝藻资源化等行业及技术，对150种主要能源植物进行了情景模拟环境风险评价，根据评价结果提出了生物质能现阶段急需开展的环境风险管理咨询建议及《生物质能资源化利用环境风险评价和管理的政策建议》。典型原料制备生物柴油的环境风险评价见图2。

（5）编写了典型资源化利用技术的清洁生产导则（草案）

在上述工作的基础上，进行以原材料特性与来源、资源能源利用、产品特性、污染物产生与排放回收再利用、生产物质转换与能量效率等为核心参数的生物质能资源化利用的环境风险评价，编写了《生物柴油行业（酸催化酯化 - 碱催化转酯化两步法生产工艺）清洁生产导则（草案）》等四项清洁生产导则（草案）。

（6）提出了生物质能的发展战略与路径，初步确定了战略、产业与科技的发展方向与阈值

依据能源利用方式的发展历程，主要经历了自然能（包括风、水、太阳能、生物质能等）—煤—石油—电四个主要阶段，提出传统的生物质能源利用是典型的能源利用原始阶段，无法支撑现代的、更快更高的城市化、工业化、现代化生活与生产方式。但是，生物质能源以可再生与低碳排放特征，是第四次工业革命绿色能源的重要组成，也是能源利用未来的发展方向。依据上述研究结果提出了《生物质能的发展战略、产业与科技的发展方向建议》。

（7）初步形成了生物质能资源化利用的环境风险评价和管理技术

发表论文 27 篇，申请专利 4 项，出版《生物质能资源化利用环境风险评价》和《能源植物图谱及环境风险评价》专著两本，将为我国生物质能资源化利用的环境风险评价和管理提供科技支撑。全面开展国际合作，初步形成了具有国际水平的研究团队，为实现我国环境风险高水平的科学管理奠定了研究基础。

4　成果应用

本项目研究成果已在四个示范基地（青岛富瑞斯生物能源科技开发有限公司、天津市蓟县北汪庄、天津市环境保护局生态环境保护处、天津市蓟县环保局）进行了成功应用。其中在企业的生物柴油的清洁生产升级改造中应用，并于 2011 年 4 月获得中国环境保护产业协会《绿色之星》的产品认证。

本项目针对生物质能作为可再生能源快速发展带来的环境问题和环境风险，以环境风险和可持续发展为指标，采用美国 EPA 生态风险评价的概念与流程，针对生物质能特点与生命周期过程，按照村镇—地区—国家—全球四级管理目标，引入胁迫风险、风险商等最新研究成果，提出了基于排放风险、生态稳定性风险、生态服务功能风险、经济风险、社会风险"五位一体"的环境风险评价方法与指标体系，在生物质能资源化利用的环境风险评价方法与指标体系的客观性、科学性、系统性、可操作性、先进性方面取得了一定的突破，为我国生物质能资源化利用的环境风险评价和管理提供科技支撑。

5　管理建议

基于本项目研究成果，提出如下管理政策建议：

1）传统的生物质能源利用方式是典型的能源利用原始阶段，无法支撑当代的、更快更高的城市化、工业化、现代化生活与生产方式。但是，生物质能源又具有可再生与低碳排放特征的特点，是绿色能源的重要组成，代表了能源利用的未来方向。回顾人类能源利用方式的发展历程，主要经历了自然能（包括风、水、太阳能、生物质能等）—煤—石油—电四个主要阶段，传统的生物质能源利用是典型的能源利用原始阶段。生物质能能量密度低，资源占有大，原始成本高，原料难保障，传统的利用方式根本无法支撑当代的、更快更高的城市化、工业化、现代化生活与生产方式。但是，分析人类工业进步的历史进程，以能源利用为特征的工业革命发展趋势表现为：从原始的自然能开始，经历了第一次工业革命的煤化石能源、第二次工业革命的石油化学能源以及第三次工业革命的以电能为代表的清洁能源，而即将到来的第四次工业革命将以绿色能源为特征，已成为发达国家科技研究与产业布局的重点方向。其中，生物质能具有可再生与低碳排放的特点，是绿色能源的重要组成，代表着能源利用的未来方向。目前，因为生物质能资源化利用存在巨大的环境风险问题已严重制约了产业发展与技术革命，因此以环境风险指数为核心的生物质能资源化利用环境风险评价和管理技术以成为第四次工业革命的前瞻性研究热点。

2）生物质能的能源特征为能源的初级阶段，具有低热值、长周期、耗资源、高排放、低价值、强扰动等缺点，易产生污染物排放风险、生态稳定性风险、生态服务功能风险、经济风险、社会风险等环境风险，建立具有生物质能资源化利用特色的环境风险管理制度与机制是解决问题的唯一出路。本项目针对全球变暖的环境问题，阐明了资源化利用生物质能是解决碳排放持续增加的重要技术手段。虽然，生物质能具有储值巨大、利用简单的优点，但是，其特征为能源的初级阶段（依据成煤过程：生物质—泥炭—褐煤—烟煤—无烟煤，生物质能是初级阶段），具有低热值、长周期、耗资源、高排放、低价值、强扰动等缺点。生物质能资源化利用易产生化学污染物、温室气体、酸性气体、颗粒物等排放风险；水资源、土地资源、营养盐、植物多样性等生态稳定性风险；产品供给、生态调节、生命支持、社会文化等生态服务功能风险；经济效益、原料保障、能源消耗、政策支持等经济风险；粮食安全、能源安全、气候变化、诱生灾害险等社会风险。生物质能资源化利用的可持续发展急需建立具有特色的环境风险管理制度与机制。

3）客观、科学、系统、可操作、具有生物质能特点的环境风险评价方法与指标体系，是生物质能资源化利用的环境风险管理的核心技术。研究结果表明：生物质能资源化利用的环境风险具有典型的生命周期特征，主要过程可分为原料种植、原料（成品）收储运、预处理、生产转化、消费排放等。以此为基础，采用生态足迹的方法，引用美国 EPA 生态风险评价的理念与流程，按照村镇—地区—国家—全球四级管理目标，应用胁迫风险、风险商等的最新研究成果，提出化学污染物、温室气体、酸性气体、颗粒物、水资源、土地资源、营养盐、植物多样性、产品供给、生态调节、生命支持、社会文化、经济效益、原料保障、能源消耗、政策支持、粮食安全、能源安全、气候变化、诱生灾害险等 20 个风险因子的指标体系与计算模型，依据化石能源、农林牧、生态、经济、社会的客观参数确定当量化基准，根据倍数法确定各风险因子的级数与阈值。采用单因子加权叠加的方法计算了排放、生态稳定性、生态服务功能、经济、社会等风险指数，最终计算出生物质能资源化利用的环境风险指数。本项目提出的生物质能规模化利用环境风险评价方法，依据胁迫风险的安全性归零与危险性当量化基准归一，实现了环境风险评价结果的可算、可加、可比、可依，并具有数据客观、模型科学、减排明确、风险清晰、风险源分析准确、控制参数一目了然的特点，因此，本方法是具有应用示范潜质的科学评价方法之一。

4）针对生物质能环境风险评价为环境管理的新领域，存在数据缺乏、不完整、不系统的问题，构建、完善包括生物质能原材料、资源化利用技术、毒害污染物基础数据库是今后环境风险评价与管理重点任务之一。本项目针对生物质能环境风险评价为环境监管的新领域，存在数据缺乏、不完整、不系统的问题，在云南省红河州阳光林业麻风树种植示范园、天津大港区太平镇苏家园村盐生植物种植与生物能源示范园、青岛福瑞斯生物能源科技开发有限公司、天津市蓟县生物能源示范示范村、云南省昆明市滇池科研示范基地、北京市高碑店污水处理厂研究基地以及广州华南植物园等进行了三年多的实地示范研究和大量检测、分析，并对 20 多个省份、10 个生物质能行业、150 多种典型能源植物进行了调研与数据解析，初步构建了生物质能资源化利用生命周期全过程风险评价的基础数据库（包括生物质能原材料、资源化利用技术、毒害污染物数据库的框架图与基础数据），可以初步为生物质能资源化利用环境风险评价、模拟、预警提供数据支撑。建议以类似研究为基础，构建、完善包括生物质能原材料、资源化利用技术、毒害污染物基础数据库，形成具有科学意义的研究与数据平台，为环境风险评价与管理提供数据支撑。

5）根据对现有生物质能资源化技术以及发展规划与项目的环境风险评价结果，制定风险控制与管理的环境法律、法规、标准、导则等政策，是现阶段环境风险管理的当务之急。本项目依据生物质能规模化利用环境风险评价方法、计算模型与指标体系，在现场研究示范、数据采集的基础上，实际评价、情景评价了生物柴油（包括油菜籽、地沟油、麻风树、文冠果为原料）、秸秆直燃发电、秸秆热裂解汽化、污泥沼气、燃料乙醇、水华资源化等行业及技术，对 150 种主要能源植物进行了情景模拟环境风险，根据评价结果提出了生物质能现阶段急需开展的环境风险管理咨询建议：第一，巨大的环境风险，必须进行环境风险评价管理。生物质能是能源物质的初级阶段（成煤过程：生物质—泥炭—褐煤—烟煤—无烟煤），具有低热值、长周期、耗资源、高排放、低价值、强扰动等特点，作为可再生能源大规模资源化利用存在巨大的环境风险，建议生物质能相关战略、规划制定和项目立项、技术研发、原料供给评价等必须进行环境风险评价，形成环境风险评价管理体制、方法与机制。第二，生物质能资源化利用环境风险的全过程控制是管理的主要方向。①生物质能资源化利用的核心问题是原料供给，生物质废弃物是最可用原料之一。生物质废弃物，如秸秆、地沟油、粪便、污泥、陈化粮等，是现阶段生物质能资源化利用的优先方向，广泛试行的四荒地（或土地）、经济林、牧场、盐碱滩等种植供给方式在现有产量下，环境风险巨大，皆不可行。②生物质热值低，原料分散，运输成本高，运距是制约性因素。生物质原料运距不超过150km，秸秆利用最佳距离5km以内，最大不超过50km；种植生物柴油最佳距离50km，最大不超过150km，充分利用自然能与生产力以及先进输送技术是研究方向。③适当规模的分布式预处理与直接利用转化是可行性发展的重要方式。大规模集中生产的规模化利用方式不适合生物质能资源化利用。④生产转化技术链越短越好。生物质能资源化利用生产过程的主要风险来自每增加一个技术单元，转化率下降，风险增加，如地沟油生产航油环境风险高，不可行。⑤生物质能的消费利用方向是清洁能源。在分布式利用的基础上，以电能作为清洁能源，输送集中大规模利用。第三，专业的公益服务公司是解决技术应用和环境责任主体的较好机制。对废水、废气、废渣的排放严格管理，确保达到环境排放标准或安全处置。第四，生物质能是可再生绿色能源，但附加值低，政策支持是现阶段发展的重要支撑。生物质能现阶段附加值低，无市场竞争力，政策支持是发展的必要条件。产生了巨大的环境风险（荒山、荒坡等破坏撂荒），但是，相对其他工业行业生命周期过程与工艺技术相对简单，便于管理和清洁生产审计，因此，建议加大政策支持和优惠补贴力度，建立绩效评价和清洁生产审计制度，同时，本模型可以很好地为政策、补贴、绩效评价、清洁生产审计、技术改造等提供科学数据和具体的方向、目标支持。第五，以环境风险评价为依据，对生物质能资源化利用产业化严格管理与控制。现阶段生物质直燃、制乙醇、沼气分布式利用是主要的产业方向，生物柴油仅地沟油为原料可行。第六，根据环境风险评价的结果，尽早制定风险控制与管理的环境法律、法规、标准、导则等政策。

　　6）研究生物质能的发展战略与路径，提出发展战略与途径、产业与科技的发展方向，初步确定发展阶段的指数与阈值，指导生物质能资源化利用的快速发展与实践。本项目阐明以环境风险指数为核心的生物质能资源化利用的环境风险评价和管理技术是第四次工业革命的前瞻性技术，并根据研究结果提出了发展战略与途径、产业与科技的发展方向的建议，具体建议如下：第一，生物质能资源化利用的发展战略可分为三个阶段：

①现阶段以废弃物利用及清洁生产技术为特色。②第二阶段以生态种植及初级生产力的大幅提高与原材料生态规模化生产为标志。③第三阶段以"生态网—分布式能源网—零排网"三网融合的高效分布式能源生产与利用模式及科技支撑体系为突破；第二，三个阶段的理想指数与阈值：①现阶段以环境风险最小化为目标，0.2 ＜指数≤ 0.4，趋近于0.2。（形成最佳清洁生产技术、制定可持续发展规划与项目）②第二阶段以超过农林业单位消耗产值为目标，0.1 ＜指数＜ 0.2，指数趋近于 0.1。③第三阶段以超过能源行业单位消耗产值为目标，指数趋近于 0，甚至为负数；第三生物质能资源化利用的发展主要依靠科技进步，三个发展阶段的科学研究重点方向分别为：①现阶段开展以纤维素制沼气为例的"第二代"生物质能技术与清洁生产研究；②第二阶段开展以解决光合成效率低下（4%）的问题为核心的基因工程细菌的生物合成学法等初级生产力的提高与原材料生态规模化生产技术研究；③第三阶段开展高生态系统稳定完整性、高能量传递效率、零污染物排放的"生态网—分布式能源网—零排网"三网融合的技术研究。

6　专家点评

本项目在实地调查与案例研究的基础上，建立了生物质能资源化利用的生命周期全过程风险评价的生物质原料、废弃物与毒性及转化技术等三个基础数据库；提出了污染物排放、生态系统稳定性、生态服务功能、经济与社会五大风险评估对象的评价体系，建立了基于商值法生物质能生命周期全过程风险评价方法，并应用于能源植物种植、生物柴油、秸秆直燃、燃料乙醇等典型生物质能行业的环境风险与绩效评价，提出了相关的政策建议。项目成果对促进生物质能行业健康发展，有效进行环境风险管理具有较好的支撑作用。

项目承担单位：中国科学院生态环境研究中心、中国科学院青岛生物能源与过程研究
　　　　　　　所、中国环境科学研究院、国家城市给水排水工程技术研究中心、天
　　　　　　　津市环境保护科学研究院
项目负责人：田秉晖

长江河口区营养盐基准确定方法研究

1 研究背景

河口系统位处沿海经济带，是海陆相互作用最为活跃、对流域自然变化和人类活动响应最为敏感、与近岸环境变化关系最为密切的区域。近年来由于社会经济的迅猛发展和流域环境的巨大变化，直接导致了河口及其邻近海域出现严重污染等重大环境问题，其中，富营养化问题尤为突出，使得生态环境不断恶化，赤潮频繁发生，生态系统结构改变，对人体健康、社会经济发展和生态系统平衡都产生很大危害。我国现行水质标准中涉及的单一营养物标准值理论上无法用于所有河口环境；现行标准中涉及营养物指标的有《地表水环境质量标准》、《海水环境质量标准》，前者适用于淡水水域、后者适用于咸水水域，两类标准对于咸、淡水交汇的河口区的适用性值得商榷；水质标准基本上是基于水体的使用用途而制定的，而对海洋生态系统保护考虑较少，目前国际上倡导的基于生态系统健康、保护海域生态功能的理念，我国需尽快完善水质基准与标准体系。

目前该项目建立了长江口及毗邻海域营养盐基准制定技术方法，解决了营养盐基准制定过程中的关键科学性基础问题，提出了长江口及毗邻海域营养盐参照状态、基准值以及标准建议稿；探索基准应用及管理模式，为长江口海域营养盐管理提供决策支持，并为我国开展区域性河口营养盐基准制定提供技术示范。同时培养一批科研创新人才和团队，完成一批创新科研成果。

2 研究内容

（1）长江口水域生态系统健康状况及其演变过程研究

基于长江口水生态现状调查及历史资料收集，阐明氮、磷营养盐分布和生物群落的时空分异特征，分析长江口水生态系统健康状况。

（2）长江口河口营养盐敏感性特征研究

研究长江口海域对营养盐的敏感特征；分析主要物理参数影响因子变化与河口生物群落的响应关系；研究长江口生态系统对营养盐产生响应的敏感程度。

（3）长江口分区研究

建立基于营养盐敏感性的长江口分区方法；开展长江口分区研究。

（4）长江口营养盐参照状态确定方法研究

借鉴国外研究进展,建立长江口参照状态确定方法,结合长江口水生态系统演变过程,确定长江口营养盐参照状态。

（5）长江口营养盐基准与标准确定方法研究

确定长江口营养盐基准指标,提出长江口营养盐基准值。探索建立长江口营养盐基准应用管理模式。

3 研究成果

（1）初步构建了我国河口区营养盐基准制定的程序与技术框架

本研究通过借鉴美国环保局（EPA）、英国以及欧盟等国家和组织的河口营养盐基准制定的相关经验,结合我国河口营养盐基准制定工作的实际情况,制定了营养盐基准制定程序和技术框架（图1）。

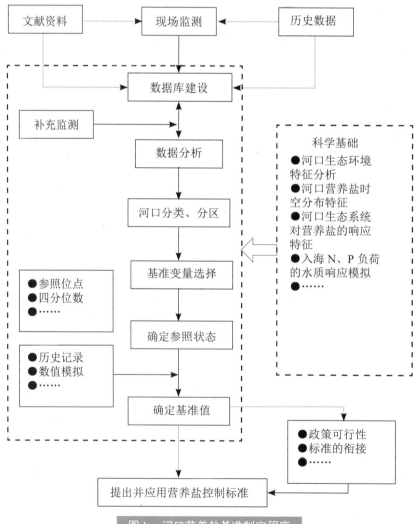

图1 河口营养盐基准制定程序

（2）系统分析了长江口营养盐与生物群落的时空分布特征

本研究通过历史资料手机和现场调查，系统分析了该水域无机氮、活性磷酸盐的分布情况；浮游植物、浮游动物和底栖动物的种类组成、空间分布、年际变化及对营养盐变化的响应；以及长江口及邻近海域赤潮的时空分布特征。

（3）初步确定了长江口不同分区富营养化指标的参照状态值

本研究以自然地理特征为基础，利用层级分区方法，对长江口水域进行分区，共分为4个海区：长江口过渡区、长江口外近海区、杭州湾和舟山海区。各海区间的分界线具有明确的地理学意义，各海区水体特征、沉积物特征、水文条件的一致性检验证明了分区方案的合理性。

本研究选择无机氮、活性磷酸盐和叶绿素 a 3 个指标为长江口富营养化的基本指标，溶解氧、化学需氧量和浮游植物丰度 3 个指标作为补充指标，共同构成长江口营养盐基准制定的指标体系。采用 1992—2010 年春、夏、秋季的监测数据，绘制了各指标的频率分布曲线，取频率分布曲线下 25 个百分点数值为参照状态值。

表 1　长江口外近海区与舟山海区各营养盐基准变量的参照状态

基准变量	季节	长江口外近海区		舟山海区	
		参照状态	变动范围	参照状态	变动范围
无机氮 / （mg/L）	春季	0.317	0.201～0.412	0.372	0.177～0.504
	夏季	0.273	0.103～0.599	0.273	0.068～0.455
	秋季	0.211	0.091～0.361	0.441	0.222～0.529
活性磷酸盐 / （mg/L）	春季	0.014	0.002～0.020	0.020	0.007～0.025
	夏季	0.009	0.001～0.022	0.018	0.001～0.026
	秋季	0.018	0.001～0.025	0.029	0.020～0.034
溶解氧 / （mg/L）	春季	7.980	6.956～8.330	7.910	7.500～8.415
	夏季	6.195	5.320～6.640	5.850	5.210～6.230
	秋季	6.848	6.323～7.340	6.860	6.388～7.200
化学需氧量 / （mg/L）	春季	0.423	0.300～0.530	0.513	0.310～0.740
	夏季	0.555	0.323～0.840	0.370	0.080～0.490
	秋季	0.460	0.160～0.650	0.550	0.356～0.780
叶绿素 a / （mg/m³）	春季	0.87	0.25～1.26	0.73	0.25～1.20
	夏季	1.88	0.99～3.13	1.00	0.39～1.79
	秋季	0.84	0.37～1.42	0.78	0.26～1.11
浮游植物丰度 / （10³ 个 /L）	春季	17.44	0.84～30.88	6.77	1.58～16.00
	夏季	25.96	1.95～116.44	9.72	1.29～24.09
	秋季	12.10	1.20～40.26	4.59	1.02～13.79

营养盐参照状态、基准制定只限于长江口外近海区和舟山海区，长江口过渡区和杭州湾对营养盐不敏感，不直接建立参照状态或制定基准。

（4）模拟了长江口水质对流域输入的响应特征

基于 EFDC 搭建了长江口 3 维水质模型，并利用 2005 年夏季和秋季同期资料进行模型验证，保证模型的可靠性。利用 2004—2007 年丰、平、枯 3 个水期的入海通量过程及对应的流量过程进行水质模拟，从年内、年际上对不同年份、不同水期的水质分布特征进行了分析。设置 12 个模拟方案进行水质模拟，并对水质模拟结果进行统计，分析流域无机氮、活性磷酸盐和 COD 入海通量与各类水体分布范围之间的关系，揭示河口水质对入海通量的响应特征，即现状情况下径流及污染物入海通量与各类水体分布面积之间的定量关系式。该模型经验证后可应用于长江口环境状况较好的历史时期的水质模拟，为营养盐基准的确定提供模型佐证。

（5）初步提出长江口及毗邻海域营养盐基准与标准建议值

本研究选择无机氮和活性磷酸盐这两项指标制定营养盐基准。初步确定长江口外海区春、夏、秋季无机氮基准值见表 2。

表 2 长江口无机氮、活性磷酸盐基准建议值

营养盐	季节	长江口外近海区	舟山海区
无机氮 /（mg/L）	春季	0.30	0.30
	夏季	0.27	0.27
	秋季	0.21	0.30
活性磷酸盐 /（mg/L）	春季	0.014	0.020
	夏季	0.009	0.018
	秋季	0.018	0.020

在营养盐基准值的基础上，综合考虑水质管理目标和社会经济发展需求，提出长江口外近海区和舟山海区的营养盐标准建议值，见表 3。

表 3 长江口无机氮、活性磷酸盐标准建议值

营养盐	季节	口外近海区	舟山海区	过渡区与杭州湾
无机氮 /（mg/L）	春季	0.30	0.30	0.35
	夏季	0.25	0.25	0.30
	秋季	0.25	0.30	0.30
	冬季	0.30	0.30	0.35
活性磷酸盐 /（mg/L）	春季	0.020	0.020	0.030
	夏季	0.020	0.020	0.030
	秋季	0.020	0.020	0.030
	冬季	0.020	0.020	0.030

（6）摸索出一套长江河口区营养盐管理模式

本研究在河口营养盐管理模式方面做了一些探索。第一，建立了一套河口营养盐基准及标准制定的技术方法；第二，明确了营养盐管理中各变量的优先次序；第三，针对河口区由于盐度、水动力条件等的递变，导致不同水域对营养盐的敏感性存在的差异，提出了分区层级管理模式；第四，综合考虑管理计划的科学有效性、经济可行性、公众利益等因素，提倡河口区营养盐全程系统管理。

4 成果应用

1）提出了长江河口营养盐管理中各变量的优先顺序。首先关注无机氮和活性磷酸盐这两个原因变量，其次关注叶绿素 a、溶解氧、透明度等响应变量。

2）提出长江河口营养盐的分区层级管理策略。对口外的营养盐敏感区实行基于营养盐基准的浓度管理策略，对过渡区（即口门附近）实行浓度管理或浓度与总量控制相结合的管理策略。

3）支持完成《中国保护海洋环境免受陆源污染国家行动计划》(CNPA) 编制。

4）支持完成《中国环境宏观战略研究海洋环境要素》课题。

5）支持《近岸海域污染防治"十二五"规划》编制。

6）基于对赤潮的认识，提出了"有效整合各方资源，科学应对'褐潮'灾害"的工作建议，为环境保护部制定决策提供科技支撑。

5 管理建议

（1）开展河口及近岸海域的营养盐标准编制工作

鉴于《地表水环境质量标准》和《海水水质标准》的适用范围局限性以及河口生态环境特征的特殊性；上述两个标准在河口区及近岸海域营养盐管理上的应用性值得商榷，此外，在营养盐管理指标的选择上，淡水水域和海洋水域存在差异，河口区营养盐指标的选择以及与淡水、海水营养盐指标的衔接与管理过度等方面的需求要求我们必须开展适合河口及毗邻海域的营养盐标准制修订工作。以长江口为例，在对长江口分区的基础上，选择合适的富营养化指标，并确定各指标的参照状态；通过综合分析营养盐参照状态、营养盐历史记录以及水质模型模拟结果，确定营养盐基准，进而制定营养盐标准。长江河口区近几十年来 N 营养盐浓度急剧增加，是导致富营养化的主要原因变量，而 P 营养盐则增幅不大，在制定营养盐标准时应对 N 营养盐浓度的限制给予特别重视。

（2）开展河口区分类、分区工作

鉴于我国河口区富营养化的严峻形势及现行水质标准中存在的问题，以及南北河口自然地理特征差异较大，不宜制定统一的方法和标准。因此，我们建议借鉴国际上河口营养盐管理的先进经验，制定特定水域的营养盐标准。根据不同河口类型以及河口区不同区域的自然地理特征以及对营养盐敏感性不同，对我国河口进行分类、分区，分别选定适宜富营养化指标，制定营养盐管理对策。以长江口为例，根据长江口水域的自然环境特征，进行河口分区，一级分区分为过渡区和近岸海域两部分，在此基础上，进行二级分区，分为长江口过渡区、杭州湾海区、长江口外近海区和舟山海区。

（3）建立多方协调机制，切实执行营养盐标准

加强河口及近岸海域营养盐管理部门协调，建立管理协调机制，调动各管理部门主观能动性，实现营养盐管理的整体性、统一性；统一各管理部门营养盐监测指标与标准，协调好上下游关系，切实执行营养盐标准。

（4）推进营养盐的全程系统管理

河口营养盐管理是一项综合性工作，需考虑科学有效性、经济可行性、公众利益等因素，开展符合维持河口生态系统健康的一系列行动，并对这些行动的成效进行评估。建议在陆海统筹的原则下，采取以下几方面具体行动措施：

第一，加强陆源入海污染物的总量控制工作。制定进入河口的主要污染物排放总量制度及时空分配方案；完善陆源污染物排海总量控制制度，制定污染物排放总量削减计划；加强流域和沿海陆域污染治理力度。

第二，降低陆域点源污染负荷。合理调整工业布局，优化产业结构，推进清洁生产；限制高耗能、高污染、资源消耗性产业在沿江城市布局，推进沿江、沿海地区的污水处理厂、城镇垃圾处理厂建设；加强城镇环境综合整治，完善污水处理费征收政策。

第三，加强生态保护，控制陆源非点源污染。坚持污染防治和生态保护并重的原则，推广生态农业；加强自然保护区、沿海湿地的保护和恢复；强化海岸带综合管理，严格控制沿岸土地的非生态开发。

第四，坚持长期有效的河口及近岸海域水质监测。更新监测设备，提高监测精度，进行专业监测培训等一系列措施，提高监测能力；建立河口及近岸海域水质监测网，构架水质监测数据库，制定河口及近岸海域水质定期监测、实时公布制度。加大水质监测对营养盐管理部门制定决策的支撑作用。

第五，积极引导利益相关者参与。积极引导排污、治污和公众等机构群体参与营养盐管理，合理分工，明确责任。加大河口及近岸海域营养盐管理的宣传力度，广泛实现信息公开，加强社会监督和舆论监督。

6 专家点评

该项目通过对长江河口区营养盐基准的确定方法开展了系统研究，建立了长江河口区营养盐的参照状态和基准制定技术方法，提出长江口及毗邻海域营养盐参照状态、基

准值和标准建议稿，探索了河口区营养盐分区管理模式，研究成果为科学制定长江河口区营养盐标准提供了依据。项目成果在《中国保护海洋环境免受陆源污染国家行动计划》（CNPA）编制、《中国环境宏观战略研究海洋环境要素》课题完成、《近岸海域污染防治"十二五"规划》编制等方面得到广泛的应用，此外，通过本项目对赤潮的认识，提出了"有效整合各方资源，科学应对'褐潮'灾害"的工作建议。项目研究成果为环境保护部制定长江口营养盐管理决策提供技术支撑。

项目承担单位：中国环境科学研究院、浙江省舟山海洋生态环境监测站
项目负责人：郑丙辉

跨国界流域项目环境影响联合评价研究

1　研究背景

当前，围绕跨界河流的开发、利用与保护，国际社会十分关注我国的举动，我国跨国界水环境管理与谈判工作面临巨大压力和挑战。如中俄开展环评信息交换的谈判难以达成一致，其焦点分歧在于双方实质性可交换内容，俄方提出的签署《相互交换可能对另一方造成不利影响的工程项目环评信息的程序》草案。再如我国边境地区部分水利工程引起了周边国家的关注，邻国要求与我国签署利用和保护国际河流双边协定的要求越来越强烈，部分国家已经通过外交途径数次向我国提交了双边协定草案，并最终通过高层施压。实质上，跨国界流域各方最为关注的核心利益是如何减轻跨国界流域项目的环境影响，因此，深入开展跨国界流域内项目环境影响联合评价研究，为跨界河流环境纠纷提供技术支持，为改善跨国界河流水质和监管奠定重要科学信息，是目前环境影响评价制度完善和跨界河流国际谈判迫切需要解决的问题。

同时，"跨国界流域项目环境影响联合评价研究"正是契合这项国家需求，是《国家中长期科学和技术发展规划纲要（2006—2020 年）》强调要给予高度关注和重点部署的研究方向，是《国家环境保护"十一五"科技发展规划》的重点发展领域和"区域与全球环境问题"优先领域的重要内容，是满足"全球化的环境影响和国际环境履约科技需求"的重要任务。

该项目紧密结合国家对外谈判工作，涵盖国际法、环境科学、地理学等多个学科，采用了 GIS、WASP 等技术方法，服务于政治、外交，为领导人机制下的谈判工作服务，为国内跨国界流域内环评工作的开展提出意见和建议，并在跨国界流域相关的国际法、水质标准和突发事件等级标准、国内外跨国界环评实践、跨国界水污染风险和污染物运移模拟、跨国界环评的合作机制和对策建议等方面取得了多项研究成果。

2　研究内容

1）跨国界流域项目环境影响联合评价国际经验、国际条约和国际实践（或国际惯例）和国内实践综合数据库建设。

2）跨国界流域项目环境风险评价和联合环评项目范围的界定。

3）跨国界流域国家不同突发环境事故等级标准和不同用途水质标准对我跨国界联合

环评技术方案的影响研究。

　　4）跨国界流域项目环境影响联合评价对跨国界环境损害评估的潜在影响分析。

　　5）跨国界流域项目环境影响联合评价试点研究。

　　6）跨国界流域项目环境影响联合评价方法、程序与机制研究。

3　研究成果

　　1）形成了《中俄不同用途水质标准对比分析研究》报告，为中俄总理定期会晤委员会环保分委会相关谈判和国内工作提供依据。本研究通过对俄罗斯和中国在生活饮用水、公共日常用水等标准中的相关指标的详细对比，分析了中俄水质标准指标名称、数量、数值等方面的差异，并将中俄各项标准及对比分析的结果建立数据库，用于快速查询与分析。该成果分别于 2009 年 3 月和 2010 年 2 月提交至环境保护部监测司、监测总站。

　　2）形成了《关于跨界环境影响评价公约（ESPOO 公约）适用相关法律问题》报告，为中俄总理定期会晤委员会环保分委会关于跨界环评信息交换方面的谈判提供了有力支持。本研究对在中俄环保分委会谈判中俄方提出的"制定双边跨界环评信息交换协议的法律依据——ESPOO 公约及其附件"，做了逐条解读和义务分析，并对公约背景、法律地位、对我国的约束等问题做了详尽的分析并得出结论：ESPOO 公约尚未构成国际惯例，故没有国家可以将公约内容和原则强加给中国，中国完全可以自主决定是否接受和接受多少 ESPOO 公约原则。该成果于 2009 年 3 月提交至环境保护部环评司、评估中心、中俄环保分委会环评信息交换专家组。

　　3）形成了《跨界水环境影响评价国际经验总结》报告，将有力支持中俄环保分委会环评信息交换专家组的工作。本研究在调研和翻译国内外大量文献的基础上，分析了跨国界流域内项目环境影响评价的发展现状、一般流程、国际界河流域八个案例，对跨界环境影响评价报告的准备、项目筛选、评价因子确定、环评报告初稿准备与公布、公众参与、官方评估等方面的经验做了总结。该报告已提交环境保护部国际司、环评司、环境影响评估中心，为中俄总理定期会晤委员会环保分委会环评信息交换专家组和中哈环保合作谈判提供有力支持。

　　4）形成了《跨国界流域工程项目生态影响评价与生态损害评估方法》报告，为跨国界流域项目环境影响评价方法论体系的建立提供方法论基础。本研究对我与周边国家进行项目生态影响评价的方法、生态损害评估的方法，以及我境内潜在突发环境事件造成生态损害评估方法体系的确定以及产生影响的问题做了详尽分析研究，总结出了在跨国界流域工程项目在开展生态影响评价和损害评估时采用不同方法的适用性和优缺点。该报告为跨国界流域项目环境影响评价方法论体系的建立提供方法论基础，为判断国际谈判中选取不同的评价技术方法对我国的影响提供重要的决策参考。

5）对中哈跨界河流上的联合水利工程环境影响评价、中俄有关跨界环评谈判等方面的焦点和难点问题进行了调研和总结，对因环评原因引起中俄、中哈纠纷的案例进行了调研和初步分析，起草了《中哈跨界河流水质联合监测及污染控制通报协议（中方草案）》和《中哈政府间双边环保合作协议（中方草案）》及起草说明，在支持中俄、中哈环境合作会议对案准备和谈判中发挥了重要作用。

6）建成了跨国界流域基础底图，对 2003—2008 年国家审批的中俄跨国界流域内的项目进行了筛选并建立了数据库；编辑完成了《跨国界流域环境问题研究》一书，正在出版。

4 成果应用

本项目实施效果显著，部分成果已被环境保护部环评司、监测司、国际司、监测总站、环境影响评估中心采纳并应用，部分结论已经写入"十二五"规划中关于跨界水部分的研究报告，大量成果用于支持我与周边国家跨国界环境合作，尤其是中俄、中哈领导人机制下的环保合作，为谈判提供了有力的支持。项目实施得到多个业务部门的好评，并获得环保公益行业科研专项项目中期检查通报表扬，被推荐为成果应用典型，吴晓青副部长对阶段性成果做出批示。

5 管理建议

我国开展跨界环评的指导方针是"服务政治、服从大局"，"内外有别、内紧外松"，"友好、合作、负责"。开展跨界环评的总体思路是"保障核心利益、合作化解矛盾、立足国内管理、正确引导舆论"。

1）保障核心利益、服务外交大局，合理渐进开展跨界环评。在不损害我国核心利益的前提下，用可持续发展的理念促进边境地区的经济发展。

2）依托双边合作机制、充分利用好区域合作机制处理和化解我国与邻国的跨界环评问题。一是利用双边合作机制，求实效，解决实际问题；二是恰当利用区域合作机制，增信释疑，树立负责任大国形象。

3）立足国内，建立健全跨界环评审批制度，降低跨国界环境风险，防范跨国界河流污染。一是加强跨国界环境风险管理机制建设，将跨界影响纳入环境影响评价制度；二是加强对周边国家环境管理制度、法规、标准及环评技术规范的研究，防范项目环评的环境风险和政治外交风险；三是强化国家和地方政府的责任，正确把握和处理政治、经济和环保的关系；四是加强跨界环境问题的部际协调，有效减少跨界环境纠纷的发生。

4）建立健全环评信息披露制度，正确把握和引导社会舆论。建议建立跨界环境问题的新闻发言人制度和新闻管理制度，正确引导舆论，避免隐瞒事实导致事态恶化。

6　专家点评

该项目开展了国际经验、条约惯例、国内实践等内容的调查研究，利用 GIS 空间分析和定量模拟方法，界定了跨国界流域项目联合环评或环评信息交换项目的范围和划分了等级，建立了跨国界流域项目环境影响联合评价方法论体系、程序与合作机制，完成了跨国界流域项目环境影响联合评价国际经验调研报告、相关国际条约和国际实践分析报告、跨界环评方法体系研究报告、跨界环评国际合作机制研究报告以及项目总报告。

该项目成果对完善我国跨国界流域项目的环境影响评价管理，减缓我国与周边国际跨国界流域环境影响冲突起到了积极作用。项目部分研究成果在环境保护部、外交部的跨国界环境问题管理中得到应用，为国家跨界环境合作及时提供了强有力的技术支持。

项目承担单位：中日友好环境保护中心 / 中国—东盟环境保护合作中心
项目负责人：国冬梅

"十二五"约束性指标调整研究

1 研究背景

我国目前污染结构的变化导致以 COD 和 SO_2 为主的约束性环境指标难以全面客观地反映环境质量。氨氮、总磷、总氮等也已经成为影响河流、湖泊水环境质量的主要污染指标。可吸入颗粒物成为影响空气环境质量的主要污染物。同时,随着 POPs、VOC 等新型污染问题的出现,对公众健康也构成了严重的威胁。约束性环境指标调整势在必行。历次五年规划目标指标项相差较大,使规划的长期指导性和滚动修订性大打折扣。其中一些指标重复,一些指标难以考核、没有定期的监测数据。部分规划指标过多地涉及了外部门、外系统。另外规划指标中还包括了一些工作指标、评价指标,指标的层次性没有合理区分。此外,与我国目前环境状况和工作重点相适应,我国环境规划指标较多涉及污染防治(以治理指标为主,以环境质量指标为辅),对于生态系统和人体健康涉及较少,这与美国等国家差异较大。随着中国对 COD 和 SO_2 两项主要污染物减排工作的深入和成效的显现,中国的污染结构也将出现新的变化。目前,大多数城市大气环境质量的首要污染因子为 PM_{10};氨氮、总磷、总氮也将成为影响水环境质量的主要污染因子。在此情况下,仅通过 COD 和 SO_2 两项约束性指标,控制污染物排放来提高环境质量的难度较大,大气与水环境质量难以与污染减排工作的成效挂钩,污染治理工作的重点也将随之出现转变。因此,调整约束性环境指标的范围,适应环保形势的发展就变得尤为重要。

2 研究内容

本课题研究以水、气为重点,在对我国环境现状进行评估的基础上,结合不同的情景方案,分析环保形势变化趋势,通过国外发达国家不同发展阶段环境问题及对策的研究与经验总结,分析扩大约束性环境指标的可能性及可能的时机,并由此建立约束性环境指标。包括中长期环境形势变化的趋势和特征分析,约束性环境指标优化调整技术路线图设计,"十二五"约束性环境指标体系的概念设计,约束性环境指标实施机制和方法的创新研究。

3　研究成果

（1）深入分析了不同阶段污染物变化趋势及环境问题的发展方向

全面回顾了我国环境形势演变：分别对水环境和大气环境不同发展阶段进行了划分，对污染问题进行了回顾分析，总结了污染控制经验以及存在的问题。重点对中长期环境变化趋势和特征开展了分析；系统总结国外发达国家不同发展阶段主要环境问题、环境目标、控制措施等相关经验，主要对欧盟、美国、日本等国家的水环境和大气环境要素展开深入分析。查阅200余篇中英文文献资料，总结国外发达国家的相关经验；基于大量的现场实地调研分析改善环境质量的污染控制重点与需求；系统展开了我国"十一五"约束性环境指标实施情况分析，包括实施回顾（指标确定、分解及实施途径）、实施效果分析、实施经验等方面。

（2）提出了近期（"十二五"）、中期（"十三五"）污染控制技术路线图

系统分析约束性环境指标的内涵特征，明确约束性环境指标选取的原则；深入分析了环境质量指标纳入约束性指标的可能性与障碍。对"九五"、"十五"、"十一五"环境规划中环境质量指标进行回顾分析，提出了环境质量指标纳入约束性指标的必要性，重点分析了环境质量指标纳入约束性指标的瓶颈与可行性，提出实施环境质量约束性指标的建议；进一步分析总量控制和质量控制的路线图。明确不同阶段环境质量要求与总量控制的关系，提出2001—2030年总量控制与质量控制的路线图，"十二五"期间应采取总量约束为主，质量指导为辅，"十三五"采取总量、质量双约束的环境管理思路。

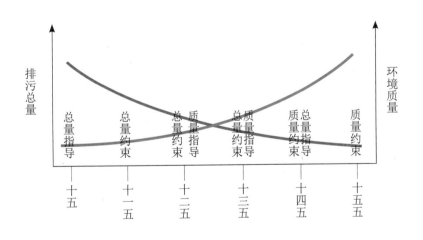

图1　总量控制—质量改善路线示意

（3）完成了"十二五"约束性环境指标调整方案设计

1）提出水环境约束性指标调整方案。提出环境约束性指标调整的备选指标；开展备

选指标的匹配性、可行性等分析；制订环境约束性指标的调整方案；对约束性指标实施提出建议；开展环境约束性指标实施路线图设计。

表 1　水环境约束性备选指标匹配性与可行性判别矩阵

污染物	必要性	基础条件				可行性		
		匹配性	现行标准	监测与统计	污染源	技术	经济性	管理措施
COD	√	√	√	√	√	√	√	√
氨氮	√	√	◎	√	√	√	√	◎
总氮	√	√	◎	◎	√	√	√	◎

注：√代表目前符合或已具备相应的条件；◎代表目前基本符合或具备部分相应的条件。

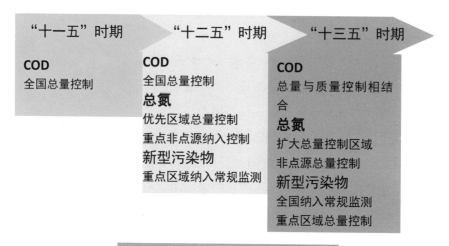

图 2　水环境约束性指标调整实施路线图

2）提出大气环境约束性指标调整方案。基于我国大气环境的污染现状，在深入分析的基础上，建立备选指标匹配性与可行性判别矩阵，提出将 SO_2、NO_x、PM_{10}、CO_2 作为约束性指标。

表 2　大气环境约束性备选指标匹配性与可行性判别矩阵

污染物	必要性	基础条件				可行性		
		匹配性	现行标准	监测与统计	源解析	技术	经济性	管理措施
SO_2	√	√	√	√	√	√	√	√
NO_x	√	√	√	√	√	√	√	◎
PM_{10}	√	√	◎	√	√	◎	√	√
CO_2	√	√	X	√	√	√	√	√

注：√代表目前符合或已具备相应的条件；◎代表基本符合或具备部分相应的条件。

VOCs	无标准监测	・开展研究	・建立源清单	・控制途径
O₃	未监测	・建立全面监测体系 ・研究控制途径	・纳入质量公报 ・提出控制路线图	・开始全面控制
CO₂	无控制	・纳入约束指标 ・建立考核体系 ・核定排放总量	・实际区域总量控制 ・重点行业排放控制	・强化约束
PM₁₀	常规监测指标	・纳入约束指标 ・总量考核烟尘/粉尘 ・完善源清单	・完善考核机制 ・开展细粒子研究	・符合污染控制 ・细粒子控制途径
NOₓ	监测 NO₂	・纳入约束指标 ・电厂锅炉总量控制 ・质量考核 NO₂	・进一步加强 ・完善机动车总量控制	・全面控制
SO₂	约束性指标	・总量与质量控制相结合、分区控制 ・完善考核指标		・全面控制

"十一五"	"十二五"前期	"十二五"后期	远期

图 3 大气环境约束性指标调整实施路线图

（4）研究建立了约束性指标实施机制

分别提出了建立总量约束性指标的控制体系；科学合理制定目标；建立约束性环境指标的分解机制；建立约束性环境指标的统计与监测机制；建立约束性环境指标的监督考核机制；加强约束性指标实施的政策保障等六个方面的实施机制。

（5）研究构建了约束性环境指标目标定量分解方法

提出建立约束性环境指标的分解机制，包括对不同地区实施主体区域性指标任务与目标的分解，对同一地区上下级实施主体指标任务与目标的分解，对同一地区同一级实施主体不同部门指标任务与目标的分解，对同一实施机构内部不同岗位人员指标任务与目标具体工作的分解。还要在时间尺度上加强指标目标和具体任务的年度分解，按照不同任务完成内在要求的时间进度安排，将目标分解下达，确保有序推进。在"十一五"主要污染物地区总量分解的基础上，以行业污染物总量分解为重点，以 COD 总量分解为例，构建了主要污染物行业总量分解方法。

4 成果应用

阶段研究成果为环境管理提供了有效的支撑。本研究中关于总量、质量关系定位等研究成果为环境宏观战略研究总体目标的建立提供了有效的支撑。研究提出的约束性指标调整方案及控制重点，为国家环境保护"十二五"规划基本思路约束性指标的确定，以及"十二五"总量控制奠定了基础。研究提出的开展 PM_{10}、CO_2 等监测，加强相应的监测能力等建议，在编制国家环境监管能力建设"十二五"规划及国家环境监测"十二五"规划中得到了充分的体现。项目的研究为环境管理工作提供了有效的支撑。

5 管理建议

1）对于新型特征污染物，要首先做好调查研究，建立有效、可行的监测技术和统计方法，争取"十二五"期间在重点区域开展监测和控制试点工作，到"十三五"期间能够纳入全国监测指标体系，并在重点区域开始实施总量控制。

2）在 COD 总量控制方面，"十二五"期间 COD 减排要突破重点领域和行业减排；同时继续加强污水厂自身能力建设，提高稳定运行率和污水收集率，重视提高 COD 排放标准等级和污水厂实际运行效率；进一步明确考核对象，落实污染减排责任主体，建立完善污染减排考核的配套制度。

3）在氨氮总量控制方面，"十二五"期间，氨氮在纳入全国水环境约束性控制指标体系后，既要不断完善自身的排放标准，促进污染防治水平的提升，又要积极利用与 COD 减排的协同效应，提高氨氮的整体去除效率，同时大力加强农业面源的污染防治，多管齐下，有效地控制氨氮排放总量。

4）在总氮控制方面，在重点"三湖"流域已开展了区域性的总氮总量控制的基础上，"十二五"、"十三五"总氮的总量控制应扩大控制区域。鉴于非点源污染是我国总氮污染的主要来源，尤其是化肥流失和畜禽养殖污染占非点源污染的 80% 以上，故将重点非点源纳入总氮的总量控制体系，并通过采取行政和自愿手段相结合的管理方式，制定符合我国国情的非点源管理和控制体系。

5）SO_2 应考虑在"十二五"期间进行总量控制与质量控制相结合的有区别的分类控制原则，一类地区同时执行质量控制与总量控制，不仅要求进行质量与总量控制的地区城市空气质量 SO_2 浓度达到国家规定标准，而且要求完成 SO_2 的总量控制目标，第二类地区坚持"十一五"规划的总量控制原则，在"十二五"期间进一步实行总量控制，第三类地区只需执行质量控制，无 SO_2 总量控制指标分配，保证城市空气质量 SO_2 浓度达到国家规定标准。根据 SO_2 污染情况、空气质量 SO_2 浓度达标情况分区进行控制。

6）增加 NO_x 为约束性指标，全面进行控制。应在"十二五"期间将其纳入约束性指标，地区总量分配要考虑到各地区存在各种差异，地区发展不平衡等因素，排放指标分配建议采用绩效分配方法。应将电力行业确定为总量控制的重点行业。根据污染物的输送与相互影响，加强 NO_x 的区域性污染控制，划定环首都圈、长江三角洲地区和珠江三角洲地区为 3 个重点控制区域。

7）将温室气体、PM_{10} 作为约束性指标。我国制定计划到 2020 年单位 GDP 二氧化碳排放量比 2005 年减少 40% ～ 45%，因此应加紧制定相关的法律法规，减少单位 GDP 二氧化碳排放量。将 CO_2 排放量作为约束性控制指标，分省份进行排放总量控制，制定重点行业排放标准，完善源清单和统计、监测审核体系。以改善城市可吸入颗粒物污染为目标，将 PM_{10} 纳入约束性控制指标。考核内容包括 PM_{10} 可控达标率，重点行业工艺烟尘、粉尘排放总量。

8）继续深入对 $PM_{2.5}$、VOC 等污染物的研究和监测。实现远期的大气污染控制目标，着手开展对细粒子和 VOC 的研究，包括来源解析、监测技术和手段、对人体健康的影响，控制因素及控制的经济技术成本分析等。将 O_3 纳入常规监测指标，部分城市进行指标考核。在全国各城市将 O_3 纳入常规监测指标，在省会城市和东部主要城市将其纳入环境质量考核指标，并发布于空气质量报告中。

6　专家点评

本项目回顾我国的环境形势，总结国内外不同阶段污染控制经验，明确约束性环境指标的选取原则。提出"十二五"环境指标调整的建议方案、实施机制和目标定量分解方法；实施总量控制牵头的控制体系，以总量控制＋质量控制的污染减排管理模式。提出继续推进 COD 约束性指标控制，将氨氮纳入约束性指标实施全国总量控制。在重点湖库将总氮纳入"十二五"约束性指标。明确继续进行 SO_2 的约束性控制，将 PM_{10}、NO_x 纳入约束性指标，将温室气体排放作为"十二五"规划约束性指标。项目研究成果为中国环境宏观战略研究、《国家环境保护"十二五"规划基本思路》、《国家环境监管能力建设"十二五"规划》等多项国家环保规划的编制和污染减排管理提供技术支持。

项目承担单位：环境保护部环境规划院
项目负责人：张治忠、逯元堂

"十二五"环境制约因素与技术对策研究

1 研究背景

随着我国工业化、城市化进程的不断加快,"十二五"期间环境问题将变得日益复杂,迫切需要采取新的重要科技支撑手段,构建新的环境管理体系,来保障经济社会的良性发展和人民群众的健康需求。因此,面对新形势,采取科学的方法分析环境问题与环境制约因素,前瞻性的提出控制技术与对策,为环境保护和国家环保科技发展提供技术支持就显得尤为重要。为此,环境保护部组织开展环保公益项目《"十二五"环境制约因素与技术对策研究》的研究工作,并由中国环境科学研究院承担本项目。

本项目研究以控制污染、改善环境、促进发展为宗旨,通过环境现状评估、问题识别、趋势预测等方式和手段,识别我国环境制约因素,构建环境制约因素指标体系和技术对策的支撑体系,旨在为我国"十二五"期间环境保护工作及环保科技发展提供科技支撑。

2 研究内容

归纳分析国外发达国家面临的环境问题、产生的根源以及保护环境采取的技术对策、取得的成果;甄别不同区域(流域)的健康水平、主要环境问题、压力及其产生问题的根源等;分析评价人类活动、全球气候变化对环境保护与管理的影响;研究我国不同经济发展框架下面临的主要环境问题和环境变化趋势;识别和筛选"十二五"期间水环境、大气环境、土壤、固体废弃物、环境与健康、农村环境、城市环境、生态环境、全球气候变化等领域主要制约因素,并建立环境制约因素指标体系;从环境监测技术、污染预防、污染控制等方面入手构建环境保护技术支撑体系。

3 研究成果

(1)解决的问题

"十一五"环境现状评估、问题及压力识别;"十二五"环境发展趋势预测;"十二五"环境制约因素研究,制约因素指标体系建立;创新区域环境管理长效机制,建立环境保护技术支撑体系。

(2)提出的主要观点

1)污染控制:加大水污染控制力度,加强水源保护措施等;提出与经济社会发展相协调的控制大气污染的优化综合调控模式，建立大气污染管理体系和制定相应的对策；研发固废再生利用技术，固废无害化、稳定化处理技术等。

2）生态保护与建设：优化自然保护区保护结构与布局；协调重要生态功能区建设；加快生态脆弱区保育与恢复；促进资源开发区的保护管理；加强生物多样性保护；完善国家生态评估与预警体系；提高生态文明建设。

3）城市环境保护：开展城市群生态环境保护战略研究，构建典型城市群可持续发展模式；规范城市生态系统的规划建设，构建城市及城市群环境质量综合调控技术体系，并开展示范；建立多要素城市环境综合风险管理体系，开发城市环境综合管理与决策平台。

4）应对全球环境变化研究体系：针对气候变化、生物多样性保护、臭氧空洞等全球性的环境问题开展相关研究，并提出相应的应对措施。

（3）项目产出

1）"十二五"环境制约因素研究报告：报告充分分析了我国"十一五"环境保护取得的成绩和不足，分析了我国环境形势，预测了我国"十二五"环境趋势，确定我国"十二五"环境制约因素；我国"十一五"以来，环境保护工作取得重要成绩的同时亦有一些不足，通过对"十一五"环境科技发展进行客观评价，评估形成的实际工作能力和规划实施中存在的问题，有利于明确下一步规划实施的重点，提出规划实施和调整的建议，全面有效提升环境监管能力；通过分析我国环境形势，识别不同区域／流域的健康水平、环境问题压力及其产生的根源，有利于"十二五"环境保护工作的开展，对环境的治理与保护提供基础信息，明确我国现阶段的环境现状，并制定相应的技术、政策、管理机制；通过"十二五"环境趋势分析，明确我国环境现状与环境发展趋势，前瞻性的分析我国环境科技的发展方向，为国家环境管理体系提供支撑，为环保标准、规范的制定发挥重要作用；正确处理经济发展与环境保护的关系，分析环境制约因素，确定我国"十二五"经济发展的环境制约点，平衡经济与环境保护的关系，为国家和谐发展提供支撑建议。同时在我国环境科技发展规划方面起着重要意义。

2）我国环境保护技术支撑体系研究报告：我国环境保护支撑体系由环境管理体系、污染控制体系与生态治理技术体系三部分有机组成。报告分别从以上三方面对我国环境保护技术支撑体系进行了系统分析；环境管理体系由环境标准法规、环境监管应急预警和环境监测信息管理三部分组成，分析其现状，提出发展方向；污染控制体系分别从水污染、大气污染、固体废弃物处理、有毒化学品和核辐射几个方面探讨了管理支撑体系的现状与发展趋势；生态治理技术体系分别从生态保护、农村生态保护、城市生态保护、土壤环境保护和环境污染与人体健康五方面分析了技术管理现状与发展趋势；系统分析环境制约因素。结合国家发展目标、环境技术管理体系要求、参考国内外控制技术的发展趋势，针对"十二五"环境制约因素研究适合我国国情的预防控制污染综合技术对策布局规划。技术对策包括引导环境保护前沿方向的环境科学理论体系，集成化、系列化、成套化的环境管理体系、污染控制与生态治理的技术体系三部分内容。

4 成果应用

依托项目成果，重点制定了《国家环境保护"十二五"科技发展规划》，充分分析了国内外环境形势与压力，给出了我国"十二五"环保科技发展趋势及制约因素，促进适合我国经济和社会科学发展为特征的环境统筹管理能力的形成，为国家"十二五"环保科技发展和环境保护提供技术支持。

5 管理建议

（1）该研究项目对我国"十二五"环境管理提出相应的对策建议

1）加强水污染防治，提高水环境质量

加强城市水环境综合改善能力及村镇污水治理；增加新型污染物控制与行业废水治理；进一步完善流域及近岸海域环境整治与综合治理；加强水源地保护与地下水安全。

2）加强大气污染防治，提高空气环境质量

进一步研究区域复合型大气污染形成机理与控制原理；研究城市大气环境问题与控制对策；加强大气污染物控制与废弃治理技术；进一步改善室内空气质量。

3）加强土壤污染防治，提高土壤环境质量

加强农村土壤污染管控技术研究；研究典型工业污染场地土壤污染风险评估与修复；矿区油田土壤污染控制与生物修复技术；尽快完善土壤环境基准及标准修订。

4）加强固废物污染防治和化学品管理

着重研究固废再生利用技术、无害化、稳定处理技术；加强危险废物控制管理技术的研究；建设有毒化学品环境管理科技支撑体系。

5）加强生态保护与建设

加强区域/流域生态保护研究；促进城市及农村生态保护研究；完善资源开发区和重大工程区生态保护。

6）保障核与辐射领域安全

加强核安全法律、法规和标准体系研究；研究核安全技术和管理；研究辐射照射控制技术与辐射源安全；研究放射性废物安全和军用核设施退役安全；研究核与辐射应急与反恐、防恐。

7）健全环境基准与标准

构建环境基准体系；制定地方及区域环境质量标准；制定与完善行业污染物排放（控制）标准；完善配套标准体系。

8）加强环境监测与监管

完善环境监测方法技术标准体系研究与应用；研究生物监测技术应用开发及指标体系；研究遥感、遥测技术在环境监测中的应用；研究环境监测新方法与新设备的开发。

9）加强环境与健康工作

构建我国环境与健康调查技术与相关政策体系；开展不同的污染物质对人体暴露途径和健康影响程度的研究；建立相关环境与健康综合监测与预警技术。

10）加强全球环境问题研究

加强应对全球气候变化的研究；研究温室气体减排技术；研究生物多样性保护和臭氧层保护技术；控制大气污染远距离传输技术等。

11）加强环境保护科技能力建设

加强各领域国家环境保护重点实验室和工程技术中心的科技创新能力；建立野外综合监测台站；建设高素质人才队伍。

12）完善环境综合管理关键科学技术

完善环境法律、法规和部门规章制度；加强环境监测网优化调整研究；建立相应的基础数据库和评价指标；加强遥感技术在环境监测中的应用。

（2）围绕《国家环境保护"十二五"科技发展规划》进一步展开重点领域的科技研究，延续发展我国环保科技，为我国环保领域各项管理工作提供实时技术支撑

6　专家点评

该项目分析了我国当前和以后环境形势特征，借鉴国外发达国家不同发展阶段环境问题及对策及国内的相关科研成果，对"十二五"环境趋势进行了预测，建立了"十二五"环境发展制约指标体系，提出了适合我国环境保护技术支撑体系建设内容，提出的环境监测和监督管理体系也为环保工作持续有效地进行提供了保障。研究成果为《国家环境保护"十二五"科技发展规划》的编制提供了技术支持。

项目承担单位：中国环境科学研究院
项目负责人：苏德

低频噪声效应、评价方法及其环境管理技术研究

1　研究背景

　　生活场所的声环境质量是评价人们生活质量的重要指标之一。世界卫生组织（WHO）和欧盟合作研究中心最近公开的一份关于噪声对健康影响的报告《噪声污染导致的疾病负担》中指出，噪声污染已成为影响生活质量和人体健康的重要环境因素。在我国大多数城市，环境噪声投诉占环境投诉的 40%～50%，已位居环境投诉的首位。与中高频噪声相比，低频噪声控制难度相对较大，在中高频噪声得到更为有效控制的情况下，环境中的低频声能量在总声能量中所占比重不断增加，中高频噪声对低频噪声的掩蔽效应也随之减小，低频噪声影响变得越来越显著。近年来，随着高铁、特高压变 / 换流站、风电场等新型噪声源的出现，我国低频噪声污染日益突出，污染纠纷频发。WHO 早在 2000 年发布的报告中就指出：有关低频噪声负面作用的证据已经非常充分；A 声级对低频噪声的影响有所低估；针对低频噪声的标准限值应该更为严格，呼吁世界各国积极采取有效措施应对低频噪声污染。与欧美等发达国家相比，我国在应对低频噪声污染及其环境管理方面的基础工作比较薄弱，不能满足公众日益增长的加强低频噪声污染防治和管理的要求，相关法规、标准等急需完善。

　　该项目紧紧围绕我国低频噪声污染加剧态势及其引发的社会矛盾日益突出的形势，在对低频噪声进行调查、采样和分析基础上，结合社会声学调查和实验室实验等，对低频噪声效应、评价方法及其环境管理技术等开展针对性研究，为我国低频噪声污染防治和环境管理提供技术支撑，服务于和谐社会构建。

2　研究内容

　　1）建立环境中低频噪声源及其声学特性数据库和共享网站。

　　2）提出针对我国人群的噪声主观烦恼社会调查方法，通过调查给出环境中典型低频噪声主观烦恼社会调查结果。

　　3）典型低频环境噪声暴露下我国人群的生理和心理效应。

　　4）低频噪声特征与我国人群主观烦恼、人体生理指标变化之间的关系。

5）提出典型低频噪声评价指标及评价方法。

6）提出低频噪声环境管理及政策建议。

3　研究成果

（1）建立了国内首个低频噪声源及其声学特性数据库

完成了大、中、小型城市和乡村地区典型低频噪声的调查、采样和分析工作，建立了国内首个低频噪声源及其声学特性数据库。数据库包括典型低频噪声采样文件、声源运行工况、声场景录像、声源照片及声源特性等完整信息。

（2）掌握了典型低频噪声剂量—效应关系

通过社会声学调查和实验室实验，掌握了不同声环境功能区噪声、单一 / 混合交通噪声以及高铁、变电站等新型低频噪声剂量—效应关系。探索并初步掌握了长期高强度（现行标准限值下）飞机噪声、高铁噪声等暴露对受体脑电、学习记忆等行为、血浆神径递质、神径细胞超微结构、蛋白表达等生理影响。可为我国相关噪声标准制定或修订提供重要支撑（美国联邦机构噪声委员会推荐将噪声限值设置在剂量—效应曲线中人群高烦恼率为15%或更低时所对应的声级）。

（3）研究提出了高铁噪声评价量及建议限值

由于高速铁路噪声在声源特性上与普通铁路噪声有显著差异，国际上许多国家和地区针对高速铁路噪声单独制定了相关标准或限值。该项目通过对两种铁路噪声影响的对比研究发现，在相同 L_{Aeq} 下，高铁噪声主观烦恼度、行为干扰度分别比普铁噪声高出 13.0 ～ 13.2 和 15.6 ～ 16.0。在等主观烦恼度、行为干扰度水平下，普铁噪声 L_{Aeq} 比高铁噪声高出 6.3 ～ 6.4dB 和 7.5 ～ 7.7dB。若仍以 L_{Aeq} 作为铁路噪声评价量，高铁线路两侧区域环境噪声限值建议比普铁噪声严格 7dB 为宜。与 L_{Aeq} 相比，铁路噪声（包括高铁与普铁噪声）主观烦恼度及行为干扰度与单一声学参量 L_{AFmax} 或 L_{ASmax} 的决定系数更高，其中以与 L_{AFmax} 的决定系数为最高。与单一声学参数相比，组合声学参量 $L_G=1.74L_{AFmax}+0.008\,L_{AFmax}(L_p\text{-}L_A)$ 更适用于评价铁路噪声，即 L_G 更适合作为两种类型铁路噪声的统一评价指标。L_{Aeq} 为 70dB（或 60dB）的普通铁路噪声与 63dB（或 53dB）的高速铁路噪声主观感受基本相同，对应的 L_G 则均为 145dB（或 126dB）。

（4）研究提出了结构传播固定设备室内噪声排放控制指标及建议限值

根据我国现行结构传播固定设备室内噪声排放限值得到的评价结论经常与噪声的实际影响程度不一致，主要表现为当室内噪声未超过标准限值，如 31.5Hz 或 63Hz 倍频带声压级接近但低于限值水平时，人们抱怨噪声影响较大，或者虽然 250Hz 或 500Hz 倍频带声压级超标，但人们经常感受不到噪声影响。本项目通过研究对现行标准限值提出了具体调整建议（表 1），同时提出将质量评价指数（QAI）、受结构传播噪声污染前后任何一个倍频程上声压级增量小于 5dB 同时作为排放标准限值之一，这样可有效避免符合标准限值情况下，由于室内噪声各频带能量分布严重失衡对室内声环境产生较大影响案例的发生。

表 1　固定设备结构传播至室内噪声各倍频带声压级限值调整建议

等效声级限值 /dB(A)		倍频带声压级限值 /dB				
		$L_{31.5}$	L_{63}	L_{125}	L_{250}	L_{500}
50	现行标准值	82	67	56	49	43
	建议调整值	77	64	56	51	47
45	现行标准值	79	63	52	44	38
	建议调整值	74	60	52	47	43
40	现行标准值	76	59	48	39	35
	建议调整值	71	57	48	43	39
35	现行标准值	72	55	43	35	29
	建议调整值	68	53	43	39	35
30	现行标准值	69	51	39	30	24
	建议调整值	65	49	39	35	31

（5）开发了若干低频噪声预测模型和控制技术

研究开发了国内首个适用于我国新型风力发电机组的噪声预测模型，利用该模型同时可计算确定不同型号风力发电机组噪声声功率级及指向性指数，据此开发的风电场噪声预测软件，可方便预测不同机型、风速、转速和下垫面状况下的风电场噪声。同时，研究开发了可有效降低室外低频噪声对室内声环境影响的新型机械通风隔声窗、隔声防撞减振一体化民用建筑门技术，筛选提出了若干低频噪声主观烦恼调控技术。

4　成果应用

该项目研究获得的典型低频噪声效应—剂量关系及其凝练提出的《机场周围飞机噪声环境标准》修订若干建议、高速铁路噪声排放限值建议、结构传播固定设备室内噪声排放限值修订建议等已经为我国低频噪声相关政策标准制定或修订提供有力支撑。低频噪声源及其声学特性数据库已通过网站发布为社会所共享，申请并使该数据库资源的用户数不断增加。申请的 7 项国内专利（已授权 6 项）和 1 项软件著作权成果中，风电场噪声预测模型及软件、新型机械通风隔声窗、民用建筑门隔声和防撞减振技术等成果已在低频噪声污染防治、科研和管理领域得到一定应用，部分技术已产生较好的经济和社会效益。如风电场噪声预测模型及软件已开始在风电场规划设计和环境影响评价领域得到应用，新型机械通风隔声窗专利已实施并成功应用于上海闵浦二桥沿线住宅交通噪声污染防治工程，特高压换流变降噪技术等正在联系相关企业实施专利。项目其他成果也结合已出版的《低频噪声》专著推广中。

5　管理建议

1）结合我国实际，加快低频噪声相关标准和法规的制定或修订。尽快研究制定高铁噪声排放标准及其两侧区域的声环境质量标准；及时修订完善《工业企业厂界环境噪声排放标准》和《社会生活环境噪声排放标准》中固定设备结构传播至室内噪声限值；尽快完成《机场周围飞机环境噪声标准》修订。随着我国低频噪声投诉案件的快速增加，应尽快研究制定低频噪声投诉案件评价处理程序和方法，并着手研究制定室外低频噪声控制标准。

2）结合我国主要城市噪声地图绘制工作，研究可直观描述或反映低频噪声影响程度的噪声地图绘制技术及方法，服务于城市低频噪声的评价和管理。

3）在低频噪声源及其声学特性数据库基础上，研究建立国家级噪声源数据库及交流、分析平台，有力提升全国噪声评价、监测、控制和管理水平。

4）跟踪国家相关行业、产业新的发展动向，关注社会、公众对这些行业或产业声环境影响的反应和诉求，及时研究制定新型低频噪声源（如风电场、特高压变电站和换流站等）噪声影响预测和评价技术规范，自主开发符合我国噪声源实际的噪声影响预测软件。

6　专家点评

该项目在对低频噪声进行调查、采样和分析基础上，结合社会调查和实验室实验，对低频噪声效应、评价方法及其环境管理技术开展了针对性研究，建立了我国首个低频噪声源及其声学特性数据库，掌握了典型低频噪声剂量—效应关系，先后凝练形成"高速铁路噪声排放限值建议"等5多项标准和政策建议，并开发了若干低频噪声预测模型（含软件）和控制技术。飞机噪声剂量—效应成果已为《机场周围飞机环境噪声标准》修订提供重要支撑，低频噪声数据库、风电场噪声预测等成果已在低频噪声污染防治、科研和管理领域得到一定应用。项目成果对促进我国低频噪声污染防治和相关政策标准制定，科学应对低频噪声污染具有重要作用。

项目承担单位：浙江大学、杭州蓝保环境技术有限公司
项目负责人：翟国庆